对本书的赞誉

"James Whittaker 长期以来一直都能准确把握测试领域的发展脉搏,在这个云计算变革浪潮汹涌的时代,不论对 Google 员工,还是对其他任何测试人员来说,这本书都是紧跟时代、保持竞争力的必读书籍。"

—— **Sam Guckenheimer**,微软 Visual Studio 产品及战略负责人

"Google 一贯是测试领域的创新者——无论是对手工测试与自动化测试的结合、本地团队与外包资源的融合,还是近来开创性地用真实场景测试补充实验室场景测试等方面。这种对创新的渴望帮助 Google 解决了很多新问题,更好地发布了产品应用。这本书中,James Whittaker 系统地描绘了 Google 是如何在快速发展的软件测试领域取得成功的。"

—— **Doron Reuveni**,uTest CEO 及联合创始人

"这本书改变了游戏规则,从版本的每日发布到平视显示器(译注:平视显示器是一种飞行辅助仪器。飞行员透过座舱正前方组合玻璃上的光电显示装置观察舱外景物时,可以同时看到叠加在外景上的字符、图像等信息,方便随时察看飞行参数。这里指软件系统参数的集中显示面板)。James Whittaker 把计算机科学的方法应用到软件测试领域,这将成为未来软件企业的标准。本书以平实而饶有趣味的语言风格描述了 Google 在流程和技术上的创新。对每个做软件开发的人来说,这都是一本不可多得的好书。"

—— **Michael Bachman**,Google AdSense/Display 部门高级工程经理

"通过记录 Google 测试工程实践中的大量奇思妙想,作者已经把本书打造成了现代软件测试领域的圣经。"

—— **Alberto Savoia**,Google 工程总监

"如果你要在云端发布代码并尝试建立一套保证产品质量和用户满意度的策略,你必须仔细研究和思考本书中的方法。"

—— **Phil Waligora**,Salesforce.com

"James Whittaker 在测试领域是很多人的导师和灵感源泉。如果没有他的贡献，我们在测试领域不可能拥有今天这样的人才和技术。我一直敬畏他的魄力和激情。作为业界巨擘，他的作品绝对值得每位 IT 行业的人阅读。"

—— **Stewart Noakes**，英国 TCL 集团总裁

"当 James Whittaker 在微软工作的时候我曾与他共事。虽然我怀念与他一起在微软的日子，但我知道他在 Google 会从事伟大的工作。这本书包含了各种创新的测试理念、实践案例及对 Google 测试体系的深刻洞察。任何对 Google 测试和质量技术稍感好奇的人，或有意发现一些崭新测试思路的人，都能从这本书中有所收获。"

—— **Alan Page**，微软 XBox，《微软的软件测试之道》的作者

PEARSON

Google

软件 测试之道

像Google一样进行软件测试

【美】James Whittaker　Jason Arbon　Jeff Carollo　著

黄利　李中杰　薛明　译

人民邮电出版社

北　京

图书在版编目（ＣＩＰ）数据

　　Google软件测试之道 / （美）惠特克
(Whittaker,J.)，（美）阿尔邦 (Arbon,J.)，（美）卡
罗洛 (Carollo,J.) 著；黄利，李中杰，薛明译. -- 北
京：人民邮电出版社，2013.10（2024.5重印）
　　ISBN 978-7-115-33024-6

　　Ⅰ．①G… Ⅱ．①惠… ②阿… ③卡… ④黄… ⑤李…
⑥薛… Ⅲ．①软件—测试 Ⅳ．①TP311.5

　　中国版本图书馆CIP数据核字(2013)第209033号

版 权 声 明

- ◆ 著　　　[美]James Whittaker　Jason Arbon　Jeff Carollo
  　译　　　黄　利　李中杰　薛　明
  　责任编辑　张　涛
  　责任印制　程彦红　焦志炜
- ◆ 人民邮电出版社出版发行　　北京市丰台区成寿寺路 11 号
  　邮编　100164　　电子邮件　315@ptpress.com.cn
  　网址　https://www.ptpress.com.cn
  　固安县铭成印刷有限公司印刷
- ◆ 开本：800×1000　1/16
  　印张：18　　　　　　　　　　2013 年 10 月第 1 版
  　字数：335 千字　　　　　　　2024 年 5 月河北第 40 次印刷
  　著作权合同登记号　图字：01-2012-8860 号

定价：79.80 元
读者服务热线：**(010) 81055410**　印装质量热线：**(010) 81055316**
反盗版热线：**(010) 81055315**

内 容 提 要

　　每天，Google 都要测试和发布数百万个源文件、亿万行的代码。数以亿计的构建动作会触发几百万次的自动化测试，并在好几十万个浏览器实例上执行。面对这些看似不可能完成的任务，谷歌是如何测试的呢？

　　本书从内部视角告诉你这个世界上知名的互联网公司是如何应对 21 世纪软件测试的独特挑战的。本书抓住了 Google 做测试的本质，抓住了 Google 测试这个时代最复杂软件的精华。本书描述了测试解决方案，揭示了测试架构是如何设计、实现和运行的，介绍了软件测试工程师的角色；讲解了技术测试人员应该具有的技术技能；阐述了测试工程师在产品生命周期中的职责；讲述了测试管理及在 Google 的测试历史或在主要产品上发挥了重要作用的工程师的访谈，这对那些试图建立类似 Google 的测试流程或团队的人受益很大。最后，本书还介绍了作者对于 Google 测试如何继续演进的见解、Google 乃至整个业界的测试方向的一些预言，相信很多读者都会感受到其中的洞察力，甚至感到震惊。本书可以作为任何从事软件测试人员到达目标的指南。

　　本书适合开发人员、测试人员、测试管理人员使用，也适合大中专院校相关专业师生的学习用书，以及培训学校的教材。

致中国读者

It brings me great pleasure that the demand for this book was strong enough in China to make this translation possible. China is a major player in the software industry，and I am pleased that some of my work is available to the millions of software professionals in this country. May your code have few bugs and many adoring users!

James Whittaker

"看到这本书在中国的需求如此旺盛，以及它的中译版最终付梓，真让我喜出望外，难以言表。在整个软件产业版图中，中国占据着非常重要的位置，如果说我的一些工作能给中国的软件同仁带来些许帮助，幸甚至哉。祝愿你们的代码少一些 bug，多一些挚爱的用户。"

James Whittaker

译 者 序

　　毫无疑问，在当前这个时代，处于浪潮之巅的伟大公司非 Google 莫属。很长一段时间以来，Google 的技术一直被外界所觊觎，其所宣扬的工程师文化氛围也成为了许多工程师梦寐以求的技术殿堂，其内部的工程实践更是技术分享大会中最热门的话题之一。但迄今为止，没有一本书系统地介绍 Google 内部产品的研发流程与模式，包括开发、测试、发布、团队成员如何分工协作等细节，直到《How Google Tests Software》的出现，才使得我们有机会管中窥豹，了解 Google 技术神秘之处。这也是我们翻译这本书的第一个原因。

　　正如本书中所提及的那样，互联网的出现改变了许多软件研发的模式。许多曾经红极一时的传统测试书籍里提及的最佳测试实践，在当前的环境下，效率会大大下降，在一些极端的情况下甚至会适得其反。我自己就是一名测试工程师，从事互联网方面的测试工作，对此深有体会，也经常焦虑如何在制约质量和快速发布之间寻找平衡，所以，也特别想从一些主流互联网公司的测试模式中得到启发和借鉴，特别是想看一下这个世界上最成功、增长速度最快的互联网公司——Google，是如何应对互联网测试挑战的。通过翻译这本书，自己学到了更多感兴趣的知识。这也是我们翻译这本书的第二个原因。

　　James Whittaker 在正式撰写本书英文版之前，于 2011 年 1 月在 Google Testing Blog 上尝试发表了"How Google Test Software"系列文章。当看到第一篇时我就被深深地吸引住了，第一感觉就是，太棒了！Google 测试团队居然是这样组织的！之后，随着这个系列文章的逐一公开，Google 也逐渐揭开了其神秘面纱，让我对其测试实践也有了越来越多的了解，但了解的越多，疑惑也就越多。不得不承认，这几篇文章就像正餐前的开胃小菜，它完全勾起了大家的食欲，仅仅依赖这几篇文章完全不能满足窥探 Google 测试体系的需求。在 2011 年 11 月的 GTAC（Google Test Automation Conference）大会上，我见到了 James 本人，便聊起了《How Google Test Software》这本书，James 一听到又有人在打探这本书的下落，乐呵得嘴都合不拢了，却卖起了关子来，只是说书快出版了。大约在 2012 年 9 月，这本书的英文版终于问世之后，突然接到李中杰（本书的合译者之一）的电话，问我为什么不去翻译一下这本书呢？之前虽然是兴趣使然，做过那几篇文章的翻译，但与翻译一本书相比，还是有些微不足道的。但几经转辗，还是机缘巧合地去做了这件事情，这也是翻译这本书的第三个原因吧。

最后要说的，也是最重要的一个原因。我原本根本没有这么大的勇气来完成这件事情。众所周知，James 不仅是测试领域的泰山北斗，而且他颇具文学功底，语言诙谐幽默，妙笔生花，翻译他的书籍，让我诚惶诚恐，以至于焦虑得昼夜不安。但两位合译者，李中杰博士和薛明，他们的乐观与自信让本书的翻译得以完成。与他们两位的合作，幸福之感难以言表，所收获的也不仅仅是长知识那么简单，更有许多惊喜深藏内心。翻译别人的书，像是在反刍，再精彩也是在讲别人的故事，还是期待有朝一日，能够也有机会讲讲自己的故事。

最后祝愿国内的读者能够从这本书中有所借鉴，找到适合自己现状的开发测试模式。由于译者水平有限，错漏之处在所难免，若有欠妥之处，欢迎指正。

《Google 软件测试之道》业界热评

"Google 的测试理念有什么与众不同？Google 的快速开发、快速发布的秘密又是什么？《Google 软件测试之道》将 Google 的测试、产品的发布变得没有那么神秘，本书系统地介绍了 Google 的测试理念、自动化测试技术、产品发布流程，以及测试团队的组成和测试工程师的招聘，是一本真心做技术分享的好书！"

——张南，Google 中国测试经理

"读完本书，Google 测试就像一副完美的测试画卷展现在我的面前。没错，我说的是'完美'！测试领域一直倡导的诸多测试理念，如尽早测试、注重早期测试和评审、注重测试人员技能等，对于很多测试团队而言，是那么的理想化，以至于实施起来困难重重，而在 Google 都已化作种种测试实践，自然又现实。感谢译者的工作，让更多中国的测试人员可以从中借鉴 Google 测试的优秀实践。"

——邰晓梅，独立软件测试培训与咨询顾问、首届 ChinaTest 大会执行主席

"我 2007 年刚加入 Google 中国时，就被这家企业具有的测试文化深深吸引。Google 内将测试推到上游的实践、内建质量的意识，以及优秀的自动化测试实践，无一不让我觉得兴奋。在担任 Google 中国区的测试负责人期间，我也多次向外界介绍 Google 的测试实践，希望 Google 的实践经验能够更好地帮助到更多人。James 的这本书详尽地介绍了 Google 的测试体系与测试实践，是一本即系统又非常'接地气'的书。很高兴看到人民邮电出版社组织将这本好书翻译成中文，相信每位读者都能从本书中受益匪浅。"

——段念，豆瓣工程副总裁，曾任 Google 中国测试经理

"这本介绍 Google 软件工程生产力的好书值得每一位软件测试人员和研发管理者拥有，我个人甚至认为这是软件行业十年难得一遇的好书，书中所描述的观点、测试人员的价值拓展和测试技术创新实践不仅对互联网行业的软件测试从业人员有着非常好的借鉴意

义，而且也为其他行业的软件工程人员提供了'新的翅膀'，让大家都能飞得更快、更高。正确的认知是一切成功的源头，也许你能很容易找到十个拒绝了解不同观点的理由，但你依然可以找到十个理由去接受不同的新观点，兼听则明会让你的工作更高效，自己做得更开心，过得更充实。"

—— 董杰，百度在线网络技术有限公司测试架构师

"测试从业者已经非常熟悉 James Whittaker 了，除了熟知的他的作品《探索式软件测试》、《How To Break Software》两本书之外，《How Google Test Software》更是大家关注已久的精品。在软件产品时代，微软公司是软件测试领域的标杆，而在今天的 SaaS 或云服务时代，Google 成了软件测试领域新的标杆，Google 在测试组织、流程和方法上大胆创新，构造了更具效率和灵活性的测试体系，特别是在持续测试、自动化测试、在线测试、开发测试等方面有着众多的优秀实践，值得我们学习、思考和借鉴。"

—— 朱少民，国内软件测试的领军人物，同济大学软件学院教授

"软件测试方法会产生颠覆性的变化吗？未来还需要测试工程师吗？最近一年这样的话题被持续地讨论，我没有结论，但是我觉得与其喋喋不休地争论，不如让我们看看世界级的 IT 企业 Google 是如何做测试的。通过本书让我们理解了 Google 的测试理念，理解了 Google 的工程师文化，从中你能发现更适合你的测试方法！"

—— 贺炘，领测国际创始人

"这本书是我推荐读者了解敏捷测试思想和技术的第一读物，没有之一。这本书的内容全部来自一线实际经验，而非理论空谈。更为重要的是，它传递了一种非常重要的理性质量观，同时还对如何将这种理性质量观落地给出了非常具体的建议。"

—— 吴穹，敏捷咨询师（在敏捷测试、自动化测试方面有深入研究）

"对于互联网公司，在快速前进中保持高质量是一个永恒的难题，在去哪儿网内部，开发工程师、产品经理都需要参加测试，以此来提醒——质量是所有人的事情而不只是测试团队的事情，但是，依然有太多的质量问题和实施中的难题没办法解决。本书可以给那些关注如何在此困境中突围的人们很多启发。"

—— 吴永强，去哪儿网 CTO

"感谢译者翻译了这本测试业内的经典之作，让国内的测试团队能够快速理解国际测试的发展并跟上国际节奏。我有幸先阅读了本书的部分内容，对 Patrick Copeland 在序中描述的测试变革的心路历程深有共鸣：招聘具备开发能力的测试人员难，找到懂测试的开发人员更难；团队的变革开发团队不接受，测试团队也不买账。同时，我们面临的挑战比 Google 更大，我们不仅要做好自动化，做好持续集成，做好测试工具，做好研发生产力，我们还要将测试技术与产品和业务结合，促进集团内产品和业务的发展。因此，与 Google 的测试人员相比，我们不仅要具备开发能力、测试思维，还要具备业务思维，能深刻理解业务所服务的客户需求及客户价值。做好工程，更要做好业务！加油！"

—— 夏林娜，阿里巴巴集团测试总监

"互联网快速响应变化的需求彻底颠覆了传统的软件开发和测试模式，敏捷、持续构建和开发自测等成为测试行业的热点话题。Google 无疑走在测试变革的最前沿，并已经在互联网领域产生广泛的影响并拥有大批拥趸。Google 的全新测试理念和组织形式非常值得国内的同行借鉴。"

—— 刘立川，阿里巴巴集团测试总监

"或许有人会质疑，互联网公司也可以有很好的测试吗？此书可能会改变他们的观点。第一，本书第一作者 James Whittaker 是一个在微软接受了最正统测试理念的人，又从互联网的视角解读测试，这让他的观点全面而具有说服力；第二，这本书的中文翻译非常出色，读起来像测试行家如数家珍。所以，我强烈推荐本书，Google 的测试不一定是最出色的，但这本书是。"

—— 柴阿峰，测试圈儿里那个说相声的

"我和本书的三位作者在西雅图有很多交流，并曾经共事。James Whittaker 是软件测试界强有力的执行者、探索者和思考者。本书是他和另外两位作者在 Google 工作的全面、详细总结和提炼。他们从软件测试开发工程师、软件测试工程师以及测试经理三个不同角色出发，详细阐述了 Google 软件测试之道，给企业，特别是互联网企业在如何测试、如何保证产品质量等方面提供了很好的参考。同时开阔了我们的视野，让我们对软件测试的职责、手段和未来发展有所思考。"

—— Bill Liu，Software Design Engineer in Test, Amazon

关于这本书

在 Patrick Copeland 最初建议我写这本书的时候，我有些犹豫，犹豫的理由后来也被逐一证实它们确实值得思考。人们会质疑我是否是写这本书的最佳候选 Googler（他们也的确怀疑过）。有着太多的人想参与到这本书的撰写之中（后来也证实的确如此）。但更重要的是，我之前出版的一些书籍多数是给初学新手看的，像"How to Break"系列和《Exploratory Testing》，都是在从头到尾讲一个完整的故事。这本书并不是这样。读者可能坐着一口气读完，但其实它更适合作为一本参考书，一本介绍 Google 是如何完成大小规模不一的测试任务的参考书。我希望本书的读者是一些已经在公司从事测试工作的人，而不是一些初学者，他们会有一些基础，并会比较 Google 的流程与他们所使用的流程之间的区别，这样他们的收获更大。我憧憬着经验丰富的测试人员、测试经理、管理者能够随手拿起这本书，找一些感兴趣的话题，看一下在某些方面 Google 是如何做的。这可真不是我惯用的写作风格。

在此之前从没有写过书的两位工程师，为了这本书，加入进来共同努力。这两位都是优秀的工程师，他们在 Google 的工作年限都比我长。Jason Arbon 的职位是 TE（测试工程师），但他内心深处有着创业情怀，在本书"测试工程师"这一章中出现的许多工具和想法，都深受他的影响。我们有幸一起共事，并彼此从对方身上受益良多。Jeff Carollo 也是一名测试人员，但后来转做开发了。Jeff Carollo 是我见过的最优秀的那一类 SET（软件测试开发工程师），也是少数几个我认识的那种可以写出"自动化之后就不用再参与"的代码的人之一，他的测试代码写得非常棒，可以独立运行不需要任何干预。我与这两位才华横溢的人共同写作，并在风格上尽可能地达成一致。

有许多 Googler 提供了资料。当资料中的文字和标题是同一个人的工作时，我们会在标题中把这个人标记一下。还有许多对 Google 测试发挥了深刻影响的人，我们针对这些人做了一些采访。这是我们能想到的最好的、让尽可能多的曾经定义了 Google 测试的人参与进来的方法，而不是搞一本由 30 个人合著而成的书。不一定所有的读者对这些访谈都感兴趣，但在书中可以很清晰地找到这些访谈的起止位置，以便选择跳过这一部分，或者专门找到这部分来阅读。我们同样感谢为数众多的贡献者，但如果有不到之处，也愿意接受任何批评。英语实在是一门贫乏的语言，无法用它描述出这些工作是多么地卓越和辉煌。

快乐阅读，快乐测试，祝愿你总能发现（并修复）bug。

James Whittaker

Jason Arbon

Jeff Carollo

献给 Google、Microsoft 和全世界给我启发的测试人员。

——James Whittaker

献给我的妻子 Heather 和我的孩子们 Luca、Mateo、Dante 和 Odessa，他们一直认为这段时间我在星巴克工作。

——Jason Arbon

献给我的妈妈、爸爸、Lauren 和 Alex。

——Jeff Carollo

致　　谢

我们想感谢那些不知疲倦地、致力于质量改进的 Google 工程师们。同样，也非常感谢 Google 开放的工程和管理文化，在对待测试方法与实践方面与 Google 打造其他产品如出一辙，允许不断创新以及天马行空般自由思维的存在。

在这里要特别向那些投入巨大精力并勇于承担风险将测试推向云端的人们致敬，他们是 Alexis O. Torres, Joe Muharksy, Danielle Drew, Richard Bustamante, Po Hu, Jim Reardon, Tejas Shah, Julie Ralph, Eriel Thomas, Joe Mikhail, Ibrahim El Far。还要感谢我们的编辑，Chris Guzikowski 和 Chris Zahn，他们一直非常有礼貌地在容忍我们这些工程师的唠叨。感谢那些受访者在书中分享他们的观点与经验，他们是 Ankit Mehta, Joel Hynoski, Lindsay Webster, Apple Chow, Mark Striebeck, Neal Norwitz, Tracy Bialik, Russ Rufer, Ted Mao, Shelton Mar, Ashish Kumar, Sujay Sahni, Brad Green, Simon Stewart, Hung Dang。特别要感谢一下 Alberto Savoia，他在原型及快速迭代方面的灵感成就了今日 Google 快速发布的文化。感谢 Google 餐厅的工作人员，他们提供了美味的餐饮。感谢 Phil Waligora, Alan Page, Michael Bachman，他们为本书提供了率直坦诚的反馈。最后，要特别感谢 Pat Copeland，是他将来自五湖四海且充满激情的各路精英汇集于此，并投身于质量方面的不断改进工作。

序

Alberto Savoia

谷歌工程总监

为一本你曾经想自己去撰写的书去做序，是一种尴尬的荣誉，这种感觉有点像你被邀请去为好友做伴郎，但新娘却是你曾经心爱的姑娘。但是 James Whittaker 却是一个聪明的家伙，在他问我是否愿意为这本书写序之前，先请我吃了一顿我非常喜欢的墨西哥晚餐，并让我喝了几杯墨西哥 Dos Equis 啤酒。当我还沉浸在牛油果酱带来的愉悦时，他终于提出了这个请求，在当时那种气氛下，我只能强作欢颜并答应了他："没有问题。"他的诡计"得逞"了，他和他的"新娘"——这本书，一起站在一边，而我却不得不在这里为他们的婚礼做致辞。

正如我说过的，他是一个聪明的家伙。

让我继续写这篇序吧，为这本我曾想自己写的书。

这个世界上真的还需要另外一本关于软件测试的书吗？特别是 James Whittaker，这个高产的家伙，一个我曾经不止一次公开地称其为测试书籍出版界高产的"八胞胎妈妈"（译注：不知道"八胞胎妈妈（Octomom）"是什么意思？Google 一下你就知道），还需要他的这么一本软件测试书吗？那种讲述陈旧得令人厌烦的测试方法学和宣扬一些可疑、过时的建议的书还少吗？是的，这样的书已经足够多了，但我认为这本书绝非如此。这也是我想自己去写它的原因，这个世界很需要这样一本独特的测试书。

互联网的出现急剧地改变了许多软件设计、开发和发布的方式。很多曾经红极一时的测试书籍里提及的最佳测试实践，在当前的环境下效率会大大下降，或者毫无效果，甚而在某些情况下会事与愿违地起反作用。在互联网和软件产业，一切变化都如此迅速，以至于许多最近几年才出版的软件测试方面的书籍都已陈腐过时，打个比方，它们就像讲述水蛭吸血和开颅驱赶恶鬼的外科手术书一样。对付这种书，最好的办法就是直接把它们扔掉，或者做些有益的事情，例如，循环再利用，做出纸尿裤来，以防止流落到容易上当受骗的人之手。

考虑到软件产业的发展速度如此之快，如果说十年后这本书也过气了，那一点儿也不奇怪。但在下次浪潮来临之前，这本书可以既适时又适用地从内部视角告诉你这个世界上最成功、增长速度最快的互联网公司之一，是如何应对 21 世纪软件测试的独特挑战的。James Whittaker 和他的伙伴们，抓住了 Google 如何做测试的本质，抓住了 Google 如何测试我们这个时代最复杂和流行软件的精华。我之所以了解这些，是因为我从头到尾经历了这个伟大的转变。

我于 2001 年以工程总监的身份加入 Google。当时，Google 大概有 200 名开发人员，但只有区区 3 位测试人员！那个时候，开发人员已经开始做自己代码的测试了，但由于测试驱动开发的模式才刚刚开始，而且像 JUnit 这样的测试框架也没有大规模使用。当时的测试主要是在做一些随机测试（ad-hoc testing），其好坏取决于编写代码的开发者的责任心。但即使那样也是可以接受的，因为，当时正处在创业阶段，必须快速前进并勇于冒险，否则就无法和那个时代已经非常强大的对手竞争。

然而，当 Google 逐渐成长变大，Google 的一些产品对于最终用户和客户来说开始变得至关重要（例如，竞价广告产品，我曾经负责的产品，很快变成许多网站的主要收入来源），我们清晰地认识到必须加大对测试的关注和投入。但只有 3 个测试工程师，别无选择，只能让开发来做更多的测试。与其他的几个 Googler（译注：Google 员工，本书中一般指 Google 工程师）一起，我们介绍、培训、推行单元测试，我们鼓励开发人员把测试作为优先级较高的事去做，并建议使用一些工具，如 JUnit，把测试做成自动化的。但是进展缓慢，并非所有的人都接受、认同开发人员去做测试这件事情。为了继续保持这个势头，在每周五下午公司的啤酒狂欢时（译注：TGIF，Thank God It's Friday，Google 在每周五下午举行全员聚会），我们为一些做测试的开发人员颁发奖品来激励大家。但这种感觉不是很好，有点像杂技训兽师在小狗完成某个动作后给一些奖励一样，但这样至少还是把大家的注意力吸引到测试上了。会如此幸运吗？如此简单就可以让开发做测试了？

很不幸的是这招根本不管用。开发人员发现，为了测试充分，他们不得不针对每一行功能代码，写两到三行的单元测试代码，而且这些测试代码和功能代码一样都需要维护，且有着相同的出错概率。而且大家也意识到，仅做单元测试是不够的，仍然需要集成测试、系统测试、用户界面等方面的测试。当真正开始要去做测试的时候，会发现测试工作量变得非常大（且需要很多知识的学习），并要求在很短的时间内完成测试，要以"迅雷不及掩耳"之势完成。

我们为什么要在很短的时间内迅速地完成测试呢？ 我一直这么认为，对于一个坏点子或考虑欠周的产品，即便再多的测试，也无法把它变成一个成功的产品。但如果测试方法不当，却会扼杀一个本来有机会成功的产品或公司，至少会拖慢这个产品的速度，让竞争对手有机可乘。Google 当时正处于这样的紧要关头，测试已经成为 Google 持续成功道路上的最大障碍。此时，我们需要正确的测试策略来满足产品、用户和员工快速增长的需要，不拖慢公司前进的步伐。这样的测试策略会涉及大量的创新性方法、非常规的解决方案和独特的工具。当然，并非所有的策略都生效了，但在这个过程中，我们得到了宝贵的经验和教训，这对于其他像 Google 一样快速成长的公司来说也是非常有帮助的。我们学会了如何在保持正常的开发速度的同时，让大家充分意识到质量的重要性。本书将要讲述的，正是这个过程中我们的所作所为、所思所想。如果你想要理解 Google 是如何面对 21 世纪最新的互联网、移动和客户端应用等方面的测试挑战的，读这本书就对了。我本想自己为大家讲述整个故事，但 James Whittaker 和他的伙伴却抢先了一步，他们已经摸索出了 Google 测试的精髓。

关于这本书，最后要说明一点：是 James Whittaker 造就了这本书。他加入 Google，深入了解了 Google 的文化，参与了重要的项目，并发布了 Chrome、Chrome OS 和其他许多产品。有一段时间，他变成了 Google 测试的代言人。但是，这本书与他曾经出版过的其他书籍略有不同，里面的很多素材都不是来自于他个人。他本人在 Google 测试演化过程中的角色，更像是一个描绘记录者，而不是一个参与贡献者。在你阅读这本书时，一定要把这一点铭记于心，因为 James Whittaker 很有可能会把所有的功劳都归功于他自己。

在 Google 由 200 人变成 2 万人的过程中，有许多人在我们的测试战略的形成和实施中做出了杰出贡献。James Whittaker 肯定了他们的贡献，在本书中以访谈的形式将他们引入书中。然而没有一个人，包括我、James Whittaker，或者本书中提到的其他任何人的影响力，比得上 Patrick Copeland，他是我们今天组织结构的架构师和 Google 工程生产力部门的负责人，所有 Google 的测试人员最终都会汇报给 Patrick。作为执行官，他以自己的想象力创造了 James Whittaker 在本书中描述和贡献的一切。如果非要把 Google 今天的测试成就归功于某人，那这个人一定是 Patrick。我这么说的原因不仅在于他是我的老板，而且还在于，作为我的老板，是他命令我这么说的！

Alberto Savoia 是 Google 的工程总监，同时也是一位创新鼓动者。Alberto 于 2001 年加入 Google，那个时候主要负责 AdWords 产品的发布，同时他也是 Google "开发者/单元测试"这一文化的主要缔造者。他还是《The Way of Testivus》的作者，以及 O'Reilly 出版的《Beautiful Code》一书中 "Beautiful Tests" 一章的作者。

来自 **James Whittaker** 的说明：我完全同意 Alberto 所说的一切。作为这一过程的描绘记录者，绝大多数的材料都归功于 Patrick 创建的这个测试团队。还有，我这么说并不仅是因为 Patrick 授权我写这本书。作为我的老板，是 Patrick 命令我写了这本书。

序

Patrick Copeland

谷歌测试和部署技术的架构师

我在 Google 的旅程始于 2005 年 3 月。Alberto 在前面的序中也介绍了一些当时 Google 的状况：虽然公司规模还比较小，但已开始感受到成长带来的烦恼。当时适逢快速的技术变革之际，Web 世界正在迎接动态内容的到来，而云计算也正在逐渐成为一种新的选择，取代当时还占统治地位的客户机-服务器架构。

在加入 Google 的第一周里，我和其他 Nooglers（译注：New Googler，新加入 Google 的员工）一起，戴着三色的螺旋桨帽，参加了称为 TGIF 的公司每周例会，听创始人介绍公司战略。我对彼时的工作情形还知之甚少，有些兴奋，也有些害怕。在我之前 10 年的研发模式经历中，一个典型的交付周期可长达 5 年，这种经历在 Google 的速度和规模面前显得毫无价值。更糟糕的是，我觉得自己是所有戴着 Noogler 帽子的人中唯一的测试人员。当然，其他地方一定还有更多的测试人员！

我加入 Google 的时候，工程团队还不足 1000 人。测试团队大概有 50 名全职人员和一些临时工，具体数量我一直没搞清楚。测试团队当时的称谓是"测试服务"，工作重点在 UI 的验证上，随时响应不同项目的测试需求。可以想象，这并不是 Google 最闪耀的团队。

但这在当时已经足够了。Google 当时的主要业务是搜索和广告，规模要比今天小得多，一次彻底的探索式测试足以发现绝大多数的质量问题。然而，世界在变，Web 点击量开始史无前例地爆发性增长，文档化的 Web 正在让位于应用化的 Web。你可以感觉到势不可挡的成长和变化，在这种情况下，规模化和快速进入市场的能力变得至关重要和生死攸关。

在 Google 内部，规模和问题的复杂性给测试服务团队带来了巨大的压力。在之前小型的、类同的项目里的一些可行做法，现在却让优秀的测试人员感到筋疲力尽，疲于奔命在多个急需救火的项目之间。更加火上浇油的是，Google 在项目快速发布方面的坚持。是时候采取措施了，我面临两个选择，要么沿用这种劳动密集型的流程增加更多的人手，要么改变整个游戏规则。为了适应业界和 Google 发生的巨变，测试服务团队需要根本性的变革。

我也很想说自己是借助于丰富的经验构思出了完美的测试组织模型，但实事求是地讲，我从过去的经历中，学到的只不过是一些过时的做法。我所工作或领导过的每个测试组织都有这样或那样的问题。有问题是常态，代码质量很糟糕，测试用例很差劲，团队也问题多多。我完全清楚那种被技术质量债压得喘不过气来的感受，在那种状态下，一切创新性的想法都会被遏制，以免不小心破坏了脆弱的产品。如果说我在以往的经历中有所收获的话，那就是经历了各种错误的测试实践。

那个时候，以我对 Google 的了解，有一件事情是确定无疑的，那就是 Google 对于计算机科学和编程能力非常重视。从根本上说，如果测试人员想加入这个俱乐部，就必须具备良好的计算机科学基础和编程能力。

变革 Google 测试的首要问题是重新定位身为测试人员的意义所在。我过去经常在头脑中想象理想团队的模型，想象这样的团队是如何肩负起质量重任的，每次我都会得到相同的结论：一个团队能编写出高质量软件的唯一途径是全体成员共同对质量负责，包括产品经理、开发人员、测试人员等所有人。我认为，达到此目标的最好方式是使测试人员有能力将测试变成代码库的一个实际功能，而测试功能的地位应该与真实客户看到的任何其他功能同等重要。我所需要的能够实现测试功能的技能，也正是开发人员需要具备的技能。

招聘具备开发能力的测试人员很难，找到懂测试的开发人员就更难，但是维持现状更要命，我只能往前走。我希望测试人员能为他们的产品做更多的事情，同时，我希望演变测试工作的性质和从属，要求开发团队更大地投入。这种组织结构在当时的业界尚未实现，但我坚信它非常适合 Google，我相信在这家公司，时机到了。

不幸的是，这种如此深刻、根本性的变革在公司里极度缺乏认同，极少有人能分享我的激情。当我开始推销这种关于软件测试角色的地位平等而作用不同的愿景时，我发现竟然难以找到一个人一起共享午餐！开发工程师们好像被他们将要在测试上发挥更大的作用这个想法吓着了，他们指出"这是测试人员的职责"。而测试人员也不买账，因为很多人已经习惯了当前的角色，维持现状的惯性导致任何变革都变得非常困难。

我毫不松懈地继续努力着，主要是出于对 Google 的研发过程深陷技术和质量债的困境的恐惧，一旦如此，长达 5 年的开发周期又会成为现实，而我本来已经很高兴地把它们留在客户机-服务器的世界里了。Google 是一家由天才组成的公司，以创新为灵魂，这种企业文化与冗长的开发周期是不相容的。这是一场值得打的战斗，我说服自己，一旦这些天才理解了这种旨在打造一个生产线式的、可重复的"技术工厂"的开发和测试实践，他们就会改变看法。他们就会理解我们不再是一个初创公司，快速成长的用户群、不断累积的

bug 和糟糕结构的代码形成的技术债将会导致开发过程的崩溃。

我逐个接触各产品团队，寻找优秀的案例，试图为我的立论找到比较容易的切入点。在开发人员面前，我描绘了一个持续构建、快速部署的蓝图，一个行动敏捷、省下更多时间用于创新的开发过程；在测试人员面前，我激发他们对于成为同等技能、同等贡献和同等薪酬的完全的工程合作伙伴的渴望。

开发人员的态度是，如果我们招聘到有能力做功能开发的人，那么，我们应当让他们做功能开发。其中一些人对我的想法非常反感，甚至发信给我的主管，非常直率地建议如何来处理我的疯狂之举，这些信塞满了我的主管的邮箱。幸运的是，我的主管并没有采纳那些建议。

令我吃惊的是，测试人员的反应竟然与开发人员类似。他们沉湎于老的做事方式，抱怨自己在开发面前的地位，但又不想去改变。

我的主管对这些抱怨只有一句话："这里是 Google，如果你有想法，尽管去做就是。"

于是我开始付诸行动。我召集了一批志同道合的骨干分子，组成了一个面试团队，开始招聘。事情进行得比较艰难，我们寻找的人要兼具开发人员的技能和测试人员的思维，他们必须会编程，能实现工具、平台和测试自动化。我们必须对招聘和面试的标准与流程做出一些调整，并向已经习惯了既有模式的招聘委员会做出合理解释。

最初的几个季度进行得异常艰难。好的候选人经常在面试过程中失利，也许是因为他们没能很快地解决一些奇怪的编程问题，或是在某些人认为很重要的方面表现得不够好（然而这些方面其实与测试技能毫不相干）。我预料到了招聘过程的困难，每周都要抽出大量时间写辩词。这些辩词最终会到达 Google 联合创始人 Larry Page 手里（他一直是招聘的最终批准者）。他批准了足够多的候选人，我的团队开始稳步增长。直到现在，我猜每次 Larry 听到我的名字时想到的一定是："招聘测试的！"

当然，到这个时候，我已经做了大量的宣传和鼓动工作，来说服大家这是唯一的选择。整个公司都在看着我们，一旦失败，后果将是灾难性的。对于一个混合了很多不断变化的外包人员和临时人员的小测试团队而言，期望显得如此之高。然而，即使是在我们艰难的招聘进行中同时减少了临时人员的数量时，我已经注意到了变化在发生。测试资源越稀缺，给开发人员留下的测试工作就越多。很多团队都勇敢地接受了挑战。我感觉，如果技术保持不变的话，这个时候的状态已经在接近我们的目标了。

然而，技术不是静止不动的，开发和测试实践处于飞速的变化之中。静态 Web 应用的时代已经成为过去，浏览器还在努力追赶之中，围绕浏览器的自动化技术比已经迟缓的浏览器还要落后一年。开发人员正面临着巨大的技术变革，在这个时候，把测试交给开发人员，这看上去是徒劳的。我们甚至还不太会手工测试这些应用，更不用提自动化测试了。

开发团队身上的压力也同样巨大。当时 Google 开始收购拥有富含动态 Web 应用的公司。YouTube、Google Docs 等后继产品的融入，延展了我们内部的基础设施。开发团队在编写功能代码的过程中，要面临很多问题，与我们测试人员在测试过程中要面临的问题一样，令人生畏！测试人员面对的测试问题无法孤立地解决。把测试和开发割裂开来，看成两个单独的环节，甚至是两类截然不同的问题，这种做法是错误的，沿着这条路走下去意味着什么问题也解决不了。解决测试团队的问题，只是我们前进路上的其中一步而已。

进展在继续。雇佣优秀的人是一件很有意思的事情，他们会推动进展的发生！到了 2007 年，测试团队有了更好的定位。我们能够很好地处理发布周期的最后环节。开发团队已经视我们为顺利上线的可靠合作伙伴。不过我们仍然是在发布过程的后期才介入的支持团队，局限于传统 QA 模型。尽管有了优秀的执行能力，我们还没达到我设想的目标。我解决了招聘方面的问题，测试也向着正确的方向发展，但是我们还是在整个流程中介入太晚。

我们在一个被称作"测试认证"（本书后面的章节会详细介绍）的事情上取得了不少进展。我们向开发团队提供咨询，帮助他们改善代码质量并尽早进行单元测试。我们开发工具并指导团队进行持续集成，使产品一直保持可测试的状态。我们进行了无数的改进和调整，从而消除了之前的很多质疑，本书详细介绍了其中的很多方法。但是，在那个时候，还是感觉缺乏整体感，开发依旧是开发，测试依旧是测试。虽然很多文化变革的因素已经存在，但是，我们还需要一个催化剂把它们聚合成一体。

自从根据我的想法开始招聘担当测试角色的开发人员以来，测试组织在不断壮大。基于对这个团队的思考，我意识到测试仅仅是我们所负责的工作的一部分。我们的工具团队开发了从源代码库到编译框架，再到缺陷数据库的各种工具。我们是测试工程师、发布工程师、工具开发工程师和咨询师。触动我的是，我们所做的非测试的工作对生产力的提升产生了巨大的影响力。我们的名称是测试服务，但是我们的职责已经远大于此。

因此，我决定正式把团队名称改为工程生产力（Engineering Productivity）团队。伴随着称谓的改变，随之而来的是文化的革新。人们开始更多地谈论生产力而不是测试和质量。生产力是我们的工作，测试和质量是开发过程里每个人都要承担的工作。这意味着开发人员负责测试，开发人员负责质量。生产力团队负责帮助开发团队搞定这两项任务。

开始的时候，这个观点还只是一种梦想和志向，我们提出的"给 Google 加速"的口号听起来也很空洞，但是，随着时间的推移和我们的努力，我们实现了这些诺言。我们的工具让开发的动作更快，我们帮助开发人员扫清了一个又一个障碍，消除了一个又一个瓶颈。

我们的工具还使开发人员能够编写测试用例，并在每次构建时看到这些测试的结果反馈。测试用例不再只是隔离地运行在某些测试人员的机器上。测试结果会在仪表盘上显示，并把成功的版本积累下来，作为应用发布健康性的公开数据。我们并不是仅仅要求开发人员对测试和质量负责，我们还提供帮助让他们可以轻松地达到这些要求。生产力和测试的区别最终变成了现实——Google 的创新能够更为顺畅，技术债也不会累积了。

最终结果如何呢？我可不愿这么早就交了底，因为这本书就是要详细讲述这个问题的。作者们花费了巨大精力，根据自身和其他 Googler 的经历，把我们的秘诀浓缩成了一套核心实践。但其实，我们的成功有很多方面，从将构建次数以数量级式地降低，到"跑完即忘"式的测试自动化，再到开源一些非常新颖的测试工具。在我写这篇序的时候，生产力团队已经拥有 1200 名工程师，这个数量比我在 2005 年加入 Google 时整个工程部门的工程师的数量还要多。生产力品牌的影响力已经相当大，我们加速 Google 的使命已经作为工程文化的一部分，被广泛接受。从我困惑、迷茫地坐在 TGIF 会议上的第一天到现在，这个团队已经走过了漫长的征途。这期间唯一没变的是我那顶三色螺旋桨帽，我把它放在我的桌上，作为我们一路走来的见证。

Patrick Copeland 是 Google 工程生产力部门的高级总监，处于 Google 整个测试链的最顶端。公司里所有的测试人员都最终汇报给 Patrick（而他恰好跨级汇报给 Larry Page，Google 的联合创始人和 CEO）。Patrick 加入 Google 之前是微软的测试总监，并在那里工作了近 10 年。他经常公开演讲，在 Google 内部被公认为 Google 软件快速开发、测试和部署技术的架构师。

前　言

软件开发并不简单，测试也一样。谈及整个Web规模的开发和测试，一定会提到Google。如果你对这家互联网上最有名气的公司是如何进行如此大规模的测试感兴趣的话，那么这本书将非常适合你。

每天，Google测试和发布数百万个源文件、亿万行的代码。数以亿计的构建动作会触发几百万自动化测试在几十万个浏览器实例上执行。操作系统按年构建、测试和发布，浏览器的构建每天都在进行，Web应用基本达到持续发布。2011年，Google+在100天之内发布了100个功能。

这就是Google规模和Google速度——正是Web本身的规模——这就是本书描述的测试解决方案。我们会揭示这个架构是如何设计、实现和运行的，介绍在概念和实现阶段都发挥了重大作用的许多人士，解释使之成功的基础架构。

但之前也并非如此。Google走到今天的路线与我们的测试技术一样有趣。回到6年以前，Google的情况与我们之前工作的那些公司非常类似，测试是主流之外的领域，测试人员不受重视、加班加点，测试主要是一个手工的过程，那些善于自动化的人很快就被开发拉走了，因为做开发影响力会更大。在Google被称为"工程生产力"部门的奠基者们必须克服对测试的偏见，以及那种推崇个人英雄主义而轻视工程严谨性的公司文化。今天，Google的测试人员与开发人员同工同酬，奖金、晋升待遇完全一样。测试人员取得成功，以及这种文化能够经受公司巨大成长（产品、多样性和营收）和结构重组带来的实际考验，对于那些跟随Google足迹的公司来说，是非常振奋人心的。测试是在做正确的事情，是可以被产品团队和公司的管理层认可的。

随着越来越多的公司在Web领域淘金，本书介绍的测试技术和组织结构可能会变得更加普及。果真如此的话，请考虑将这本书作为到达目标的指南。

这本Google测试指南按照所涉及的角色组织。第一部分介绍了Google质量流程的所有角色、概念、流程和细节，这一部分建议必读。

本书前面几章可以按任何顺序阅读。首先介绍了 SET（Software Engineer in Test，即软件测试开发工程师）这个角色，因为这是现代化的 Google 测试的起点。SET 是技术测试人员，该章内容有适度的技术性，但抽象程度足够能让任何人理解其主要概念。之后的一章涵盖了另一个主要的测试角色——TE（Test Engineer，即测试工程师）。该章内容较多，因为 TE 的工作非常宽泛，Google 的 TE 在产品生命周期中的职责很广。这个角色同样为许多传统的测试人员所熟知，我们猜测这会是读者最多的一章，因为它的受众面最大。

本书还讲述了测试管理，以及与 Google 的测试历史或在主要产品上发挥过重要作用的人士的访谈。那些试图建立类似 Google 的测试流程或团队的人，可能会对这些访谈感兴趣。

任何一位读者都千万不要错过最后一章。James Whittaker 介绍了他对于 Google 测试如何继续演进的见解，并对 Google 乃至整个业界的测试方向做了一些预言。我们相信很多读者会感受到其中的洞察力，甚至感到震惊。

目　录

第 1 章　Google 软件测试介绍

01100101011011011000010100

在许多场合下，不管是在国外访问还是出席会议期间，我总是毫无例外地被问及一个问题。甚至是刚刚加入公司的新员工也会问到同样的问题："Google 是如何测试的？"

虽然我已经不太确定曾经多少次回答过这个问题，以及给出了多少个不同版本的答案，但可以确定的是，随着我在 Google 工作的时间越来越长，发现 Google 的各种测试实践的不同之处也越来越多，答案也一直在变化。这些测试实践总是浮现在脑海里，并幻想着有朝一日能够将它们整理成书。直到有一天，Alberto（译注：Alberto Savoia，Google 的测试总监，详细介绍参见本书序言中的 Alberto 部分），这个一贯认为所有测试相关的书籍都要为自己的存在找一个理由，否则就应该被扔掉做成纸尿裤的人，当他建议我应该写这样一本书的时候，我觉得时机已经成熟，是时候开始考虑写这样一本书了。

然而，我依旧还在等待。第一，我并非是写这样一本书的最佳人选。在 Google，有很多我的前辈，我想先把机会让给他们来写；第二，我只是 Chrome 和 Chrome OS 产品的测试总监（现在这个职位被我之前的一个下属担任着），我看到的也只是 Google 所有测试实践中很小的一部分，我还需要去了解很多其他 Google 产品的测试方法。

在 Google，软件测试团队归属于一个被称为"工程生产力"（译注：Engineering Productivity，也译为工程效率或工程生产率）的中心组织部门，这个部门的职责横跨开发测试人员使用工具的研发、产品发布和各种级别的测试，从单元级别的测试到探索性级别的测试。Google 拥有大量针对互联网产品的共享工具与测试基础框架，服务于包括搜索、广告、Apps、YouTube 视频和其他我们在 Web 上提供的产品。Google 已经成功解决了许多有关速度和扩展性方面的问题，使得 Google 作为一个大公司，却依然能以创业公司的速度来发布产品。正如 Patrick Copeland 在本书的序言中所说的那样，拥有如此的魔力，Google 的测试团队功不可没。

> **注意**　在 Google，软件测试团队归属于一个被称为工程生产力部门的中心组织的部门。

　　Chrome OS 在 2010 年 12 月发布以后，我把团队顺利地交接给我的一个直接汇报者，然后开始把自己的工作重点慢慢转移到其他产品上。在这本书刚开始准备的阶段，我使用博客的方式做了一些尝试，发布了第一篇"Google 是如何测试的"的系列文章（注：参见 googletesting 网站）。6 个月之后，本书终于完成，希望没有拖太长的时间。在这六个月的时间里，我了解到的 Google 测试实践比我过去两年在 Google 学到的都要多。现在有了这本书，Google 的新员工们也可以通过阅读此书来熟悉 Google 的环境。

　　这并不是第一本介绍关于大公司是如何做测试的书籍。当我还在 Microsoft 的时候，Alan Page, BJ Rollison 和 Ken Johnston 合著了《微软的软件测试之道》（译注：How We Test Software at Microsoft），我当时亲身经历了他们书中写的许多事情。Microsoft 在测试领域独步全球，也是一个测试精英云集的圣地。Microsoft 的测试工程师在各种技术大会中也是广受欢迎的演讲嘉宾。Microsoft 的第一任测试总监——Roger Sherman，吸引了来自全球的测试精英加入华盛顿的雷德蒙德（译注：微软总部所在地）。那是一个软件测试的黄金时代。

　　因此，Microsoft 写了这样一本书来记录其发生的一切。

　　我没能赶上参与《微软的软件测试之道》的编写，但是在 Google 却有幸得到这样的机会。我来 Google 的时候，其测试正处于一个蓬勃发展的上升期。工程生产力团队的员工数量正以火箭喷发般的速度增长，从几百人迅猛发展到今天的 1200 人。正如 Patrick 在本书序言中所说的那样，这种增速随之而来的是成长的烦恼，这也是他们最后的阵痛，此后这个组织开始了前所未有的井喷式增长。Google 的测试博客每月吸引了成千上万的人来浏览阅读，GTAC（注：GTAC 是 Google Test Automation Conference 的缩写，即 Google 测试自动化大会，参见 gtac 网站）大会也已经成了测试行业的旗帜性会议。在我来到 Google 不久之后，Patrick 也得到了晋升，手下有十几个总监和工程经理直接汇报给他。如果你认为软件测试又进入到新的文艺复兴时期，那么 Google 一定就是位于中心的罗马。

　　这意味着 Google 背后的测试故事其实可以写成一本很厚的书。但问题是，我并不想这样做。Google 之所以闻名于世，在于其实现软件的方法：简单和直截了当。或许这本书也可以保持这样的风格。

　　《Google 软件测试之道》这本书的核心内容包括：详细讲述了作为一个 Google 的测试人员究竟意味着什么，同时也包含 Google 是如何解决软件在扩展性、复杂性和大并发方面的问题。如果想知道这些，阅读本书将是你的最佳获取途径。如果书中的内容还是不能满足你想要充分了解 Google 是如何测试的需求，互联网上还有更多的信息，你只需要"Google一下"。

关于本书由来的故事,不得不说的大概就是这些了。我也终于做好了准备来讲述 Google是如何进行测试的。随着越来越多的软件公司从桌面应用转向网络应用，Google 测试软件的方法也很有可能成为其他公司的榜样。如果你已经读了《微软测试之道》，那么千万不要试图在这本书中找一些共同点。除了两本书的作者都是三个人，且都是在讲述大型软件公司的测试实践之外，这两本书中所描述的测试方法可谓大相径庭。

> ✏️ **注意**　书中关于 Google 的测试方法，很有可能成为其他公司竞相模仿的榜样，特别是那些从桌面应用转向网络应用的公司。

Patrick Copeland 在本书的序言中解释了 Google 测试方法演变的历史,随着公司的不断成长，它也在不停地、有组织地进化着。Google 是个大熔炉，许多来自其他公司的工程师被抛进来熔炼。在前雇主公司使用的技术，如果被证明效率低下，该技术要么被遗弃，要么通过 Google 的创新文化再进行改良。随着测试工程师队伍的不断膨胀，就有了许多新的想法和实践的尝试，那些在实践中被证明很有用的技术会被 Google 保留下来，并成为Google 的一部分；另外一些被证明是负担的，则会被抛弃掉。Google 的测试者很愿意去尝试新技术，但有些技术一旦被发现并不实用，就会立刻被抛弃。

Google 是一家以创新和速度为基础的公司，快速地发布有用的代码（如果失败，也只有少数早期用户会失望）、迭代地增加早期用户希望使用的功能（最大化用户反馈）。在这样的环境下，测试不得不变的异常灵活，并且在技能上要做许多前期的规划，只是不停地简单维护并不能真正解决问题。有时，测试和开发互相交织在一起，达到了无法区分彼此的程度，而在另外一些时候，测试和开发又是完全分离，甚至开发人员都不知道测试在做些什么。

> ✏️ **注意**　有时，测试和开发互相交织在一起，达到了无法区分彼此的程度，而在另外一些时候，测试和开发又是完全分离的，甚至开发人员都不知道测试在做些什么。

贯穿 Google 的整个发展史来看，当前 Google 的发展速度只比创业初期慢了一点点而已。虽然 Google 创业已是很久以前的历史，但还是可以在一年内就做出一个操作系统、在几周内就发布像 Chrome 这样的客户端应用、每天都在更新其网络应用程序。在这种环境下，很容易就可以说清楚测试并非"教条式的、强流程、体力密集型、耗时的"——这比定义测试是什么要简单的多，虽然本书一直在尝试解释测试是什么。有一件事是可以确定的，测试不能成为导致创新和开发过程变慢的阻碍。至少，这种情况不能出现两次。

Google 在测试上的成功，不能简单地归结为其被测系统规模小且简单。Google 软件应用的规模和复杂度与外面其他的公司一样。从客户端的操作系统到网络应用、移动端、企业级应用、商业应用、社交等各个方面，Google 几乎无所不包。

Google 的软件庞大且复杂，拥有数以亿计的用户，也是黑客们喜爱的攻击目标。绝大多数 Google 源代码都是开源的，这些代码对外公开，被外界所觊觎。多数代码是历史遗留代码，使用常规的代码审核来做代码评审。Google 的代码服务于上百个国家，使用不同的语言，但是用户其实只是期望 Google 能够提供简单易用且"能够工作"的服务。Google 的测试人员每天完成的工作，并非只是解决简单的问题，Google 的测试人员每天都在面临不同的测试挑战。

Google 的做法是否正确（很有可能是错误的）是一个值得商榷的事情，但有一点是确定的，Google 的测试方法与其他我所了解的公司的测试方法有很大的不同。随着软件逐渐由桌面应用迁移到网络云端，Google 的测试模式很有可能会逐渐成为测试行业的主流模式。在测试这个行业，如何做测试，从而保证可以开发出可靠的、值得信赖的软件，一直是这个行业值得争议的话题。我和本书的其他作者就希望通过本书可以很好地阐述 Google 的测试实践，从而可以引起一些讨论，达到抛砖引玉的目的。Google 的测试方法或许有它的不足，但我们也乐意去对外公开它们，使之表露在业界和国际测试社区的眼皮之下，在经过外界的严格审查之后，我们才能持续地改进。

Google 的测试方法看起来有点违背常理——在整个公司，我们只有非常少的专职测试人员，甚至比我们竞争对手公司的单个产品的测试人员还要少。在通往成功的道路上，Google 的测试团队并非雄兵百万，我们更像是小而精的特种部队，我们依靠的是出色的战术和高级武器。由于资源的缺乏，这也是我们向特种部队方向发展的根本原因。没有足够的人手，使得我们不得不去做好优先级的安排，正如 Larry Page 所说，"少则清晰"。不管是功能方面的技术，还是测试方面的技术，在追求质量方面，我们已经学会了如何运用这些技术，创建高影响力、低阻力的实践活动。测试人员的稀缺会导致测试资源变得非常昂贵，因此，我们的原则就是让这些稀缺且聪明的测试员工保持昂扬的斗志和充沛的精力。当有人来问我，Google 成功的关键是什么，我的第一个建议就是，不要招聘太多的测试人员。

> **注意**　当有人来问我，Google 成功的关键是什么，我的第一个建议就是，不要招聘太多的测试人员。

Google 在测试人员如此缺乏的情况下，是如何应对的呢？简单地说，在 Google，写代码的开发人员也承担了质量的重任。质量从来就不仅仅是一些测试人员的问题。在 Google，每个写代码的开发者本身就是测试者，质量在名义上也由这样的开发测试组合共同承担，如图 1.1 所示。在 Google，谈论开发测试比（译注：这里指在人员数量上，开发和测试的比率）就像讨论太阳表面的空气质量一样，这本身没有任何意义。如果你是一名工程师，那么你同时也是一名测试人员。如果在你的职位头衔上有测试的字样，你的任务就是怎样使那些头衔上没有测试的人可以更好地去做测试。

Google 可以打造出世界级的软件，这也足以证明其对待质量的独特方法值得学习。或许其中的一些经验在其他的公司组织中也能适用。当然里面也有需要改进的地方。接下来所述就是关于 Google 测试方法的概要介绍。在后面的章节里，我们会深入到细节中，以此来阐述在以开发为中心的文化中 Google 是如何做测试的。

▲图 1.1　与功能相比 Google 工程师更看重质量

1.1　质量不等于测试

质量不是被测试出来的——这句看似陈词滥调的话却包含着一定的道理。从汽车行业到软件行业，如果在最开始设计创建的时候就是错的，那它永远不会变成正确的。试问一下汽车行业的公司，大量召回事实上有质量问题的产品，代价是多么的昂贵。因此，从最初的创建阶段就要做正确，否则将会陷入混乱的万丈深渊。

然而，这句话也并不像听起来那样的简单和准确。虽然质量不是被测出来的，但同样有证据可以表明，未经测试也不可能开发出有质量的软件。如果连测试都没有做，如何保证你的软件具有很高的质量呢？

有一个简单的办法可以解决这个难题，那就是停止开发与测试的隔离对立。开发和测试应该并肩齐趋。你需要在写完每一段代码后立刻测试这段代码，当完成了更多的代码时就要做更多的测试。测试不是独立隔离的活动，它本身就是开发过程的一部分。质量不等于测试，当你把开发过程和测试放到一起，就像在搅拌机里混合搅拌那样，直到不能区分彼此的时候，你就得到了质量。

> **注意**　质量不等于测试。当你把开发过程和测试放到一起，就像在搅拌机里混合搅拌那样，直到不能区分彼此的时候，你就得到了质量。

在 Google，这正是我们的目标，就是把开发过程和测试融合在一起——开发和测试必须同时开展。写一段代码就立刻测试这段代码，完成更多的代码就做更多的测试，但这里的关键是由谁来做这些测试呢？众所周知，在 Google，专职测试人员的数量非常稀少，与开发相比根本不成比例，唯一可能的去做这些的就只能是开发人员。还有谁能比实际写代码的人更适合做测试呢？还有谁能比实际写代码的人更适合去寻找 bug 呢？是谁会为了避免受更大刺激而去想办法避免产生 bug 呢？Google 能用如此少的专职测试人员的原因，就是开发对质量的负责。如果某个产品出了问题，第一个跳出来的肯定是导致这个问题发生的开发人员，而不是遗漏这个 bug 的测试人员。

这意味着质量更像是一种预防行为，而不是检测。质量是开发过程的问题，而不是测试问题。我们已经成功地将测试实践融入为开发过程的一部分，并创建了一个增量上线的流程。如果一些项目在线上被证实的确是 bug 重重，它将会被回滚到之前的版本。在确保不出现回滚级别 bug 发生的前提下，预防了许多客户问题的同时，也很大程度降低了专职测试人员的数量。在 Google，测试的目标就是来判断这种预防工作做的怎么样。

把开发过程和测试混合在一起，密不可分，从代码审核问询时的"你的测试在哪儿"，再到在卫生间张贴着的、用来提醒开发人员的最佳测试实践（注 3：参见 googletesting 网站）。测试是开发过程中必不可少的一部分，当开发过程和测试一起携手联姻时，既是质量达成之时。

> **注意**　测试是开发过程中必不可少的一部分，当开发过程和测试一起携手联姻时，即是质量达成之时。

1.2 角色

为了保证"解铃还需系铃人"这句名言成为事实（译注："you build it，you break it"，摘自"you build it，you break it，you fix it"。原意指在构建实验室（Build Lab）的人永远不会去修复构建失败（build break）的问题，只有开发人员自己才能修复。这里的意思是开发人员自己要对自己写的代码负责，比专职的测试人员更适合做测试工作。在传统的开发岗位之外我们又增加了几种角色。我们明确地提出了有一种工程师角色必须存在，他可以让开发人员更加有效且高效地做测试。在 Google，我们的确创建了这样的角色，他的职责就是让其他的工程师更有效率和质量意识。这些角色常把他们自己看做是测试者，但实际上他们的使命是提高生产率。测试人员的存在是为了让开发人员的工作更有效率，并且很大一部分体现在避免因马虎粗心而导致的返工，因此，质量也是效率的一部分。在接下来的章节里，会花费较多的内容来详细讲解这些角色，所以在这里只进行简单的介绍。

1.2.1　软件开发工程师（SWE）

软件开发工程师（译注：software engineer，后文简称 SWE）是一个传统上的开发角色，他们的工作是实现最终用户所使用的功能代码。他们创建设计文档、选择最优的数据结构和整体架构，并且花费大量时间在代码实现与代码审核上。SWE 需要编写与测试代码，包括测试驱动的设计、单元测试、参与构建各种大小规模的测试等，这些测试会在本章的后面做详细解释。SWE 会对他们编写、修复以及修改的代码承担质量责任。假设一个开发者不得不修改一个函数，如果这次修改导致已有测试用例运行失败，或者需要增加一个新的测试用例，他就必须去实现这个测试用例的代码。开发工程师几乎将所有的时间都花费在了代码编写上。

1.2.2　软件测试开发工程师（SET）

软件测试开发工程师（译注：software engineer in test，后文简称 SET）也是一个开发角色，只是工作重心在可测试性和通用测试基础框架上。他们参与设计评审，非常近距离地观察代码质量与风险。为了增加可测试性，他们甚至会对代码进行重构，并编写单元测试框架和自动化测试框架。SET 是 SWE 在代码库上的合作伙伴，相比较 SWE 是在增加功能性代码或是提高性能的代码，SET 更加关注于质量提升和测试覆盖率的增加。SET 同样会花费近百分之百的时间在编写代码上，他们这样做的目的是为质量服务，而 SWE 则更关注客户使用功能的开发实现上。

> ✏ **注意**　　SET 是 SWE 在代码库上的合作伙伴，与增加功能性代码或提高性能的代码的 SWE 相比，SET 更加关注于质量的提升和测试覆盖率的增加。SET 写代码的目的是可以让 SWE 测试自己的功能。

1.2.3　测试工程师（TE）

测试工程师（译注：test engineer，后文简称 TE）是一个和 SET 关系密切的角色，有自己不同的关注点——把用户放在第一位来思考，代表用户的利益。一些 Google 的 TE 会花费大量时间在模拟用户的使用场景和自动化脚本或代码的编写上。同时，他们会把开发工程师和 SET 编写的测试分门别类地组织起来，分析、解释、测试运行结果，驱动测试执行，特别是在项目的最后阶段，推进产品发布。TE 是真正的产品专家、质量顾问和风险分析师。某些 TE 需要编写大量的代码，而另外一些 TE 则只用编写少量的代码。

> **⚡注意**　　TE 把用户放在第一位来思考。TE 组织整体质量实践，分析解释测试运行结果，驱动测试执行，构建端到端的自动化测试。

从质量的角度来看，SWE 负责功能实现和这些独立功能的质量。他们对容错设计、故障恢复、测试驱动设计、单元测试负责，并和 SET 一起编写测试代码。

SET 也是开发人员，负责提供测试支持。有这样一个测试框架，它可以把新开发的代码隔离，通过模拟一个真实的工作运行环境（一个包含 stubs、mock、fake 等方法的流程，这些内容会在后面详细讲到）和代码提交队列来管理代码的提交。换句话说，SET 编写代码，通过这些代码提供的功能让 SWE 能够自己测试他们的功能。多数测试代码是由 SWE 完成，SET 存在的目的就是保证这些功能模块具有可测试性，并且相应的 SWE 还可以积极地参与到测试代码的编写中去。

很明显，SET 的主要关注对象就是开发人员。SET 的主要职责是让开发者可以很容易地编写测试代码，从而达到独立功能模块的质量要求。专注于用户角度的测试则是 TE 的职责。考虑到 SWE 和 SET 已经做了足够多的模块级别与功能级别的测试，下一步要考虑的就是要验证这些可执行的代码与数据集成在一起之后，是否可以满足最终用户的需求。在这里，TE 扮演着一个双重确认的角色，确认开发人员在测试方面的工作是否到位，任何明显的 bug 都会表明早期开发人员所做的测试工作存在不足或比较马虎。当这些明显的 bug 变少时，TE 会把注意力转移到常见用户使用场景中去，是否满足性能期望，在安全性、国际化、访问权限等方面是否满足用户的要求。TE 运行许多测试的同时，也负责和其他团队的 TE、合同工编制的测试人员、以众包形式参与的测试者、内部尝鲜者、beta 测试者以及早期用户进行合作交流，与各方讨论基本设计带来的风险、功能逻辑复杂性和错误避免的方法。一旦 TE 参与到项目之中，基本上就会没完没了。

1.3　组织结构

在我过去曾经工作过的多数组织中，开发人员和测试人员都一起隶属于同一个工程产品团队。从组织架构上讲，开发人员和测试人员汇报给同一个产品团队的管理者。这样看起来，同一个产品、同一个团队、所有参与的人都在一起，应该可以做到平等相处、患难与共。

但不幸的是，我还从来没见过有团队能真正做到这样。资深管理者一般都来自产品经理或开发经理，而不是来自于测试团队。在产品发布时，优先考虑的是功能的完备性和易用性方面是否足够简单，却很少考虑质量问题。作为同一个团队，测试总是在为开发让路。为何我们这个行业里总是充斥着各种有缺陷的、早产的产品，或许这就是问题所在。质量不行就再发布一个补丁包。

> **注意**　资深管理者一般都来自产品经理或开发经理，而不是来自于测试团队。在产品发布时，优先考虑的是功能是否完整和易用性方面是否足够简单，却很少考虑质量。作为同一个团队，测试总是在为开发让路。

Google 的组织汇报关系被划分为不同的专注领域（Focus Areas）。这些专注领域包括客户端（Chrome、Google 工具栏等）、地理（地图、Google Earth 等）、广告、Apps、移动，等等。所有的开发工程师都汇报给这些专注领域的管理者、总监或副总裁。

但 SET 和 TE 并没有遵循这个模式。测试是独立存在的部门，是与专注领域部门平行的部门（横跨各个产品专注领域），我们称为工程生产力团队。测试人员基本上以租借的方式进入产品团队，去做提高质量相关的事情，寻找一些测试不足的地方，或者公开一些不可接受的缺陷率数据。由于测试人员并不是直接向产品团队进行汇报，因此我们并不是简单地被告之某个项目急需发布就可以通过测试。我们有自己选择决定的优先级，在可靠性、安全性等问题上都不会妥协，除非碰到更重要的事情。如果开发团队想要我们在测试上放他们一马，他们必须事先和我们协商，但一般情况下也都会被拒绝。

这样的组织结构也可以帮助我们保持数量较少的测试人员。一个产品团队不能任意降低测试人员招聘的技术要求，从而雇佣更多的测试人员，然后再让他们做一些简单和琐碎的脏活累活。这些功能相关的脏活累活本应是开发人员的工作，不能简单地扔给倒霉的测试人员。工程生产力团队会根据不同产品团队的优先级、复杂度，并与其他产品实际比较之后，再来分配测试人员。显然，有时候我们可能搞错，实际上也确实出过错，但总体来说，这样会保持实际的需求与不明确的需求之间的某种平衡。

> **注意**　工程生产力团队会根据不同产品团队的优先级、复杂度，并与其他产品实际比较之后，再来分配测试人员。显然，有时候我们可能搞错，实际上也确实出过错，但总体上来说，这样会保持实际的需求与不明确的需求之间的某种平衡。

这种测试人员在不同项目之间的借调模式，可以让 SET 和 TE 时刻保持新鲜感并且总是很忙碌，另外还能保证一个好的测试想法可以快速在公司内部蔓延。一个在 Geo 产品上运用很好的测试技术或工具，很有可能在 Chrome 产品中也得到使用。推广测试技术方面创新的最佳方式，莫过于把这个创新的发明者直接借调过来。

在 Google 有一个广泛被接受的做法：对于一个测试人员，如果在某个产品中工作满 18 个月之后，就可以无理由地自愿转岗到其他产品，当然这个转岗并不是强制的。可以想象一个产品失去优秀测试专家而带来的悲痛，但从整个公司的角度来看，需要保持对各个产品与技术都了解的测试人员的存在。Google 的测试工程师在客户端、Web、浏览器、移动技术等领域都有所涉猎，可以高效地使用不同的语言和平台。由于 Google 的产品和服务很大程度上有比较强的集成关联关系，测试人员可以很容易地保持相关的专业技能，并在公司范围内的产品之间自由穿梭。

1.4　爬、走、跑

在拥有如此少量测试人员的情况下，Google 还可以取得不错的成果，核心原因在于 Google 从来不会在一次产品发布中包含大量的功能。实际上，我们的做法恰恰相反，在一个产品的基本核心功能实现之后，就立刻对外发布使用，然后从用户那里得到真实反馈，再进行迭代开发。这也是我们在 Gmail 产品上的经验，Gmail 带着 beta 标签在线上运营了四年，这个标签用以警示我们的用户，Gmail 仍处于改良之中。对于最终用户，只有该产品达到 99.99% 的可用性时，我们才会把 beta 标签去掉。在 Android G1 这个产品上，我们再次使用了这个方法，让这个非常有用且经过良好设计的产品变得更棒了，功能也更加丰富全面，之后的 Nexus 手机也采用了相同的策略。有一点需要引起注意，对于初期版本的用户，并不是因为这个产品还处于早期版本就不为之提供足够的功能，早期版本并不意味着是一个不可用的烂版本。

> **注意**　Google 经常在最初的版本里只包含最基本的可用功能，然后在后继的快速迭代的过程中得到内部和外部用户的反馈，而且在每次迭代的过程中都非常注重质量。一个产品在发布给用户使用之前，一般都要经历金丝雀版本、开发版本、测试版本、beta 或正式发布版本。

Google 发布的过程虽然快，但也并不像想象中如牛仔一般的鲁莽与仓促。实际上，为了发布我们称为 beta 的版本，一个产品要经历一系列的内部版本验证，用以证明它已经具备了一定的质量。例如 Chrome，这是我加入 Google 之后的两年都为之工作的一个产品，根据我们对产品的信心以及来自用户的反馈，我们在整个过程中使用了不同的版本，大致顺序如下。

- **金丝雀版本**：这是每日都要构建的版本，用来排除过滤一些明显不适宜的版本。就像煤矿井里的金丝雀（译注：17 世纪，英国人将金丝雀放到煤矿井里检测井中空气质量。如果金丝雀死了，则表示矿井中的空气已达到令人中毒的水平。此处意为对一件事情的预警），如果构建失败了的话，意味着我们的流程可能在哪里出了严重问题，需要去复查一遍我们的工作。使用金丝雀版本需要极强的容忍度，而且在这个版本下可能无法使用应有的基本功能。一般来说，只有这个产品的工程师（开发或测试人员）和管理人员才会安装使用金丝雀版本。

> **注意** Android 团队在这方面有更勇敢的尝试，所有核心开发团队成员的手机上都安装有每日构建的版本。这样做是为了减少往代码库中提交有问题的代码，一旦安装了错误代码，手机甚至都无法使用其基本功能，例如和家人通话。

- **开发版本**：这是开发人员日常使用的版本，一般是每周发布一个。该版本具有一定的功能并通过了一系列的测试（我们将会在随后的章节里讨论这点）。所有这个产品下的工程师都会被要求去安装这个版本，并在日常工作中真正使用它，这样可以持续对这个版本进行测试。如果一个开发版本不能够满足日常真实工作的需求，那么它将会被打回为金丝雀版本。发生这种情况不但令人郁闷，工程团队也需要再花费大量的时间去重新评估。

- **测试版本**：这是一个通过了持续测试的版本。这个版本基本上是最近一个月里的最佳版本了，也是工程师在日常工作中使用的最稳定最信任的一个版本。测试版本可以被挑选作为内部尝鲜（译注：dog food）版本，如果该版本有比较持续的优良表现，也是作为 beta 测试的候选版本。一些情况下，如果测试版本在公司内部使用得足够稳定，一些想更早尝试这个产品的外部合作伙伴也会使用这个版本。

- **beta 或发布版本**：这个版本是由非常稳定的测试版本演变而来，并经历了内部使用和通过所有质量考核的一个版本，也是对外发布的第一个版本。

这种爬、走、跑的模式，给我们的应用程序尽早地提供了一个测试验证的良好机会。与从自动化测试那里得到的反馈一样，我们每天都能从内部用户那里得到关于这些版本的质量反馈。

1.5　测试类型

Google 并没有使用代码测试、集成测试、系统测试等这些命名方式，而是使用小型测试、中型测试、大型测试这样的称谓（不要和敏捷社区发的那些 T 恤型号混为一谈），着重强调测试的范畴规模而非形式。小型测试意味着涵盖较少量的代码，其他的测试类型以此类推。Google 的三类工程师都会去执行其中的任何一种测试，无论是自动化的还是手动的。测试的规模越小，就越有可能被实现成为自动化的测试。

> **提示**　Google 并没有使用代码测试、集成测试、系统测试这些命名方式，而是使用小型测试、中型测试、大型测试这样的称谓，着重强调测试的范畴规模而非形式。

小型测试 一般来说（但也并非所有）都是自动化实现的，用于验证一个单独函数或独立功能模块的代码是否按照预期工作，着重于典型功能性问题、数据损坏、错误条件和大小差一错误（译注：大小差一（off-by-one）错误是一类常见的程序设计错误）等方面的验证。小型测试的运行时间一般比较短，通常是在几秒或更短的时间内就可以运行完毕。通常，小型测试是由 SWE 来实现，也会有少量的 SET 参与，TE 几乎不参与小型测试。小型测试一般需要使用 mock 和 fake（译注：mock 对象是指对外面依赖系统的模拟，在运行时刻可以根据假设的需求提供期望的结果。fake 对象是一种虚假的实现，内部使用了固定的数据或逻辑，只能返回特定的结果。更多参见 stackoverflow 网站）才能运行。TE 几乎不编写小型测试代码，但会参与运行这些测试，来诊断一些特定错误。小型测试主要尝试解决的问题是"这些代码是否按照预期的方式运行"。

中型测试 通常也都是自动化实现的。该测试一般会涉及两个或两个以上，甚至更多模块之间的交互。测试重点在于验证这些"功能近邻区"之间的交互，以及彼此调用时的功能是否正确（我们称功能交互区域为"功能近邻区"）。在产品早期开发过程中，在独立模块功能被开发完毕之后，SET 会驱动这些测试的实现及运行，SWE 会深度参与，一起编码、调试和维护这些测试。如果一个中型测试运行失败，SWE 会自觉地去查看分析原因。在开发过程的后期，TE 会通过手动的方式（如果比较难去实现自动化或实现的代价较大时），或者自动化地执行这些用例。中型测试尝试去解决的问题是，一系列临近的模块互相交互的时候，是否如我们预期的那样工作。

大型测试 涵盖三个或以上（通常更多）的功能模块，使用真实用户使用场景和实际用户数据，一般可能需要消耗数个小时或更长的时间才能运行完成。大型测试关注的是所有

模块的集成，但更倾向于结果驱动，验证软件是否满足最终用户的需求。所有的三种工程师角色都会参与到大型测试之中，或是通过自动化测试，或是探索式测试。大型测试尝试去解决的问题是，这个产品操作运行方式是否和用户的期望相同，并产生预期的结果。这种端到端的使用场景以及在整体产品或服务之上的操作行为，即是大型测试关注的重点。

> **注意**　小型测试涵盖单一的代码段，一般运行在完全虚假实现（fake）的环境里。中型测试涵盖多个模块且重点关注在模块之间的交互上，一般运行在虚假实现（fake）环境或真实环境中。大型测试涵盖任意多个模块，一般运行在真实的环境中，并使用真正的用户数据与资源。

小型、中型、大型等描述术语是什么并不重要，怎么称呼它们也都可以，只要大家都一致认可。重要的是，在 Google 测试人员使用统一术语来谈论他们测试的是什么，以及这些测试范围是如何划分的。一些雄心勃勃的测试者有时会说到第四级别的测试，即被称为"超大型测试"，公司里的其他测试同仁会认为这是一个超大级别的系统测试，涵盖所有的功能且运行时间会非常长。对于一些术语，不需要用过多的文字去解释，按照字面意思就可以理解，这样做是最好的。

我们的测试对象以及测试范围的大小是动态变化的，不同产品之间的区别也比较明显。Google 喜欢频繁地发布，并快速地从外部用户那里得到产品的真实反馈，然后再迭代开发出新功能。Google 积极努力地开发用户非常感兴趣的产品特性，并尽可能早地提供一些功能给用户使用。另外，我们也在避免做一些用户不想要的产品特性，这就要求我们要非常及时地把用户和外部开发者一起拉进来参与，这样可以更有利于判断我们发布的产品是否满足用户的真正需求。

最后，关于自动化测试和手动测试的比例，对于所有的三种类型测试，当然更倾向于前者。如果能够自动化，并不需要人脑的智睿与直觉来判断，那就应该以自动化的方式实现。但在一些情况下需要人类智慧的判断，例如，用户界面是否漂亮、保留的数据是否包含隐私等，这些还是需要手动测试来完成。

> **注意**　对于所有的三种类型测试，当然更倾向于前者。如果能够自动化，并不需要人脑的智睿与直觉来判断，那就应该以自动化的方式实现。

正如上文中提到的，同时也是值得重点关注的一点，Google 也有大量的手动测试，有些使用脚本的方式在记录（译注：scripted case，把每一个步骤都记录下来的用例表示方式。注意，这里 scripted case，不是指通过脚本实现的自动化用例，这里只是强调一种 case 的实现方式），而另外一些使用探索式的方法，这些测试都在被密切地关注，以后可能被自动化方式所替代。通过使用定位点击的验证方式、录制技术等可以把一些手动测试转变成自动化测试，这些自动化测试在每次建立之后都会重复地回归运行，而手动测试更倾向于关注于新功能。我们甚至把开 bug 和日常的手动工作都自动化实现了，例如，如果自动化用例运行失败，系统会自动检查到最后一次代码变更的内容，这些变更极有可能是造成失败的罪魁祸首。系统会自动给代码变更的提交者发送一封邮件，并新开一个 bug 来记录这个问题。将自动化做到，力争克服"人类智慧的最后一英寸"这也是 Google 的设计理念与目标，也正是正在构建之中的下一代测试工具的努力方向。

第2章 软件测试开发工程师

01100101011011011000 0100

在理想情况下，一个完美的开发过程是怎样进行的呢？测试先行，在一行代码都没有真正编写之前，一个开发人员就会去思考如何测试他即将编写的代码。他会设计一些边界场景的测试用例，数据取值范围从极大到极小、导致循环语句超出限制范围的情况，另外还会考虑很多其他的极端情况。这些测试代码会作为产品代码的一部分，以自检代码或单元测试代码的形式与功能代码存储在一起。对于此种类型的测试，最合适且最有资格去做的人，其实就是编写功能代码的人。

另外一些测试需要的知识在本产品代码之外，通常都依赖于外部基础设施服务。例如，一个测试用例需要从远程数据源（一个数据库或者云端）读取数据，这就需要存在一个真实数据库或模拟的数据库。在过去几年中，工业界使用了各种特定术语来描述这些辅助设施，包括*测试框架*、*测试通用设施*、*模拟设施*和*虚拟设施*（译注：test harnesses, test infrastructure, mock and fake）。在假想的完美开发过程中，在你做功能测试时，如果需要，这些工具都应该及时出现在你眼前，任由你使用（记住，这是在一个真正理想的软件世界里）。

在理想开发过程中首次需要测试人员的时刻即将来临。对于人的思维方式而言，在编写功能代码的时候与编写测试代码的时候是迥然不同的，这也就需要去区分功能开发人员和测试开发人员（译注：原文是 feature developer and test developer）。对于功能代码而言，思维模式是*创建*，重点在考虑用户、使用场景和数据流程上；而对于测试代码来说，主要思路是去*破坏*，怎样写测试代码用以扰乱分离用户及其数据。由于我们假设的前提是在一个童话般的理想开发过程里，所以我们或许可以分别雇佣不同的开发工程师：一个写功能代码，而另一个思考如何破坏这些功能（译注：两种开发工程师，分别是功能开发人员和测试开发人员）。

注意　　　编写功能代码和编写测试代码在思维方式上有着很大的不同。

在这样乌托邦式（译注：乌托邦是一个理想的群体和社会的构想，名字由托马斯·摩尔的《乌托邦》一书中所写的完全理性的共和国"乌托邦"而来，意指理想完美的境界）的理想开发过程中，众多的功能开发人员（译注：feature developer）和测试开发人员（译注：test developer）需要通力合作，共同为打造同一款产品而努力。在我们假想的完美理想情况下，产品的每一个功能都对应一个开发人员，整个产品则配备一定数量的测试开发人员。测试开发人员通过使用测试工具与框架帮助功能开发人员解决特定的单元测试问题，而这些问题如果只是由功能开发人员独自完成，则会消耗掉他们许多的精力。

功能开发人员在编写功能代码的时候，测试开发人员编写测试代码，但我们还需要第三种角色，一个关心真正用户的角色。显然在我们理想化的乌托邦测试世界里，这个工作应该由第三种工程师来完成，既不是功能开发人员，也不是测试开发人员。我们把这个新角色称为用户开发人员（译注：user developer）。他们需要解决的主要问题是面向用户的任务，包括用例（use case）、用户故事、用户场景、探索式测试等。用户开发人员关心这些功能模块如何集成在一起成为一个完整的整体，他们主要考虑系统级别的问题，通常情况下都会从用户角度出发，验证独立模块集成在一起之后是否对最终用户产生价值。

这就是我们眼中软件开发过程的乌托邦理想模式，三种开发角色在可用性和可靠性方面分工合作，达到完美。每个角色专门处理重要的事情，相互之间又可以平等地合作。

谁不想为这样的软件开发公司工作呢？大家全都要报名应聘！

但不幸的是，这样的公司目前还不存在，Google 也只是比较接近而已。Google 与其他公司一样，都在尽力去尝试成为这样的公司。或许是因为 Google 起步较晚，我们有机会从前人那里吸取了很多经验教训。当前软件正经历一个巨大的转变，从发布周期需要以年为单位的客户端模式向每周、每天，甚至每小时都会发布的云端模式转变（注：一个有趣的事情需要说明一下，即使是客户端软件，Google 也喜欢常去更新，客户端使用一个"自动更新"的功能，几乎所有的客户端应用都有这个功能），而 Google 也从这次转换浪潮之中受益良多。在这两种原因的促进下，Google 的软件开发流程与乌托邦模式也有了几分相似。

Google 的 SWE 就是功能开发人员，负责客户使用的功能模块开发。他们编写功能代码及这些功能的单元测试代码。

Google 的 SET 就是测试开发人员，部分职责是在单元测试方面给予开发人员支持，另外一部分职责是为开发人员提供测试框架，以方便他们编写中小型测试，用以进行更多质量相关的测试工作。

Google 的 TE 就是用户开发人员，负责从用户的角度来思考质量方面各种问题。从开发的角度来看，他们编写用户使用场景方面的自动化用例代码；从产品的角度看，他们评估整体测试覆盖度，并验证其他工程师角色在测试方面合作的有效性。这不是乌托邦，这就是 Google 实践之路上最好的尝试，前进的道路上充满了不可预料且无路可退。

> **注意**　　Google 的 SWE 是功能开发人员；Google 的 SET 是测试开发人员；Google 的 TE 是用户开发人员。

在这本书里，我们将会着重介绍 SET 和 TE 这两个角色的工作内容，也会包含少量 SWE 的工作内容，作为上述两种角色的补充。虽然 SWE 也重度参与测试工作，但一般情况下都是在头衔中包含"测试"的工程师的指导之下完成的。

2.1　SET 的工作

在任何软件公司创立的初期阶段，通常都没有专职的测试人员（译注：本节标题"SET 的工作"，因为原文为 The Life of an SET。"The Life of " 是 Google 内部系列课程（搜索和广告是如何工作的）中使用的特定术语。针对 Nooglers(新 Google 员工)的课程里，Life of a Query 揭秘搜索 query 是如何实现的，Life of a Dollar 揭秘广告系统的工作原理）。当然那时候也没有产品经理、计划人员、发布工程师、系统管理员等其他角色。每位员工都独自完成所有工作。我们也经常想象 Larry 和 Sergey（译注：Google 的早期创始人之一）在早期是如何思考用户使用场景和设计单元测试的样子。随着 Google 的不断成长壮大，出现了第一个融合开发角色和质量意识于一身的角色，即 SET（注：Patrick Copeland 在本书的序中已经介绍了 SET 的出现背景）。

2.1.1　开发和测试流程

在详细讲解 SET 工作流程之前，我们先来了解一下 SET 的工作背景，这对理解整个开发过程将十分有益。在新产品的开发过程中，SET 和 SWE 是紧密合作的伙伴，他们达成一致，甚至一些实际工作也会有所重叠。Google 其实就是这样设计的，Google 认为测试工作是由整个工程团队负责，而不仅仅单独由那些头衔上带着"测试"的工程师来负责。

工程师团队的交付物就是即将发布的代码。代码的组织形式、开发过程、维护是日常工作重点。Google 多数代码存放在同一个代码库中，并使用统一的一套工具。这些工具和代码支撑着 Google 的构建和发布流程。Google 所有的工程师无论是什么角色，对如何使用这些工具环境都非常地熟练，团队成员可以毫不费力地完成新代码的入库、提交、执行测试、创建版本等任务（前提是角色有这样的需求）。

✏️**注意**　工程师团队的交付物就是即将要发布的代码。代码的组织形式、开发过程、维护是日常的工作重点。

这种单一的代码库模式，使得工程师可以很从容地在不同项目之间转换而几乎不需要什么学习成本。这为工程师提供了很大便利，这种单一的代码库模式让工程师从他们进入项目开始的第一天起，其"百分之二十的贡献"（译注："百分之二十时间"是指 Googler 称为的"业余项目"。这并不是一个炒作的概念，而是官方真正存在的，允许所有 Googler 每周投入一天时间在他的日常工作之外的项目上。每周四天工作用来赚取薪水，剩下一天用以试验和创新。这并不是完全强制的，之前有些 Googler 认为这个想法只是一个传说。根据我们的真实经历，这个概念是真正存在的，我们三个都参与过"百分之二十时间"项目。实际上，本书提及的许多工具都是"百分之二十"项目的结晶。在现实中，许多 Goolers 选择把"百分之二十时间"投入到新产品之中，特别是一些听起来很酷的产品，很享受这种工作模式）极具效率。这也意味着对于有需求的工程师，所有的源代码对他们都是开放的。Web 应用的开发人员无须申请任何权限，就能查看所有可以简化他们工作的浏览器端代码。他们从有经验的工程师那里学习到在类似场景下如何编写代码，他们可以重用一些通用模块或详细的数据结构，甚至是重用一些程序控制结构。Google 在代码库搜索方面也提供了非常便利的功能。

公开的代码库、和谐的工程工具、公司范围内的资源共享，成就了丰富的 Google 内部共享代码库与公共服务。这些共享的代码运行依赖于 Google 的基础设施产品，它们在加速项目完成与减少项目失败上发挥了很大作用。

✏️**注意**　公开的代码库、和谐的工程工具、公司范围内的资源共享，成就了丰富的 Google 内部共享代码库与公共服务。

工程师们对这些共享的基础代码做了特殊处理，形成了一套不成文但却非常重要的实践规则，工程师在维护修改这些代码的时候都要遵守这些规则。

- 所有的工程师必须复用已经存在的公共库，除非在项目特定需求方面有很好的理由。

- 对于公共的共享代码，首先要考虑的是能否可以容易地被找到，并具有良好的可读性。代码必须存储在代码库的共享区域，以便查找。由于共享代码会被不同的工程师使用，这些代码应该容易理解。所有的代码都要考虑到未来会被其他人阅读或修改。

- 公共代码必须尽可能地被复用且相对独立。如果一个工程师提供的服务被许多团队使用，这将为他带来很高的信誉。与功能的复杂性或设计的巧妙性相比，可复用性带来的价值更大。

- 所有依赖必须明确指出，不可被忽视。如果一个项目依赖一些公用共享代码，在项目工程师不知情的前提下，这些共享代码是不允许被修改的。

- 如果一个工程师对共享代码库在某些地方有更好的解决方案，他需要去重构已有的代码，并协助依赖在这个公用代码库之上的应用项目迁移到新的代码库上。这种乐善好施的社区工作是值得鼓励的（译注：这是 Google 经常提及的"同僚奖金（peer bonus）"。任何工程师如果受到其他工程师正面的影响，就可以送出"同僚奖金"作为感谢。除此之外，经理还有权使用其他奖励手段。这样做的目的就是让这种正向团队合作形成一种良性循环，并持续下去。当然，另外还有同事之间私下里的感谢）。

- Google 非常重视代码审核，特别是公共通用模块的代码必须经过审核。开发人员必须通过相关语言的可读性审核。在开发人员拥有按照代码风格编写出干净代码的记录之后，委员会会授予这名开发人员一个"良好可读性"的证书。Google 的四大主要开发语言：C++、Java、Python 和 JavaScript 都有可读性方面的代码风格指南。

- 在共享代码库里的代码，对测试有更高的要求（在后面部分会做讨论）。

最小化对平台的依赖。所有工程师都有一台桌面工作机器，且操作系统都尽可能地与 Google 生产环境的操作系统保持一致。为了减少对平台的依赖，Google 对 Linux 发行版本的管理也十分谨慎，这样开发人员在自己工作机器上测试的结果，与生产系统里的测试结果会保持一致。从桌面到数据中心，CPU 和 OS 的变化尽可能小（注：唯一不在 Google 通用测试平台里的本地测试实验室，是 Android 和 Chrome OS。这些类目不同的硬件必须在手边进行测试）如果一个 bug 在测试机器上出现，那么在开发机器上和生产环境的机器上也都应该能够复现。

所有对平台有依赖的代码，都会强制要求使用公共的底层库。维护 Linux 发行版本的团队同时也在维护这个底层平台相关的公共库。还有一点，对于 Google 使用的每个编程语言，都要求使用统一的编译器，这个编译器被很好地维护着，针对不同的 Linux 发行版本都会有持续的测试。这样做本身其实并没有什么神奇之处，但限制运行环境可以节省大量下游的测试工作，也可以避免许多与环境相关且难以调试的问题，能把开发人员的重心转移到新功能开发上。保持简单，也就相对会安全。

> **注意**　Google 在平台方面有特定的目标，就是保持简单且统一。开发工作机和生产环境的机器都保持统一的 Linux 发行版本；一套集中控制的通用核心库；一套统一的通用代码、构建和测试基础设施；每个核心语言只有一个编译器；与语言无关的通用打包规范；文化上对这些共享资源的维护表示尊重且有激励。

使用统一的运行平台和相同的代码库，持续不断地在构建系统中打包（译注：打包是一个过程，包括将源代码编译成二进制文件，然后再把二进制文件统一封装在一个 linux rpm 包里面），这可以简化共享代码的维护工作。构建系统要求使用统一的打包规范，这个打包规范与项目特定的编程语言无关，与团队是否使用 C++、Python 或 Java 也都无关。大家使用同样的"构建文件"来打包生成二进制文件。

一个版本在构建的时候需要指定构建目标，这个构建目标（可以是公共库、二进制文件或测试套件）由许多源文件编译链接产生。下面是整体流程。

（1）针对某个服务，在一个或多个源代码文件中编写一类或一系列功能函数，并保证所有代码可以编译通过。

（2）把这个新服务的构建目标设定为公共库。

（3）通过调用这个库的方式编写一套单元测试用例，把外部重要依赖通过 mock 模拟实现。对于需要关注的代码路径，使用最常见的输入参数来验证。

（4）为单元测试创建一个测试构建目标。

（5）构建并运行测试目标，做适当的修改调整，直到所有的测试都运行成功。

（6）按要求运行静态代码分析工具，确保遵守统一的代码风格，且通过一系列常见问题的静态扫描检测。

（7）提交代码申请代码审核（后面对代码审核会做更多详细说明），根据反馈再做适当的修改，然后运行所有的单元测试并保证顺利通过。

产出将是两个配套的构建目标：库构建目标和测试构建目标。库构建目标是需要新发布的公共库、测试构建目标用以验证新发布的公共库是否满足需求。注意：在 Google 许多开发人员使用"测试驱动开发"的模式，这意味着步骤（3）会在步骤（1）和步骤（2）之前进行。

对于规模更大的服务，通过链接编译持续新增的代码，构建目标也会逐渐变大，直到整个服务全部构建完成。在这个时候，会产生二进制构建目标，其由包含主入口 main 函数文件和服务库链接在一起构成。现在，你完成了一个 Google 产品，它由三部分组成：一个经过良好测试的独立库、一个在可读性与可复用性方面都不错的公共服务库（这个服务库中还包含另外一套支持库，可以用来创建其他的服务）、一套覆盖所有重要构建目标的单元测试套件。

一个典型的 Google 产品由许多服务组成，所有产品团队都希望一个 SWE 负责对应一个服务。这意味着每个服务都可以并行地构建、打包和测试，一旦所有的服务都完成了，他们会在一个最终的构建目标里一起集成。为了保证单独的服务可以并行地开发，服务之间的接口需要在项目的早期就确定下来。这样，开发者会依赖在协商好的接口上，而不是依赖在需要开发的特定库上。为了不耽搁服务级别之间的早期测试，这些接口一般都不会真正实现，而只是做一个虚假的实现。

SET 会参与到许多测试目标的构建之中，并指出哪些地方需要小型测试。在多个构建目标集成在一起，形成规模更大应用程序的构建目标时，SET 需要加速他们的工作，开始做一些更大规模的集成测试。在一个单独的库构建目标中，需要运行几乎所有的小型测试（由 SWE 编写，所有支持这个项目的 SET 都会给予帮助）。当构建目标日益增大时，SET 也会参与到中大型测试的编写之中去。

在构建目标的增长到一定规模时，针对功能集成的小型测试会成为回归测试的一部分。如果一个测试用例，本应该运行通过，但如果运行失败，也会报一个测试用例的 bug。这个针对测试用例的 bug 和针对功能的 bug 没有任何区别。测试就是功能的一部分，问题较多的测试就是功能性 bug，一定要得到修复。这样才可以保证新增的功能不会把已有功能损坏掉，任何代码的修改都不会导致测试本身的失败。

在所有的这些活动中，SET 始终是核心参与者。他们在开发人员不知道哪些地方需要单元测试的时候可以明确指出。他们同时编写许多 mock 和 fake 工具。他们甚至编写中大型集成测试。好了，现在是展开讨论 SET 工作的时候了。

2.1.2 SET 究竟是谁

SET 首先是工程师角色，他使得测试存活于先前讨论的所有 Google 开发过程之中。SET（software engineer in test）是软件测试开发工程师。最重要的一点，SET 是软件工程师，正如我们招聘宣传海报和内部晋升体系中所说的那样，是一个 100% 的编码角色。这种测试方式的有趣之处在于它使测试人员能尽早介入到开发流程中去，但不是通过"质量模型"和"测试计划"的方式，而是通过参与设计和代码开发的方式。这会使得功能的开发工程师和测试的开发工程师处于相同的地位，SET 积极参与各种测试，使测试富有效率，包括手动测试和探索式测试，而这些测试后期会由其他工程师负责。

注意　　测试是应用产品的另外一种功能，而 SET 就是这个功能的负责人。

SET 与功能开发人员坐在一起（实际上，让他们物理位置坐在一起是也是我们的设计目标）。这样讲可能更公平一些，测试也是应用产品的一种功能特性，而 SET 是这个产品功能特性的负责人。SET 参与 SWE 的代码评审，反之亦然。

在面试 SET 的时候，在代码要求标准上与 SWE 的招聘要求是一样的，而且增加了一个额外考核——SET 需要了解如何去测试他们编写的代码。换句话说，SWE 和 SET 都需要回答代码问题，而且 SET 还要求去解答测试问题。

正如你想象的那样，找到满足如此条件的人是非常困难的，在 Google，SET 的数量也相对比较少，这并不是因为 Google 在生产率方面有什么神奇的开发测试比要求，而是因为招聘到满足 SET 技能要求的人实在太难了。SWE 和 SET 这两个角色比较相似，在招聘方面这两个群体的要求也类似。假想这样的场景，公司里的开发人员可以做测试，而测试人员可以写代码。Google 其实还没有完全做到这一点，或许永远也做不到。这两大群体之间相互交流学习，SWE 向 SET 学习，SET 也在学习 SWE，正是我们这些最优秀的工程师一起构成了我们最有效率的工程产品团队。

2.1.3　项目的早期阶段

Google 没有规定 SET 何时进入项目，同样也没有规定怎样的项目才算是"真正"的项目。通常情况下，在 Google 的产品项目初期阶段，工程师只会投入 20%的时间。Gmail 和 Chrome OS 也是从一个想法演变而来，初期也并没有任何 Google 官方资源的投入，这些资源来源于团队开发测试成员的业余时间。事实上也正如我们的朋友 Alberto Savoia（本书的序言的作者之一，详细介绍参见序部分）所说的那样，"只有在软件产品变的重要的时候质量才显得重要"。

许多创新的产品都是来源于团队 20%的业余时间。这些时间投入的产品有些慢慢地消失了，而另外一些规模会越做越大，有的甚至会成为 Google 的官方产品。在这些产品的初期，没有一个会得到测试资源。在未来可能失败的项目中投入测试资源来构建测试方面基础设施，这是一种资源浪费。如果项目被取消了，那么这些创建好的测试也会毫无价值。

一个产品如果在概念上还没有完全确定成型时就去关心质量，这就是优先级混乱的表现。许多来源于 Google 百分之二十努力的产品原型，在其以后的 dogfood 或 beta 版本发布时，还要经历重新设计，原始代码保留的概率几乎为零。很明显，在试验初期阶段强调测试是一件非常愚蠢的事情。

当然，物极必反，风险总是相对的。如果一个产品太长时间没有测试的介入，早期在可测试性上的槽糕设计在后期也很难去做改进，这样会导致自动化难以实施且测试工具极不稳定。在这种情况下，不得不以质量的名义来做重构。这样的质量"债"会拖慢产品的发布，甚至长达数年之久。

在项目早期，Google 一般不会让测试介入进来。实际上，即使 SET 在早期参与进来，也不是从事测试工作，而是去做开发。绝非有意忽视测试，当然也不是说早期产品的质量就不重要。这是受 Google 非正式创新驱动产品的流程所约束。Google 很少在项目创建初期就投入一大帮人来做计划（包括质量与测试计划），然后再让一大群开发参与进来。Google 项目的诞生从来没有如此正式过。

Chrome OS 是一个可以说明问题的典型例子。本书的三个作者都在这个产品上工作过一年以上。但是，在我们正式加入之前，只有几个开发人员做了原型，且多数实现都是脚本与伪件（fake），这样他们可以拿着浏览器应用模型做演示，并通过正式的立项批准。在这些早期原型阶段，主要精力都集中在如何试验并证明这些想法的可行性上。考虑到项目还没有正式批准，且所有的演示脚本最终都会被 C++代码重写替换，如果在早期投入大量测试和可测试性方面努力，其实没有太大的实用价值。为了演示而使用脚本搭建的产品，一旦得到正式批准立项，其开发总监就会找到工程生产力团队，寻求测试资源。

Google 内部其实也并存着不同的文化。没有项目会认为如果得不到测试资源，他们的产品就将不复存在。开发团队在寻求测试帮助的时候，有义务让测试人员相信他们的产品是令人兴奋且并充满希望的。在 Chrome OS 的开发总监给我们介绍他们项目、进度和发布计划时，我们也要求提供当前已有的测试状态、期望的单元测试覆盖率水平、以及明确在发布过程中各自承担的责任。在项目还是概念阶段的时候，测试人员不会参与进来，而项目一旦真正立项，我们就要在这些测试是如何执行的方面发挥我们的影响力。

📝 **注意**　没有项目会认为如果得不到测试资源，他们的产品就将不复存在。开发团队在寻求测试帮助的时候，有义务让测试人员相信他们的产品是令人兴奋且并充满希望的。

2.1.4　团队结构

SWE 会深入他们自己编写的那部分代码之中，通常这部分代码只是某个单一功能的模块甚至更小范围的代码。SWE 一般仅在自己的模块领域里提供最优方案，但如果从整个产品的角度来看，视野会显得略微狭窄。一个好的 SET 正好可以弥补这一点，不仅要具有更宽广的整体产品视野，而且在产品的整个生命周期里对产品及功能特性做充分理解，许多 SWE 来往穿梭于不同产品，但产品的生命存活期比 SWE 待在产品里的时间要长久得多。

像 Gmail 或 Chrome 这样的产品注定要经历许多版本，并消耗数以百计的开发人员为之工作。如果一个 SWE 在某个产品的第三个版本研发时加入，这时这个产品已经有良好的文档、不错的可测试性、运行着稳定的自动化测试、清晰的代码提交流程，这些现象都在说明这个产品早期已有出色的 SET 在为之工作。

在整个项目生命周期里，功能的实现、版本的发布、补丁的创建、为改进而做的重构在不断地发生，你很难说清楚什么时候项目结束或一个项目是否真的已经结束。但所有软件项目都有明确的开始时间。在早期阶段，我们常去改变我们的目标。我们做计划，并尝试把东西做出来。我们尝试去文档化我们将要去做的事情。我们尝试去保证我们早期做的决定长期看来也是正确的。

我们在编码之前做计划、试验、文档，这部分工作量取决于我们对未来产品的信心。我们不想在项目初期做少量的计划，而到项目后期却发现这个计划是值得花费更多精力去做的。同样，我们也不希望在早期计划上投入数周时间，而之后却发现这个世界已经改变了，甚至与之前我们想象的世界完全不同了。某种程度上来说，我们早期在文档结构和过程中的处理方式也是明智的。总而言之，做多少和怎样做比较合适，由创建项目的工程师来做最终决定。

Google 产品团队最初是由一个技术负责人（tech lead）和一个或更多的项目发起人组成。在 Google，技术负责人这个非正式的岗位一般由工程师担任，负责设定技术方向、开展合作、充当与其他团队沟通的项目接口人。他知道关于项目的任何问题，或者能够指出谁知道这些问题的细节。技术负责人通常是一名 SWE，或者由一名具备 SWE 能力的工程师来担任。

项目的技术负责人和发起人要做的第一件事就是设计文档（后文会做介绍）。随着文档的不断完善，就需要不同专业类型的工程师角色投入到项目中去。许多技术负责人期望 SET 在早期就能参与项目，即便那时 SET 资源还相对稀缺。

2.1.5　设计文档

所有 Google 项目都有设计文档。这是一个动态的文档，随着项目的演化也在不断地保持更新。最早期的项目设计文档，主要包括项目的目标、背景、团队成员、系统设计。在初期阶段，团队成员一起协同完成设计文档的不同部分。对于一些规模足够大的项目来说，需要针对主要子系统也创建相应的设计文档，并在项目设计文档中增加子系统设计文档的链接。在初期版本完成后，里面会囊括所有将来需要完成的工作清单，这也可以作为项目前进的路标。从这一点上讲，设计文档必须要经过相关技术负责人的审核。在项目设计文档得到足够的评审与反馈之后，初期版本的设计文档就接近尾声了，接下来项目就正式进入实施阶段。

作为 SET，比较幸运的是在初期阶段就加入了项目，会有一些重要且有影响力的工作急需完成。如果能够合理地谋划策略，我们在加速项目进度的同时，也可以做到简化项目相关人员的工作。实际上，作为工程师，SET 在团队中有一个巨大的优势，就是拥有产品方面最广阔的视野。一个好的 SET 会把非常专业的广阔视野转化成影响力，在开发人员所编写的代码上产生深远的影响力。通常来说，代码复用和模块交互方面的设计会由 SET 来做，而不是 SWE。后面会着重介绍 SET 在项目的初期阶段是如何发挥作用的。

> **注意** 在设计阶段，SET 在推进项目的同时也可以简化相关项目成员的工作。

如果有另外一双眼睛来帮助审核你的工作，这是无疑会很有帮助且令人期待。SWE 就渴望得到来自 SET 的这种帮助与反馈。在 SWE 完成设计文档的各个部分之后，需要发送给更大范围人去做正式审核，在这之前他们希望得到 SET 的帮助。一个优秀的 SET 对这样的文档审核也会比较期待，乐意去投入他的时间，在 SET 审阅过程中，会针对质量和可靠性方面增加一些必要的内容。下面是我们为什么这么做的几个原因。

- SET 需要熟悉了解所负责的系统设计（阅读所有的设计文档是一个途径），SET 和 SWE 都期望如此。

- SET 早期提出的建议会反馈在文档和代码里，这样也增加了 SET 的整体影响力。

- 作为第一个审阅所有设计文档的人（也因此了解所有迭代过程），SET 对项目的整体了解程度超过了技术负责人。

- 对于 SET 来说，这也是一个非常好的机会，可以在项目初期就与相应开发工程师一起建立良好的工作关系。

审阅设计文档的时候应该有一定的目的性，而不是像读报纸那样随便看两眼就算了。优秀的 SET 在审阅过程中始终保持强烈的目的性。下面是一些我们推荐的一些要点。

- **完整性**：找出文档中残缺不全或一些需要特殊背景知识的地方。通常情况下团队里没人会了解这些知识，特别是对新人而言。鼓励文档作者在这方面添加更多细节，或增加一些外部文档链接，用以补充这部分背景知识。

- **正确性**：看一下是否有语法、拼写、标点符号等方面的错误，这一般是马虎大意造成的，并不意味着他们以后编写的代码也是这样。但也不能为这种错误而破坏规矩。

- **一致性**：确保配图和文字描述一致。确保文档中没有出现与其他文档中截然相反的观点和主张。

- **设计**：文档中的一些设计要经过深思熟虑。考虑到可用的资源，目标是否可以顺利达成？要使用何种基础的技术框架（读一读框架文档并了解他们的不足）？期望的设计在框架方面使用方法上是否正确？设计是否太过复杂？有可能简化吗？还是太简单了？这个设计还需要增加什么内容？

- **接口与协议**：文档中是否对所使用的协议有清晰的定义？是否完整地描述了产品对外的接口与协议？这些接口协议的实现是否与他们期望的那样一致？对于其他的 Google 产品是否满足统一的标准？是否鼓励开发人员自定义 Protocol buffer 数据格式（后面会讨论 Protocol buffer）？

- **测试**：系统或文档中描述的整套系统的可测试性怎样？是否需要新增测试钩子（译注：testing hook，这里指为了测试而增加一些接口，用以显示系统内部状态信息）？如果需要，确保他们也被添加到文档之中。系统的设计是否考虑到易测试性，而为之也做了一些调整？是否可以使用已有的测试框架？预估一下在测试方面我们都需要做哪些工作，并把这部分内容也增加到设计文档中去。

> **注意**　审阅设计文档的时候要，具备一定的目的性，需要完成特定的目标，而不是像读报纸那样随意看两眼。

在 SET 与相应的 SWE 一起沟通文档的审阅结果时，关于测试的工作量以及各个角色之间如何共同参与测试，会有一个比较正式的讨论。这是一个绝佳的时机，可以了解到开发在单元测试方面的目标，以及如果想打造一款经过良好测试的产品，团队成员需要遵守哪些最佳实践。当这种讨论以互帮互助的形式开始出现时，我们的工作就开始逐步进入正轨了。

2.1.6　接口与协议

在 Google，由于接口协议与编写代码相关，所以对于开发人员来说，文档化这部分是比较轻松的事情。Google protocol buffer 语言（注：Google protocol buffers 是开源的，参见 Google 网站）与编码语言和平台无关，对结构化数据而言具有可扩展性，就像 XML 一样，但更小、更快、更简单。开发人员使用 protocol buffer 的描述语言来定义数据结构，然后使用自动生成的源代码，从各种数据流中来读或写这些结构化的数据，使用任何编程语言（Java, C++或python）皆可。对于新项目而言，protocol buffer 源码通常是第一份源代码。在系统实现之后，如果设计文档中仍然使用 protocol buffers 来描述系统是如何工作的，这比较罕见。

SET 会对 protocol buffer 代码做比较系统全面的审查，因为 protocol buffer 定义的接口与协议的代码实现是要由 SET 来完成的。没错，SET 是第一个实现所有接口和协议的人。在系统真正搭建起来之前，集成测试的运行依赖这些接口实现。为了能够尽早地开始做集成测试，SET 针对各个模块的依赖提供了 mock 或 fake 的实现。虽然功能模块代码还没有实现，集成测试的代码就已经可以开始编写了。在这个时候，如果集成测试代码可以运行起来，那将会更有价值。另外，在任何阶段，集成测试总是依赖 mock 和 fake。因为有了它们，一些依赖服务的期望错误场景和条件异常，会比较容易产生。

> **注意**　为了能够尽早可以运行集成测试，针对依赖服务，SET 提供了 mock 与 fake。

2.1.7　自动化计划

SET 时间有限且需要做的事情太多，尽早地提供一个可实施的自动化测试计划是一个很好的解决方法。试图在一个测试套件中自动化所有端到端的测试用例，这是一个常见的错误。没有 SWE 会被这样一个无所不包的设计所吸引并感兴趣，SET 也就得不到 SWE 的什么帮助。如果 SET 希望能从 SWE 那里得到帮忙，他的自动化计划就必须合情合理且有影响力。自动化上投入的越多，维护的成本也就越大。在系统升级变化时，自动化也会更加不稳定。规模更小且目的性更强的自动化计划，并存在可以提供帮助的测试框架，这些会吸引 SWE 一起参与测试。

在端到端的自动化测试上过度投入，常常会把你与产品的特定功能设计绑定在一起，这部分测试在整个产品稳定之前都不会特别有用。在产品完成之后，这个时候如果去修改设计就已经太晚了。所以，这个时刻从测试中得到的任何反馈也将变得毫无意义。SET 的时间，本应投入在提高质量方面，却白白地花费在维护这些不稳定的端到端测试套件上。

> **注意**　在端到端自动化测试上过度投入，常常会把你与产品的特定功能设计绑定在一起。

在 Google，SET 遵循了下面的方法。

我们首先把容易出错的接口做隔离，并针对它们创建 mock 和 fake（在之前的章节中做过介绍），这样我们可以控制这些接口之间的交互，确保良好的测试覆盖率。

接下来构建一个轻量级的自动化框架，控制 mock 系统的创建和执行。这样的话，写代码的 SWE 可以使用这些 mock 接口来做一个私有构建。在他们把修改的代码提交到代码服务器之前运行相应的自动化测试，可以确保只有经过良好测试的代码才能被提交到代码库中。这是自动化测试擅长的地方，保证生态系统远离糟糕代码，并确保代码库永远处于一个时刻干净的状态。

SET 除了在这个计划中涵盖自动化（mock、fake 和框架）之外，还要包括如何公开产品质量方面的信息给所有关心的人。在 Google，SET 使用报表和仪表盘（译注：dashboard）来展示收集到的测试结果以及测试进度。通过将整个过程简化和信息公开透明化，获取高质量代码的概率会大大增加。

2.1.8 可测试性

在产品开发过程中，SWE 和 SET 紧密地工作在一起。SWE 编写产品代码并测试这些代码。SET 编写测试框架，为 SWE 编写测试代码方面提供帮助。另外，SET 也做一些维护工作。质量责任由 SWE 和 SET 共同承担。

SET 的第一要务就是可测试性。SET 在扮演一个质量顾问的角色，提供程序结构和代码风格方面的建议给开发人员，这样开发人员可以更好地做单元测试。同时提供测试框架方面的建议，使得开发人员能够在这些框架的基础上自己写测试。后面我们再讨论框架，在这里让我们首先说一下 Google 的代码流程。

作为开发人员，一个基本的要求就是有能力做代码审查。代码审查需要工具和文化方面的支持，这个文化习俗来源于开源社区中"提交者"的概念，只有被证明是值得信赖的开发者之后，才具有往代码库中提交代码的资格。

> **注意**　为了使 SET 也成为源码的拥有者之一，Google 把代码审查作为开发流程的中心。相比较编写代码而言，代码审查更值得炫耀。

在 Google，每个人都是代码提交者。但是，我们使用了另外一个词"可读性"来区分有已被证明有资格的提交者和新开发人员。下面介绍整个流程如何工作的。

代码以一个被称为"变更列表"（译注：change list，下文简写 CL）的单元被编写和封装起来。CL 在编码结束之后会提交审查，其中使用一个 Google 内部工具 Mondrian（以一个荷兰抽象派画家为名）。Mondrian 会把需要审查的代码发送给具有审阅资格的 SWE 或 SET，并最终通过代码审查（译注：在 Google App Engine 上运行着一个开源版本的 Mondrian，参见

Google 网站）。

CL 可以是一段新代码，也可以是对已有代码的修改，或是缺陷修复等。CL 代码的大小从几行到几百行不等，一般审查者都会要求把数量较大的 CL 分解成数量较小的几个 CL。新加入 Google 的 SWE 和 SET 都需要通过持续提交优秀的 CL，来获取一个"可读性"方面的代码审查资格。可读性与编程语言有关，Google 内部主要的编程语言 C++、Java、Python 和 JavaScript 都有不同的可读性要求。有经验和值得信赖的开发人员，会得到"可读性"的资格，大家同心协力确保整个代码库看起来像是由一个人编写的一样（注：Google 的 C++ 代码风格指南是对外公开的，参见 google-style guide 网站）。

在 CL 提交审查之前，会经过一系列的自动化检查。这种自动化静态检查所使用的规则包含一些简单的确认，例如是否遵循 Google 的代码风格指南、提交 CL 相关的测试用例是否执行通过（原则上所有的测试必须全部通过）等。CL 里面一般总是包含针对这个 CL 的测试代码，测试代码总是和功能代码在一起。在检查完成之后，Mondrian 会给相应的 CL 审阅者发送一封包含这个 CL 链接的通知邮件。随后审阅者会进行代码审查，并把修改建议发回给 SWE 去处理。这个过程会反复进行，直到提交者和审阅者都满意为止。

提交队列（译注：submit queue）的主要功能是保持"绿色"的构建，这意味着所有测试必须全部通过。这是构建系统和版本控制系统之间的最后一道防线。通过在干净环境中编译代码并运行测试，提交队列系统可以捕获在开发机器上无法发现的环境错误，但这会导致构建失败，甚至是导致版本控制系统中的代码处于不可编译的状态。

规模较大的团队可以利用提交队列在同一个代码分支上进行开发。如果没有提交队列，通常在代码集成或每轮测试时都会把代码冻结，使用提交队列就可以避免这个问题。在这种模式下，提交队列可以使得规模较大团队就像小团队一样，高效且独立。由于这样增加了开发提交代码的频率，势必给 SET 的工作带来了较大难度，这可能是唯一的弊端。

提交队列和持续集成构建由来

by Jeff Carollo

在 Google 规模还很小的初期，有一个约定的习俗就是在代码提交之前需要运行所有已经编写好的单元测试，用以验证这次代码变更的质量是否满足要求。测试运行失败的情况常常会发生，大家不得不花时间去找到问题的根源并加以修复。

公司在不断变大，为了节省资源，高质量的公共基础库被工程师们编写实现、维护和共用。且随着时间的变化，这些核心公共代码在数量上、规模上和复杂性上都有显著的增长。在这个时候，仅仅依靠单元测试就不够了，在一些与外部公共库或框架有交互的地方还需要依赖集成测试的验证。此时 Google 也发现许多测试运行失败的原因都是由于其外部依赖所导致。但在没有代码提交之前，这些测试不会被运行，即使它们已经失败数天之久也无人知晓。

这个时候"单元测试展板（Unit Test Dashboard）"出现了。这个系统把所有公司代码库的一级目录都作为一个"项目"，当然也允许自己增加自定义的"项目"，只要提供一系列构建和测试维护人员信息即可。这个系统会每日运行所有项目的测试。在展板上展示一个报表，记录着每个项目的测试通过与失败比率。每日运行失败的项目维护者也会收到一封相应的通知邮件，虽然测试运行失败通常不会持续太长的时间，但依然还会有失败的情况发生。

有些团队希望能够尽早知道哪些代码变更可能引起构建失败。每 24 小时才运行一次所有测试已经不能满足要求。个别团队就开始去编写持续构建脚本，在专用机器上持续不断地构建并运行相应的单元测试与集成测试。后来发现这个系统具有一定的通用性，也可以用来支持其他团队，Chris Lopez 和 Jay Corbett 就一起编写了"Chris/Jay 持续构建"工具，其他团队通过注册一台机器、填写一个配置文件和运行一个脚本，就能够运行自己的持续集成了。这很快变成了一个标准做法，后来几乎所有的 Google 项目都在使用 Chris/Jay 持续构建工具。在测试运行失败之后，会给最近一次提交代码的开发人员发送一封通知邮件，因为他们极有可能是导致测试失败的元凶。另外，Chris/Jay 持续构建工具找出了"黄金变更列表"，这些代码变更在版本控制系统上得到确认，所有相关的测试和构建都已经成功通过。这样开发可以得到干净的代码版本而不受到最近提交代码的影响，最近提交的代码可能会导致构建失败（对于挑选用于发布的版本会非常有帮助）。

还有部分团队希望能够更早地捕获引起构建失败的代码变更。随着项目规模和复杂度的上升，一旦发生构建失败就已经有些晚了，就需要花费很大代价去修复。出于保护持续构建系统的目的，提交队列就出现了。在早期实现版本中，所有等待提交的 CL 必须逐个排队，等待测试，如果测试通过则证明这个 CL 是没有问题的，可以提交进代码库（因此也需要排队）。当有大量长时间运行的测试需要执行时，CL 在发送给提交队列和 CL 真正被提交到源码库之间可能需要消耗数小时，这确实也很常见。在后来的实现中，允许所有等待的 CL 在互相隔离的前提下，并发地构建并运行测试。这样的改进可能会引起一些竞争条件的出现，但实际上很少发生，他们最终也都会被持续构建系统所捕获。快速地提交代码，省下的时间远远大于解决偶尔需要修复持续构建错误的时间。多数 Google 大型项目都在使用提交队列，项目成员会轮流做"构建警察"，构建警察的职责是快速响应处理任何在提交队列和持续构建系统中遇到的问题。

　　整套系统（单元测试展板、Chris/Jay 持续构建工具和提交队列）在 Google 存活了相当长的时间（数以年计）。它们只需很少的搭建时间成本和不同程度的维护工作，但却给团队提供了极大的帮助。可以这样讲，它已经成为一个实用可行的公用基础工具，为所有团队在系统集成方面提供帮助。测试自动化，简写 TAP（译注：Test Automation Program）就是这样做的。TAP 几乎应用于所有的 Google 项目，但 Chromium 和 Android 除外（它们是开源项目，使用了不同代码库和构建环境）。

　　虽然所有的团队使用相同的一套工具和基础框架有一定的益处，但这些益处也不能被过分夸大。有些简单的小工具也可以解决现实问题。工程师使用一个简单的命令在云端提交 CL、并发构建、运行所有可能涉及的测试代码，并将运行结果可视化地展示在一个永久的网站上。在命令运行终端也会显示"成功"、"失败"，以及指向任务详情的超链接。如果开发选择使用这样的方式，他的测试结果（包括覆盖率信息）就会被存储在云端，并通过 Google 内部代码审查工具对所有的代码审查者可见。

2.1.9　SET 的工作流程：一个实例

　　现在让我们把所有与 SET 相关的东西拼装在一起，看一个完整的实例。需要注意的是，这部分将涉及部分技术内容，且会深入到某些底层细节里面。如果你只对 SET 概要介绍感兴趣，那么你可以跳过这一部分。

　　假设有一个简单的网络应用，它的功能是允许用户向 Google 提交 URL，并把这个 URL 增加到 Google 的索引文件之中。HTML 的网页表单页面上接收两个字段：url 和相应的注释，然后向 Google 的服务器发送类似以下的一个 HTTP GET 请求。

```
GET /addurl?url=http://www.xxx.com&comment=Foo+comment HTTP/1.1
```

　　在这个例子中，这个 Web 应用的服务器端分成至少两部分：前端服务 AddUrlFrontend（它接收原始的 HTTP 请求，并做解析和验证工作）和后端服务 AddUrlService。这个后端服务接受来自于前端服务 AddUrlFrontend 的请求，检查数据是否有错，并与后端数据存储持久层（例如 Google 的 Bigtable 或 GFS Goolge 文件系统进行交互。

　　SWE 针对这个服务，要做的第一件事就是为这个项目创建一个目录。

31

```
$ mkdir depot/addurl/
```

他们使用 Google Protocol Buffer 描述性语言（参见 Google 网站）定义 AddUrlService 的协议。

```
File: depot/addurl/addurl.proto
message AddUrlRequest {
required string url = 1;        // The URL entered by the user.
optional string comment = 2;    // Comments made by the user.
}
message AddUrlReply {
// Error code, if an error occurred.
optional int32 error_code = 1;
// Error message, if an error occurred.
optional string error_details = 2;
}
service AddUrlService {
// Accepts a URL for submission to the index.
rpc AddUrl(AddUrlRequest) returns (AddUrlReply) {
option deadline = 10.0;
}
}
```

上面的"addurl.proto"文件定义了三个重要部分：AddUrlRequest 的消息格式 AddUrlReply 的消息格式、AddUrlService 远程方法调用服务（RPC）。

通过查看 AddUrlRequest 消息的定义，我们可以知道调用者必须提供一个 url 字段，而另外一个 comment 字段是可选的。

类似地，通过检查 AddUrlReply 消息的定义，我们可以知道 error_code 和 error_details 两个服务器提供的响应字段都是可选的。我们可以安全地假设：当一个 URL 被成功接收以后这些字段一般情况下会返回为空，这样也可以最小化中间的数据传输量。这是 Google 的惯例，让常见的场景快速运行。

通过查看 AddUrlService 服务的定义可以知道单一服务方法——AddUrl，接受一个 AddUrlRequest 并返回一个 AddUrlReply。默认情况下，如果 client 在调用 AddUrl 之后 10 秒还没有收到任何回应就会超时。AddUrlService 在实现上会与后端持久数据存储层再做交互，但 client 并不需要关心这一部分细节，所以在"addurl.proto"文件中没有这部分接口的定义详情。

在消息字段中出现的"=1"并不是指这个字段的值。这种使用方法是为了允许协议将来升级使用。例如，以后某人可能想增加一个额外的 uri 字段到 AddUrlRequest 消息中。为了实现这个，他们可以做如下变更。

```
message AddUrlRequest {
required string url = 1;      // The URL entered by the user.
optional string comment = 2;  // Comments made by the user.
optional string uri = 3;      // The URI entered by the user.
}
```

但这样做会有点傻。一些人更希望直接把 url 字段修改为 uri。如果使用相同的数值，老版本和新版本之间就会保持兼容性。

```
message AddUrlRequest {
required string uri = 1;      // The URI entered by the user.
optional string comment = 2;  // Comments made by the user.
}
```

在完成 addurl.proto 以后，开发人员可以为 proto_library 创建构建规则，根据 addurl.proto 中定义的字段自动产生 C++ 源文件并编译成一个 C++ 静态库（增加额外的选项，也可以绑定到其他语言，如 Java 或 Ptyhon）。

```
File: depot/addurl/BUILD
proto_library(name="addurl",
srcs=["addurl.proto"])
```

开发人员使用构建系统，并修复在构建过程中可能出现的 addurl.proto 问题或构建定义文件中的问题。构建系统会调用 Protocol Buffer 编译器，产生源码文件 addurl.pb.h 和 addurl.pb.cc，同时会产生一个可以被链接的静态库 adurl。

现在可以新建文件 addurl_frontend.h，并在其中定义 AddUrlFrontend 类。代码大体如下。

```
File: depot/addurl/addurl_frontend.h
#ifndef ADDURL_ADDURL_FRONTEND_H_
#define ADDURL_ADDURL_FRONTEND_H_
// Forward-declaration of dependencies.
class AddUrlService;
class HTTPRequest;
class HTTPReply;

// Frontend for the AddUrl system.
// Accepts HTTP requests from web clients,
// and forwards well-formed requests to the backend.
class AddUrlFrontend {

public:
// Constructor which enables injection of an
```

```
// AddUrlService dependency.
explicit AddUrlFrontend(AddUrlService* add_url_service);
~AddUrlFrontend();
// Method invoked by our HTTP server when a request arrives
// for the /addurl resource.
void HandleAddUrlFrontendRequest(const HTTPRequest* http_request,
HTTPReply* http_reply);

private:
AddUrlService* add_url_service_;
// Declare copy constructor and operator= private to prohibit
// unintentional copying of instances of this class.
AddUrlFrontend(const AddUrlFrontend&);
AddUrlFrontend& operator=(const AddUrlFrontend& rhs);
};
#endif // ADDURL_ADDURL_FRONTEND_H_
```

继续 AddUrlFrontend 类的实现部分，开发人员创建 "addurl_frontend.cc" 文件。这是 AddUrlFrontend 类的主要逻辑实现部分，为了简短说明，省略了部分文件内容。

```
File: depot/addurl/addurl_frontend.cc
#include "addurl/addurl_frontend.h"
#include "addurl/addurl.pb.h"
#include "path/to/httpqueryparams.h"

// Functions used by HandleAddUrlFrontendRequest() below, but
// whose definitions are omitted for brevity.
void ExtractHttpQueryParams(const HTTPRequest* http_request,
HTTPQueryParams* query_params);
void WriteHttp200Reply(HTTPReply* reply);
void WriteHttpReplyWithErrorDetails(
HTTPReply* http_reply, const AddUrlReply& add_url_reply);

// AddUrlFrontend constructor that injects the AddUrlService
// dependency.
AddUrlFrontend::AddUrlFrontend(AddUrlService* add_url_service)
: add_url_service_(add_url_service) {
}

// AddUrlFrontend destructor - there's nothing to do here.
AddUrlFrontend::~AddUrlFrontend() {
}

// HandleAddUrlFrontendRequest:
// Handles requests to /addurl by parsing the request,
// dispatching a backend request to an AddUrlService backend,
```

```
// and transforming the backend reply into an appropriate
// HTTP reply.
//
// Args:
// http_request - The raw HTTP request received by the server.
// http_reply - The raw HTTP reply to send in response.
void AddUrlFrontend::HandleAddUrlFrontendRequest(
const HTTPRequest* http_request, HTTPReply* http_reply) {
// Extract the query parameters from the raw HTTP request.
HTTPQueryParams query_params;
ExtractHttpQueryParams(http_request, &query_params);
// Get the 'url' and 'comment' query components.
// Default each to an empty string if they were not present
// in http_request.
string url = query_params.GetQueryComponentDefault("url", "");
string comment = query_params.GetQueryComponentDefault("comment", "");
// Prepare the request to the AddUrlService backend.
AddUrlRequest add_url_request;
AddUrlReply add_url_reply;
add_url_request.set_url(url);
if (!comment.empty()) {
add_url_request.set_comment(comment);
}
// Issue the request to the AddUrlService backend.
RPC rpc;
add_url_service_->AddUrl(
&rpc, &add_url_request, &add_url_reply);
// Block until the reply is received from the
// AddUrlService backend.
rpc.Wait();
// Handle errors, if any:
if (add_url_reply.has_error_code()) {
WriteHttpReplyWithErrorDetails(http_reply, add_url_reply);
} else {
// No errors. Send HTTP 200 OK response to client.
WriteHttp200Reply(http_reply);
}
}
```

HandleAddUrlFrontendRequest 是一个经常被调用的成员函数。许多 Web 处理函数大多如此。开发人员可以通过提取一些功能到 helper 函数中，用来简化这个函数。但是，类似这样的重构在构建稳定之前和单元测试编写完成并可以顺利通过运行之前是很少去做的。

在这个时候，开发人员修改已有 addurl 项目的构建文件，为 addurl_frontend 库增加入口。在构建的时候会产生一个 C++静态库 AddUrlFrontend。

```
File: /depot/addurl/BUILD
# From before:
proto_library(name="addurl",
srcs=["addurl.proto"])
# New:
cc_library(name="addurl_frontend",
srcs=["addurl_frontend.cc"],
deps=[
"path/to/httpqueryparams",
"other_http_server_stuff",
":addurl", # Link against the addurl library above.
])
```

再次运行构建工具，同时修复在编译链接 addurl_frontend.h 和 addurl_frontend.cc 过程中可能出现的错误，直到所有编译和链接不出现警告和错误为止。此时，可以去编写 AddUrlFrontend 的单元测试代码了。单元测试在另外一个新文件 "addurl_frontend_test.cc" 中。在测试中定义一个虚假（fake）的后端服务，使用 AddUrlFrontend 的构造函数可以把这个虚假的后端服务在运行时刻调用。这样的话，单元测试在运行时，无需修改 AddUrlFrontend 代码本身，代码逻辑能够进入 AddUrlFrontend 内部期望分支中或错误流程里（译注：阅读以下代码需要提前了解 Google's framework for writing C++ test，即 googletest，参见 Google 网站）。

```
File: depot/addurl/addurl_frontend_test.cc
#include "addurl/addurl.pb.h"
#include "addurl/addurl_frontend.h"

#include "path/to/googletest.h"

// Defines a fake AddUrlService, which will be injected by
// the AddUrlFrontendTest test fixture into AddUrlFrontend
// instances under test.
class FakeAddUrlService : public AddUrlService {
public:
FakeAddUrlService()
: has_request_expectations_(false),
error_code_(0) {
}

// Allows tests to set expectations on requests.
void set_expected_url(const string& url) {
expected_url_ = url;
has_request_expectations_ = true;
}
```

```
void set_expected_comment(const string& comment) {
expected_comment_ = comment;
has_request_expectations_ = true;
}

// Allows for injection of errors by tests.
void set_error_code(int error_code) {
error_code_ = error_code;
}
void set_error_details(const string& error_details) {
error_details_ = error_details;
}

// Overrides of the AddUrlService::AddUrl method generated from
// service definition in addurl.proto by the Protocol Buffer
// compiler.
virtual void AddUrl(RPC* rpc,
const AddUrlRequest* request,
AddUrlReply* reply) {
// Enforce expectations on request (if present).
if (has_request_expectations_) {
EXPECT_EQ(expected_url_, request->url());
EXPECT_EQ(expected_comment_, request->comment());
}

// Inject errors specified in the set_* methods above if present.
if (error_code_ != 0 || !error_details_.empty()) {
reply->set_error_code(error_code_);
reply->set_error_details(error_details_);
}
}

private:
// Expected request information.
// Clients set using set_expected_* methods.
string expected_url_;
string expected_comment_;
bool has_request_expectations_;

// Injected error information.
// Clients set using set_* methods above.
int error_code_;
string error_details_;
};

// The test fixture for AddUrlFrontend. It is code shared by the
```

```
// TEST_F test definitions below. For every test using this
// fixture, the fixture will create a FakeAddUrlService, an
// AddUrlFrontend, and inject the FakeAddUrlService into that
// AddUrlFrontend. Tests will have access to both of these
// objects at runtime.
class AddurlFrontendTest : public ::testing::Test {
protected:
// Runs before every test method is executed.
virtual void SetUp() {
// Create a FakeAddUrlService for injection.
fake_add_url_service_.reset(new FakeAddUrlService);

// Create an AddUrlFrontend and inject our FakeAddUrlService
// into it.
add_url_frontend_.reset(
new AddUrlFrontend(fake_add_url_service_.get()));
}
scoped_ptr<FakeAddUrlService> fake_add_url_service_;
scoped_ptr<AddUrlFrontend> add_url_frontend_;
};

// Test that AddurlFrontendTest::SetUp works.
TEST_F(AddurlFrontendTest, FixtureTest) {
// AddurlFrontendTest::SetUp was invoked by this point.
}
// Test that AddUrlFrontend parses URLs correctly from its
// query parameters.
TEST_F(AddurlFrontendTest, ParsesUrlCorrectly) {
HTTPRequest http_request;
HTTPReply http_reply;

// Configure the request to go to the /addurl resource and
// to contain a 'url' query parameter.
http_request.set_text(
"GET /addurl?url=http://www.xxx.com HTTP/1.1\r\n\r\n");

// Tell the FakeAddUrlService to expect to receive a URL
// of 'http://www.xxx.com'.
fake_add_url_service_->set_expected_url("http://www.xxx.com");

// Send the request to AddUrlFrontend, which should dispatch
// a request to the FakeAddUrlService.
add_url_frontend_->HandleAddUrlFrontendRequest(
&http_request, &http_reply);

// Validate the response.
```

```
EXPECT_STREQ("200 OK", http_reply.text());
}

// Test that AddUrlFrontend parses comments correctly from its
// query parameters.
TEST_F(AddurlFrontendTest, ParsesCommentCorrectly) {
HTTPRequest http_request;
HTTPReply http_reply;

// Configure the request to go to the /addurl resource and
// to contain a 'url' query parameter and to also contain
// a 'comment' query parameter that contains the
// url-encoded query string 'Test comment'.
http_request.set_text("GET /addurl?url=http://www.xxx.com"
"&comment=Test+comment HTTP/1.1\r\n\r\n");

// Tell the FakeAddUrlService to expect to receive a URL
// of 'http://www.xxx.com' again.
fake_add_url_service_->set_expected_url("http://www.xxx.com");
// Tell the FakeAddUrlService to also expect to receive a
// comment of 'Test comment' this time.
fake_add_url_service_->set_expected_comment("Test comment");

// Send the request to AddUrlFrontend, which should dispatch
// a request to the FakeAddUrlService.
add_url_frontend_->HandleAddUrlFrontendRequest(
&http_request, &http_reply);

// Validate that the response received is a '200 OK' response.
EXPECT_STREQ("200 OK", http_reply.text());
}

// Test that AddUrlFrontend sends proper error information when
// the AddUrlService encounters a client error.
TEST_F(AddurlFrontendTest, HandlesBackendClientErrors) {
HTTPRequest http_request;
HTTPReply http_reply;

// Configure the request to go to the /addurl resource.
http_request.set_text("GET /addurl HTTP/1.1\r\n\r\n");

// Configure the FakeAddUrlService to inject a client error with
// error_code 400 and error_details of 'Client Error'.
fake_add_url_service_->set_error_code(400);
fake_add_url_service_->set_error_details("Client Error");
```

```
// Send the request to AddUrlFrontend, which should dispatch
// a request to the FakeAddUrlService.
add_url_frontend_->HandleAddUrlFrontendRequest(
&http_request, &http_reply);

// Validate that the response contained a 400 client error.
EXPECT_STREQ("400\r\nError Details: Client Error",
http_reply.text());
}
```

通常情况下开发人员会写更多的测试用例，但这里只是通过上面的示例来演示通用模式，即如何定义 Fake 对象、如何注入这个 Fake 对象、在测试中如何调用这个 Fake 对象来引入期待的错误并验证程序逻辑，上面的例子就已经足够了。有一个需要注意的地方，那就是此例中我们缺少了模拟 AddUrlFrontend 和 FakeAddUrlService 之间的网络超时。这说明我们的开发人员忘记了去处理在超时条件下的检查验证逻辑。

有经验的敏捷测试高手会指出所有测试使用 FakeAddUrlService 有点单一，也可以使用 mock 来替换。这个高手的建议是对的。我们使用一个 fake 只是为了纯粹的演示目的。

现在我们的开发人员想去运行这些测试，他必须先要修改构建定义文件，把新测试代码 addurl_frontend_test 添加到构建规则中去。

```
File: depot/addurl/BUILD
# From before:
proto_library(name="addurl",
srcs=["addurl.proto"])
# Also from before:
cc_library(name="addurl_frontend",
srcs=["addurl_frontend.cc"],
deps=[
"path/to/httpqueryparams",
"other_http_server_stuff",
":addurl", # Depends on the proto_library above.
        ])

# New:
cc_test(name="addurl_frontend_test",
size="small", # See section on Test Sizes.
srcs=["addurl_frontend_test.cc"],
deps=[
":addurl_frontend", # Depends on library above.
        "path/to/googletest_main"])
```

开发人员再一次使用构建工具编译运行 addurl_frontend_test 程序，修复构建中可能出

现的编译链接错误，这次也会修复测试程序的错误，包括测试套件、fake 和 AddUrlFrontend
本身的错误。上述过程在 FixtureTest 定义之后就会迅速展开，后面的用例添加之后也会重
复上面的过程。当测试都通过之后，开发人员会创建一个包含所有这些文件的代码变更 CL，
修复代码检查工具提示的小问题，再把这个 CL 发出去做代码审查，然后就去做另外的工
作（很可能是实现一个真实的后端 AddUrlService 服务），并等待代码审查的结果反馈。

```
$ create_cl BUILD \
      addurl.proto \
      addurl_frontend.h \
      addurl_frontend.cc \
      addurl_frontend_test.cc
$ mail_cl -m reviewer@google.com
```

当代码审查反馈结果出来之后，开发人员会做适当的修改（或与审查者一起协商方案），
很可能需要再次审查，然后将这个 CL 提交到代码库之中。从此刻起，不管什么时候如果
有人修改了这里面的任何文件，Google 的自动化测试系统就会感知，并运行
addurl_frontend_test 这个测试来验证是否新的修改导致已有测试用例运行失败。另外，如果
有人尝试去修改 addurl_frontend.cc，addurl_frontend_test 就像一个安全保护网一样自动运行
并进行保护。

2.1.10 测试执行

然而，测试自动化不仅仅是自动化测试程序的编写。如果想让这些测试程序有价值，
必须要去考虑如何编译测试程序、执行、分析、存储和报告所有测试运行结果，这些都是
自动化测试会遇到的挑战。在软件开发过程中测试自动化想真正发挥作用，还要凭借其自
身的努力。

除了要关注如何正确编写自动化程序之外，还要把工程师的注意力转移到在实际项目
中如何更大发挥自动化测试的价值上。只有能加速开发过程的自动化测试才有意义，测试
不应拖慢开发的速度。因此，自动化必须与开发过程真正集成在一起，并使之成为开发过
程的一部分，而不是孤立它。功能代码从来都不像真空一样孤立存在，测试代码也是如此。

因此，一个可以做代码编译、测试执行、结果分析、数据存储、报表展示的通用的测
试框架逐渐形成了。事情正在向我们期待的方向上发展：Google 工程师专注于测试程序的
编写、运行的细节留给通用基础执行框架。对于工程师来说，测试代码和功能代码一样，
都是代码。

在 SET 新增一个测试程序之后，同时会针对这个测试创建一个构建说明文件。这个测
试程序的构建文件包括测试名称、源码文件、依赖库及数据、还要指明其规模大小。每一

个测试程序必须要标明它的规模是小型、中型、大型还是超大型。在编写完测试程序和构建文件之后，后面就交给 Google 构建工具和测试执行框架了。从提交时刻开始，一个命令就可以触发构建、运行自动化、展示运行结果了。

Google 的测试执行框架对我们如何编写测试程序有一定的要求限制。这些要求是怎样的以及我们是如何应对处理的，在后面会做更多解释。

2.1.11　测试大小的定义

随着 Google 不断的成长和新员工不断的增加，一些令人疑惑的测试类型方面的专业术语持续不断地涌现出来：单元测试、代码级别测试、白盒测试、集成测试、系统测试、端到端测试等，从不同的粒度级别来表述测试的类型，如图 2.1 所示。在不久前，我们终于觉得忍无可忍，于是自己创建了一套测试命名规则。

▲图 2.1　Google 执行了许多不同类型的测试

1．小型测试

小型测试是为了验证一个代码单元的功能，一般与运行环境隔离，例如针对一个独立的类或一组相关函数的测试。小型测试的运行不需要外部依赖。在 Google 之外，小型测试通常就是单元测试。

小型测试是所有测试类型里范畴最小的，一般集中精力在函数级别的独立操作与调用上，如图 2.2 所示。这样限定了范畴的测试可以提供更加全面的底层代码覆盖率，而其他类型的测试无法做到这一点。

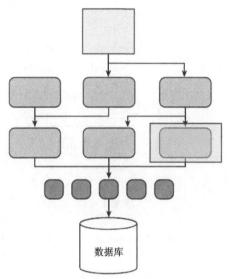

▲图 2.2　小型测试的范畴，一般只涉及单一的函数

在小型测试里，外部服务（如文件系统、网络、数据库）必须通过模拟或虚假实现（mock & fake）。为了减少依赖，适当的时候也可模拟实现被测类所在模块的内部服务。

范畴隔离且没有外部依赖，这让小型测试可以在很短时间内就运行结束。因此，它们的执行频率也会更加频繁，并且可以很快就会发现问题。通常情况下，在开发人员修改了他们的功能代码之后就会立刻运行这些测试，当然他们还要维护这些测试代码。范畴隔离可以使构建与测试执行时间变短。

2. 中型测试

中型测试是验证两个或多个模块应用之间的交互，如图 2.3 所示。和小型测试相比，中型测试有着更大的范畴且运行所需要的时间也更久。小型测试会尝试走遍单独函数的所有路径，而中型测试的主要目标是验证指定模块之间的交互。在 Google 之外，中型测试经常被称为"集成测试"。

中型测试运行的时间需要更久，需要测试执行工具在执行频率上加以控制，不能像小型测试那样频繁地运行。一般情况下是由 SET 来组织运行中型测试。

对于中型测试，鼓励使用模拟技术（mock）来解决外部服务的依赖问题，但这不是强制的，如出于性能考虑可以不使用模拟技术。轻量级的虚假实现（fake），如常驻内存的数据库，在不能使用 mock 的场景下可以用来提升性能。

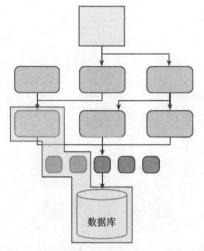

▲图 2.3　中型测试涉及多个模块并且依赖外部数据

3. 对于大型测试

在 Google 之外通常被称为"系统测试"或"端到端测试"。大型测试在一个较高层次上运行，验证系统作为一个整体是如何工作的。这涉及应用系统的一个或所有子系统，从前端界面到后端数据储存，如图 2.4 所示。该测试也可能会依赖外部资源，如数据库、文件系统、网络服务等。

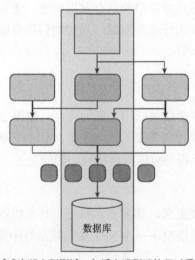

▲图 2.4　大型测试或者超大型测试，包括在端到端执行过程中涉及的所有模块

> **注意** 小型测试是为了验证一个代码单元的功能。中型测试验证两个或多个模块应用之间的交互。大型测试是为了验证整个系统作为一个整体是如何工作的。

2.1.12 测试规模在共享测试平台中的使用

使用统一的运行方式来执行不同的自动化测试是有一定难度的。对于一个大型工程组织来说，如果想使用通用的测试执行平台，那么这个平台必须支持运行各种各样的测试任务。

使用 Google 测试执行平台运行的一些通用任务如下。

- 开发人员编译和运行小型测试，希望立刻就能知道运行结果。

- 开发人员希望运行一个项目的所有小型测试，并能够快速知道运行结果。

- 开发人员只有在变更代码出现时，才希望去编译运行相关的项目测试，并即刻得到运行结果。

- 工程师希望能够知道一个项目的测试覆盖率并查看结果。

- 对项目的每次代码变更（CL），都能够运行这个项目的小型测试，并将运行结果发送给团队成员以辅助进行代码审查。

- 在代码变更（CL）提交到版本控制系统之后，自动运行项目的所有测试。

- 团队希望每周都能得到代码覆盖率，并实时跟踪覆盖率的变化。

上面提及的所有任务，有可能同时并发提交到 Google 测试执行系统。一些测试可能极度消耗资源，使得公用测试机器处于不可用状态达数小时。另外一些测试可能只需几毫秒，而且可以和其他几百个任务同时在一台机器上并发运行。当每一个测试都被标记为小型、中型、大型的时候，调度运行这些测试任务就会变得相对简单一些，因为调度器已经知道每个任务需要运行的时间，这样可以优化任务队列，达到合理利用的目的。

Google 测试执行系统利用了测试规模的定义，把运行较快的任务从较慢的任务中挑选出来。测试规模在测试运行时间上规定了一个最大值，如表 2.1 所示；同时测试规模在测试运行消耗资源上也做了要求，如表 2.2 所示。Google 测试执行系统在发现任何测试超时，或是消耗的资源超过这个测试规模应该使用的资源时，会把这个测试任务取消掉并报告这个错误。这会迫使工程师提供合适的测试规模标签。精准的测试规模，可以使 Google 测试执行系统在调度时做出明智的决定。

表 2.1　　　　　　　　　　针对不同测试规模的测试执行时间的目标和限制

	小型测试	中型测试	大型测试	超大型测试
时间目标（每个函数）	10 毫秒以内	1 秒以内	尽可能快	尽可能快
强制时间限制	1 分钟之后强制结束	5 分钟之后强制结束	15 分钟之后强制结束	1 小时之后强制结束

表 2.2　　　　　　　　　　针对不同测试规模的资源使用情况

资　　源	大型测试	中型测试	小型测试
网络服务（建立一个链接）	是	仅本地	模拟
数据库	是	是	模拟
访问文件系统	是	是	模拟
访问用户界面系统	是	不鼓励	模拟
系统调用	是	不鼓励	否
多线程	是	是	不鼓励
睡眠状态	是	是	否
系统属性	是	是	否

2.1.13　测试规模的益处

每一种测试规模都带来了一些益处，如图 2.5 所示。每种测试规模的优点和缺点也都罗列在这里以供参考和比较。

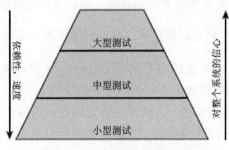

▲图 2.5　不同测试规模类型的限制

1. 大型测试

大型测试的优点和缺点包括如下。

● 测试最根本最重要的：在考虑外部系统的情况下应用系统是如何工作的。

● 由于对外部系统有依赖，因此它们是非确定性的。

- 很宽的测试范畴意味着如果测试运行失败，寻找精准失败根源就会比较困难。

- 测试数据的准备工作会非常耗时。

- 大型测试是较高层次的操作，如果想要走到特定的代码路径区域是不切实际的，而这一部分却是小型测试的专长。

2. 中型测试

中型测试的优点和缺点包括如下。

- 由于不需要使用 mock 技术，且不受运行时刻的限制，因此该测试是从大型测试到小型测试之间的一个过渡。

- 因为它们运行速度相对较快，所以可以频繁地运行它们。

- 它们可以在标准的开发环境中运行，因此开发人员也可以很容易运行它们。

- 它们依赖外部系统。

- 由于对外部系统有依赖，因此它们本身就有不确定性。

- 它们的运行速度没有小型测试快。

3. 小型测试

小型测试的优点和缺点包括如下。

- 为了更容易地就被测试到，代码应清晰干净、函数规模较小且重点集中。为了方便模拟，系统之间的接口需要有良好的定义。

- 由于它们可以很快运行完毕，因此在有代码变更发生的时候就可以立刻运行，从而可以较早地发现缺陷并提供及时的反馈。

- 在所有的环境下它们都可以可靠地运行。

- 它们有较小的测试范围，这样可以很容易地做边界场景与错误条件的测试，例如一个空指针。

- 它们有特定的范畴，可以很容易地隔离错误。

- 不要做模块之间的集成测试，这是其他类型的测试要做的事情（中型测试）。

- 有时候对子系统的模拟是有难度的。

- 使用 mock 或 fake 环境，可以不与真实的环境同步。

小型测试带来优秀的代码质量、良好的异常处理、优雅的错误报告；大中型测试带来整体产品质量和数据验证。单一的测试类型不能解决所有项目需求。正是由于这个原因，Google 项目维护着一个不同测试类型之间的健康比例。对于一个项目，如果全部使用大型的端到端自动化测试是错误的，全部使用小型的单元测试同样也是错误的。

✔注意　　　小型测试带来优秀的代码质量、良好的异常处理、优雅的错误报告；大中型测试会带来整体产品质量和数据验证。

检验一个项目里小型测试、中型测试和大型测试之间的比率是否健康，一个好办法是使用代码覆盖率。测试代码覆盖率可以针对小型测试、中大型测试分别单独产生报告。覆盖率报告会针对不同的项目展示一个可被接受的覆盖率结果。如果中大型测试只有 20%的代码覆盖率，而小型测试有近 100%的覆盖率，则说明这个项目缺乏端到端的功能验证。如果结果数字反过来了，则说明这个项目很难去做升级扩展和维护，由于小型测试较少，就需要大量的时间消耗在底层代码调试查错上。Google 工程师可以使用构建与运行测试时使用的工具，来产生并查看测试覆盖率结果，只需要在命令行中额外增加一个选项即可。覆盖率结果会存储在云端，任何工程师在公司内网络环境下都可以通过浏览器查看这些报告。

Google 有许多不同类型的项目，这些项目对测试的需求也不同，小型测试、中型测试和大型测试之间的比例随着项目团队的不同而不同。这个比例并不是固定的，总体上有一个经验法则，即 70/20/10 原则：70%是小型测试，20%是中型测试，10%是大型测试。如果一个项目是面向用户的，拥有较高的集成度，或者用户接口比较复杂，他们就应该有更多的中型和大型测试；如果是基础平台或者面向数据的项目，例如索引或网络爬虫，则最好有大量的小型测试，中型测试和大型测试的数量要求会少很多。

另外有一个用来监视测试覆盖率的内部工具是 Harvester。Harvester 是一个可视化的工具，可以记录所有项目的 CL 历史，并以图形化的方式展示，例如测试代码和 CL 中新增代码的比率、代码变更的多少、按时间的变化频率、按照开发人员的变化次数，等等。这些图形的目的是展示随着时间的变化，测试的变化趋势是怎样的。

2.1.14　测试运行要求

无论测试规模的大小是什么，由于 Google 的测试执行系统是一个公用环境，因此就要求测试本身满足下面几个条件。

- 每个测试和其他测试之间都是独立的，使它们就能够以任意顺序来执行。

- 测试不做任何数据持久化方面的工作。在这些测试用例离开测试环境的时候，要保证测试环境的状态与测试用例开始执行之前的状态是一样的。

这两个要求比较简单也很容易理解，但必须严格遵守。测试本身会尽可能地遵守要求，但被测系统却有可能违背原则：保存数据或修改环境配置信息。幸运的是，Google 测试执行环境提供了许多特性可以确保这些要求比较容易就得到满足。

由于测试用例有独立运行的要求，在运行时刻，工程师通过设置一个标记就能以随机的顺序来执行它们。这样也可以找到那些对执行顺序有要求的用例。总之，"任意顺序"意味着可以并发执行用例。测试执行系统可以选择在同一个机器上同时执行两个用例，但如果每个用例都要求独占系统某些资源，其中一个用例就可能运行失败。例如以下几种情况。

- 两个测试都要绑定同一个端口，用以接收来自网络的数据。

- 两个测试需要在同一个路径下创建相同的目录。

- 一个测试希望创建并使用一个数据库表，而另外一个测试想删除这个数据库表。

这种类型的冲突，不仅会导致自己的用例运行失败，而且可能会导致测试执行系统中其他正在运行的用例也失败，即便另外的用例已经遵守了规则。测试执行系统可以找出这些测试用例，并通知给相应的用例负责人。另外，通过设置一个特殊标记，用例可以在指定的机器上以独立排他的方式运行。但排他的方式运行只是一个临时方案。更多的时候，测试或者被测系统必须重构，彻底解决在单一资源方面的依赖。下面的做法可以帮助解决一些问题。

- 在测试执行系统中，让每个测试用例获取一个未被使用的端口，并让被测系统动态地绑定到这个端口上。

- 在测试执行之前，为每一个测试用例在临时目录下创建目录和文件，并使用独一无二的目录名。

- 每个测试运行在自己的数据库实例之上，使用与环境隔离的目录和端口。这些都由测试执行系统来控制。

Google 全力维护其测试执行系统，甚至文档也非常详尽。这些文档存放在 Google 的"测试百科全书"中，这里有对其运行使用的资源所做的最终解释。"测试百科全书"有点像 IEEE RFC（译注：IEEE 定义的正式标准，RFC 是 Request for Comment 的简写），明确使用"必须"或"应该"这样的字样，并在其中详细解释了角色、测试用例职责、测试执行者、集群系统、运行时刻的 libc、文件系统等。

许多 Google 工程师感觉没有太多必要去阅读"测试百科全书",他们从其他人身上了解这方面的知识,或者从不断的试验错误中得到教训,也在代码评审中收到改进反馈。他们不知道,公用测试执行环境能够服务于所有 Google 项目,其中背后的细节都已在文档之中。他们也不知道,在公用执行环境中的运行结果为什么与工作机器上的运行结果一致,背后的原因也都在文档里了。对于测试执行系统平台的使用用户来说,细节实现是透明的。所有的一切都能正常工作。

Google 测试的速度与规模

by Pooja Gupta, Mark Ivey, and John Penix

在开发过程中,持续集成系统在保证软件正常工作方面发挥着重要作用。多数持续集成系统按照下面基本步骤工作。

(1)得到最新的代码。

(2)运行所有的测试。

(3)报告运行结果。

(4)重复以上(1)~(3)步。

在代码规模较小时,上述过程可以很容易地工作,代码变化不多,测试也可以很快就运行结束。随着代码库中的代码不断增加,这样一个系统的效率就会下降。每次全新地取出干净代码再运行耗时较大,多次变更被勉强地塞进一次测试运行之中。如果运行失败,对于团队来说,发现定位这个错误并回滚,将成为了一个漫长且易错的过程。

Google 的软件开发过程在速度和规模上日新月异。Google 代码库每分钟都会收到多于 20 次的变更申请,50%的文件每个月都会发生变化。每个产品的发布从"头"开始就依赖于自动化测试去验证产品功能。发布的频率根据产品团队不同,也从每天数次到几周一次不等。

拥有如此庞大且不停变化的代码库,为了保持构建始终保持"绿色",就需要花费大量的时间做维护。一个持续集成系统,如果测试失败,应该可以提供具体哪次代码变更导致失败,而不是给出一堆可疑的变更列表,或消耗较长时间做二分查找从而定位具体哪次代码变更导致了问题的发生。为了精确定位哪次代码变更导致测试用例运行失败,我们可以针对每次代码变更运行所有的测试,但这样做的代价也是非常昂贵的。

　　为了解决这个问题，我们对持续集成系统做了优化，如图 2.6 所示。利用依赖分析技术寻找所有可能受影响的模块，针对一个代码变更只运行受影响模块的测试。这个系统在 Google 云计算平台上构建，使得许多构建可以并发执行，并在代码变更提交的时候立刻运行可能受影响模块的测试。

　　这里用一个示例来说明我们的系统是如何提供更快反馈的，与传统持续构建系统相比，我们的反馈内容也会更加精准。在这个示例中，我们使用了两个测试（gmail_client_tests, gmail_server_tests）和三个可能会影响这两个测试的代码变更(change #1, #2, #3)。gmail_server_tests 运行失败由变更#2 导致，而传统的持续集成系统只能告诉我们可能是变更#2 或变更#3 引起。通过使用并发构建，我们不必等构建测试运行全部结束就可以开始新的测试。依赖分析针对每一次代码变更会限制执行测试次数，所以此例中，测试执行的总数与之前是相同的。

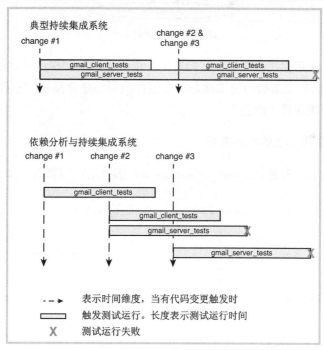

▲图 2.6　典型持续集成系统

　　持续集成系统使用构建系统中的构建依赖规则。在这个规则中描述了代码是如何编译、数据文件是怎样集成在一起成为应用程序的，以及测试如何运行等信息。这个构建规则中详细定义了构建所需的输入输出。持续集成系统在内存中维护了图 2.7 所示的一个构建依赖图，并随着代码的变更而时刻保持最新状态。如果有代码变更提交，可以很快就计算得知哪些依赖模块可能会受到影响（直接或间接），然后重新运行构建测试，获得最新执行状态。让我们再看一个例子。

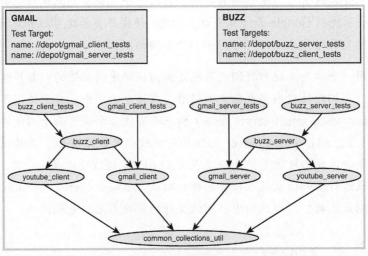

▲图 2.7 构建依赖示例

我们观察两个独立的代码变更，它们发生在依赖树的不同深度上，通过分析来决定哪些测试会受影响。这些受影响的测试就是需要运行的最小集合测试，它们用来保证 GMAIL 和 BUZZ 项目的构建保持"绿色"。

1. 案例：在通用库上的代码变更

对于第一个场景，考虑 common_collection_util 部分的代码修改，如图 2.8 所示。

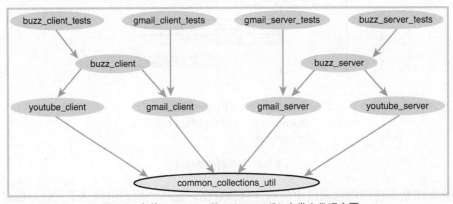

▲图 2.8 文件 common_collections_util.h 中发生代码变更

当这个代码变更 CL 提交时，我们沿着依赖图向上找到所有依赖于它的测试。当这个查找结束时（实际上只需要一瞬间），我们发现所有的测试都需要运行。在运行之后，根据运行结果更新项目的构建状态，如图 2.9 所示。

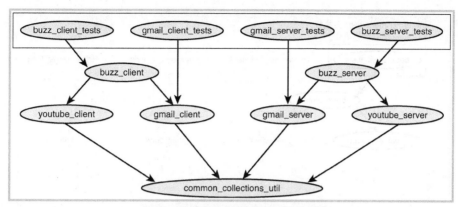

▲图 2.9　由于代码变更而被影响到的测试

2. 案例：在一个依赖项目上的代码变更

对于第二个场景，我们来看如果在 youtube_client 的部分做一些代码变更，如图 2.10 所示。

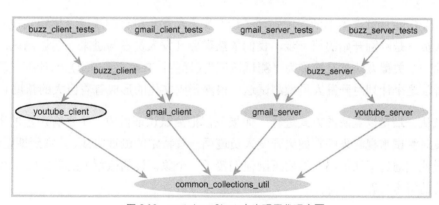

▲图 2.10　youtube_client 中出现了代码变更

经过展开统一的分析之后，我们发现只有 buzz_client_tests 受到影响，只有 buzz 项目的状态需要更新，如图 2.11 所示。

在这个示例中，我们展示了如何优化每次代码变更后触发的测试执行次数。对于一个项目来说，并没有牺牲结果的准确度。每次运行较少的测试，可以让我们有机会针对每一次代码变更都运行其所有可能受影响的测试。对开发人员来说，排查导致构建失败的代码变更会更容易一些。

在持续集成系统中使用更加智能的分析工具与云计算平台，让整个运行过程更加迅速和稳定。当我们持续不断地在改进这个系统时，成千上万的 Google 项目已经在使用这套平台了。这样做不但有利于加快项目进度，而且进度对于用户也是可见的。

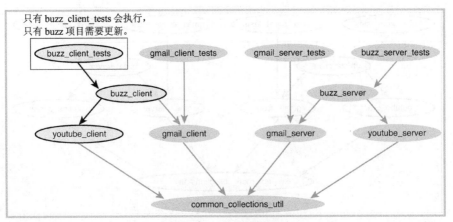

只有 buzz_client_tests 会执行，
只有 buzz 项目需要更新。

▲图 2.11　buzz 需要更新

2.2　测试认证

　　Patrick Copeland 在本书的序中强调了让开发人员参与测试的难度。招聘到技术能力强的测试人员只是刚刚开始的第一步，我们依然需要开发人员参与进来一起做测试。其中我们使用的一个关键方法就是被称为"测试认证"（译注：Test Certified）的计划。现在回过头来再看，这个计划对开发人员做测试这个根深蒂固文化的形成有着巨大的帮助。

　　测试认证最初以竞赛的方式进行。如果我们把测试认证做成一个富有声望的事情，这会让开发对测试重视起来吗？如果开发人员遵循一些特定的测试实践，并拿到期望的结果，我们能说他们通过了认证吗？然后再给他们授予一个象征性的徽章（见图 2.12），使得他们拥有炫耀的资本吗？

▲图 2.12　在项目 wiki 页面上的测试认证勋章

　　好吧，测试认证是：如果一个团队完成了一系列的测试任务，这个团队会得到一个通过"认证"的标识。所有团队最初的级别都是 0。如果掌握了基本的优秀代码习惯，就达到级别 1，然后继续通过水平考核，最终达到级别 5，与外部的能力成熟度模型一样，例如 CMM 能力成熟度模型。

测试认证级别摘要

测试认证级别摘要

级别 1

- 使用测试覆盖率工具。

- 使用持续集成。

- 测试分级为小型、中型、大型。

- 明确标记哪些测试是非确定性的测试（译注：非确定性测试指测试结果不确定的用例）。

- 创建冒烟测试集合。

级别 2

- 如果有测试运行结果为红色（译注：表示运行失败的用例）就不会做发布。

- 在每次代码提交之前都要求通过冒烟测试。

- 各种类型测试的整体增量覆盖率要大于 50%。

- 小型测试的增量覆盖率要大于 10%。

- 每一个功能特性至少有一个与之对应的集成测试用例。

级别 3

- 所有重要的代码变更都要经过测试。

- 小型测试的增量覆盖率要大于 50%。

- 新增的重要功能都要经过集成测试的验证。

级别 4

- 在提交任何新代码之前都会自动运行冒烟测试。

- 冒烟测试必须在 30 分钟内运行完毕。

- 没有不确定性的测试。

- 总体测试覆盖率应该不小于 40%。

- 小型测试的代码覆盖率应该不小于 25%。

- 所有重要的功能都应该被集成测试验证到。

级别 5

- 对每一个重要的缺陷修复都要增加一个测试用例与之对应。

- 积极使用可用的代码分析工具。

- 总体测试覆盖率不低于 60%。

- 小型测试的代码覆盖率应该不小于 40%。

最初这个计划在一些测试意识较高的团队中缓慢试水，这些团队成员热衷于改进他们的测试实践。经过在这几个团队的成功试验之后，一个规模更大的、公司级别的认证竞赛开始推行起来了，然后在新加入的团队中再推行这个计划就变得容易的多。

这并不像一些人想象的那么难以被接受，开发团队也从中收益颇丰。

- 开发团队得到许多优秀测试人员的关注，这些测试人员一般都报名成为测试认证教练。在一个测试资源稀缺的文化氛围里，注册参加这个项目会吸引到比一般团队更多的测试人员的加入。

- 他们获得专家的指导，并学习到如何更好地编写小型测试。

- 他们知道哪个团队在测试上做的比较好，并向这个团队学习。

- 他们能够向其他的认证级别较低的团队进行炫耀。

经过公司级别的推进，绝大多数团队都在不断向前进步，并意识到这个计划的重要性。一些在这个计划中表现不错的开发总监会得到工程生产力团队的优秀反馈，而嘲笑这个计划的团队也会置自身于危险之中。换句话说，在一个测试资源相对稀缺的公司里，哪个团队会舍得与工程生产力团队疏远呢？但并非哪里都是鲜花与掌声，让运行这个计划的负责人来给我们讲述完整的故事吧。

2.2.1　与测试认证计划创始人的访谈

本访谈的作者和四名 Google 工程师坐在一起，他们曾为测试认证计划的开展起到了关键性的作用。Mark Striebeck 是 Gmail 的开发经理；Neal Norwitz 是关注开发速度工具的

SWE；Tracy Bialik 和 Russ Rufer 是非管理角色的 SET，他俩是公司级别最高的 SET，也都是资深级的工程师。

HGTS： 测试认证计划的起源是什么？最初测试认证团队试图去解决什么样的问题？现在这个计划尝试去解决的问题相比还是同样的问题吗？

Tracy： 我们企图去改变 Google 的开发文化，想把测试工作也变成每个功能开发人员的职责。大家共享许多在测试方面有积极意义的经验，并鼓励整个团队都去做测试。有些团队比较感兴趣，但不知道具体怎样去操作。另外的一些团队会把“提高测试”作为团队目标或绩效（译注：objectives and key results，简写 OKRs，是个人、团队，甚至公司每个季度都要订制的目标。基本上这些事情都需要个人或团队完成），这通常并没有什么实际的可操作性，有点像把“减肥”作为新的年度目标一样。那样其实也没什么不好，至少有崇高的目标。但是，如果这就是你要说的一切，未来有朝一日发现并没有变成现实，你也千万不要感觉奇怪。

测试认证计划提供了小而清晰且可操作的步骤给团队去执行。级别 1 是做基本准备：建立测试运行的自动化机制、收集测试覆盖率、去除所有非确定性的测试、挑选冒烟测试集合（如果全部自动化测试运行比较耗时的话）。级别越高就会变得越难，也需要越成熟的测试度。级别 2 开始着重提高增量覆盖率。级别 3 重点是测试新增代码。级别 4 的重点是测试历史遗留代码，通常情况下需要针对可测试性做一些重构。级别 5 要求更好的整体覆盖率，针对每个缺陷都增加测试用例，并要求使用已有可用的静态与动态分析检查工具。

现在，所有 Google 的人都已经知道测试是功能开发人员的责任。虽然最早的问题已经得到了解决，但是我们依然需要为团队提供更高的测试成熟能力度而做一些事情。测试认证持续不断地在为这个目标服务。

HGTS： 测试认证团队最初从 SWE 那里收集到的反馈是怎样的？

Neal： 测试认证计划太难了。他们认为我们把目标设定的过高，结果导致许多团队还在初级层里挣扎。我们需要重新设定认证级别，设定为使他们只要在空闲时间里努力就可以达到的级别。当时 Google 的工具也有一些问题，而且我们当时要求的一些想法太过超前。对于参与的同事们来说的确难以去开展进行，因此我们不得不考虑提供一些容易达成的目标，使他们相信自己在不断地进步中。

Mark： 是的，我们不得不把目标向下做了几轮调整。我们设置了一些更加实际的目标，试图在半路上与他们相遇。当然最终还是要达成我们的终极目标，只是需要的时间更长。虽然我们并不在意时间变长，但还是希望在某些地方可以加速。我们把第一个级别修改为

"搭建持续集成环境，保证建成，并清楚自己的测试覆盖率"。这些是很容易达到的，但它建立起一些制度并使大家的状态从无变到有，并产生积极向上的动力。

HGTS：有谁迫不及待地想参与进来？

Neal：最早参与的人通常是测试圈子里的人。这一小群人定期举行会议，多数是对测试非常热衷的人。我们慢慢地把其他认识的人也拉进来。当时有许多热心的积极参与者，这对我们来说是个惊喜。我们通过 ToTT（注：ToTT，是 Testing on the Toilet 的简写，直译为"马桶上的测试"。本书前面的内容也有所提及，在 Google 测试博客"googletesting"上经常出现）和其他的一些活动把测试搞得充满热情，更有趣味和吸引力，包括 fixits（注：fixits 是另外一个 Google 的文化活动，促使人们一起"修复"一些注定要损坏的东西。团队可能会举行一个 fixit 来降低 bug，另外一些团队或许会搞一个针对安全测试方面的 fixit，也可以用来在 c 代码中增加 #include 的使用或者用以重构。fixit 可以跨越技术领域，可以用来增加咖啡馆的食物或怎样让会议进行地更加平滑。任何一个活动，只要一起参与能够解决通用问题，都是一个 fixit）、VP 的邮件、海报、TGIF 上的分享等活动。

Mark：一旦有的新的团队参与进来时（当时已经有许多团队对我们这个计划感兴趣），他们会意识到：① 需要提前做一些功课；② 不必有专业知识。那些专业知识会让初学者产生挫败感。

HGTS：有谁不愿意参与这个计划吗？

Neal：多数项目都不愿意参加。正如我上面提到的，这个计划难度非常大。给我们最初的勃勃野心迎面浇了一盆凉水。大概有两种类型的项目：压根儿没有测试的项目和测试非常糟糕的项目。我们需要把计划调整的更容易一些，使他们能够利用一个下午的时间就把需要的测试任务完成（在我们的帮助下他们的确也做到了）。

Mark：还有，当时还处于另外一种状况，测试的价值和自动化测试在 Google 还没有被真正认可。与今日不同，甚至情况完全相反。那个时候，多数团队也认可这是一个非常酷的想法，但他们还有更重要的事情要去完成（例如写产品的功能代码）。

HGTS：最初，一些参与团队必须要去克服的困难是什么？

Neal：惯性，糟糕的测试，没有测试时间。测试被当做其他开发人员的问题，或者测试是测试团队的问题，跟我没有关系。在写功能代码的时候，谁有时间去写测试代码啊？

Mark：尝试寻找下面的团队：① 足够感兴趣；② 没有太多的冗余代码；③ 在团队

中有一个测试战神（对测试足够的了解的人）。这是我们测试认证计划在团队里的三大障碍，我们会一个一个团队地去解决。

HGTS：是什么把测试认证计划推向了主流？是病毒性的爆发还是线性的增长？

Russ：首先是一批试点团队，他们对测试特别友好。早期的测试认证计划鼓吹者也和我们保持比较亲密的联系。初期很好地选择了参与者，基本上都是一些很容易成功的团队。

在 2007 年中期，我们宣布测试认证计划"正式启动"的时候，有 15 个试点团队在这个计划的不同级别上运行着。在正式宣布之前，我们在山景城、纽约和其他地点的所有办公大楼上张贴"神秘的测试认证"的大海报，每个海报上用图片印着各个试点团队名字，使用的是内部项目名称，如 Rubix、Bounty、Mondrian 和 Red Tape。海报上唯一的文字是"未来就是现在"和"至关重要，莫被遗弃"，还有一个链接。从喜爱猜谜的 Google 同事那里，我们得到了大量点击访问，多数人想去一探究竟，还有一些人想去验证自己的猜测是否正确。同时我们也使用 ToTT 来宣传这个新计划，并把读者指引到他们能够得到信息的地方。这是一个信息闪电战。

宣传网站上有一些信息，包括为什么测试认证对于团队很重要，以及用户可以得到怎样的帮助。里面强调指出，参与团队会从一个很大的测试专家社区里得到一个测试认证教练，同时还会得到两个礼物——一个表示构建状态的发光魔法球，可以告诉团队他们的（一般是新的）持续集成是通过（绿色）还是失败（红色）；另外一个是一个漂亮的星球大战土豆头工具包。这个被称为达斯土豆工具包里有三个逐渐变大的格子，每当团队达到新的测试认证级别时我们都会给予奖励。各个团队展示他们的魔法球和土豆头，为这个计划吸引来更多好奇的团队和带来更好的口碑。

测试圈子里的成员是这个项目的第一批教练和发言人。随着越来越多团队的加入，有许多热情的工程师帮助造势，自己也成为其他团队的教练。

每次我们尝试说服更多的团队加入这个计划的时候，都会与他们逐一讨论理由和原因。一些团队是由于你能使他们信服每一个级别和教练都会帮助团队在这个领域有所提高而加入的的。一些团队认为他们会有所改善，并坚信这种"官方"级别评定会使他们因为当前正在做的工作得到好评。另外的一些团队，他们本身的测试成熟度已经很高了，但加入这个计划，会给其他的团队发出一种信号，表示他们已经很重视测试了。

几个月之后，大约有 50 个团队参与进来，许多有魄力的测试工程师签约成为测试认证计划的教练。这是一个在团队工程师和工程生产力团队之间强大的合作关系的开始。

这是一个病毒爆发式的增长，通过许多一对一草根之间的对话发展起来。虽然我们有明确地要求一些团队参与进来，但也有另外的团队自己找上门来。

大概一年后，有一百多个团队通过测试认证，加入测试认证计划的速度开始慢慢地放慢。时任志愿者主管 Bella Kazwell 策划了一个活动——测试认证挑战。该挑战活动开发了一个积分系统，新增测试、引入新团队参与计划、提高团队测试实践或提升测试认证级别等活动会被计算进来。同时，有一些个人奖项、全球的项目都参与进来，比拼谁是最高分获得者。志愿者被激励，随之又激励了公司里更多的团队，使测试认证计划再次加速，并吸引了更多的志愿者教练。

参与测试认证的团队一般都使用每个级别的标准作为可度量的团队目标。到 2008 年后期，一些团队的经理开始使用这个作为他们的团队目标，而工程生产力团队使用一个团队在测试认证计划里的级别，来评测这个团队在提高测试方面的重视程度，并在决定是否向一个团队投入有限测试资源时作为一个重要的参考指标。在某些限定的领域，一个团队是否达到特定的测试认证级别已经成为管理上的期望或启动的标准。

在 2011 年，不断有新的志愿教练加入，也不断有新团队签约加入，测试认证已经在整个公司中运行起来。

HGTS：在最初的两年测试认证计划做了哪些变化？每个级别的要求有什么变化么？教练系统有变化么？对于参与者在体验方面有哪些改进？

Tracy：对认证级别的数量和一些级别要求做了调整，这是最大的变化。最初我们有四个级别。从级别 0 到级别 1，有意地设计成比较容易就可以达到。许多团队，特别是一些可测试性比较差且有遗留代码的团队，发现从级别 1 到级别 2 非常困难。这些团队会比较受挫，并有意向退出测试认证计划。我们在级别 1 和级别 2 之间增加了一个稍微简单的新级别。我们把这个新级别定义成为"1.5"，但实际上还是决定把新增的级别设定为2，并把后面所有的级别+1。

我们同时发现有一些要求并不合适，例如小型测试、中型测试、大型测试的比例要求并不适用于所有团队。在我们增加了新级别之后，同时也更新了级别标准。我们在新增了"增量覆盖率"的具体比例要求的同时，把各级别测试的比例也给去掉了。

辅导教练始终都在，但许多团队已经进入"自我调教"的模式。由于测试文化已经无处不在，许多团队已经不需要我们再提供建议了。他们希望跟踪自己的进度。对于这些团队，我们不再指派教练，而是提供一个邮件列表用来回答他们的问题，这也是通过另一双眼睛来观察他们级别的转换。

Russ：值得注意的是，从一开始，我们就意识到测试认证标准必须要合理地制定。测试并像制作饼干，都是一个模子里出来的。在我们选择标准的时候会发现有一些团队的测试状况跟我们心中的所想迥然不同，无论是用以记录测试覆盖率的工具还是用其他的度量方式，各有千秋。但每一个标准都有其背后的合理性。在这里我们比较开明的没有一刀切，而是定制化了一些多数团队可以满足的标准。

HGTS：当前如果一个团队坚持参与测试认证计划会有什么收获？还需要投入什么？

Tracy：可以把这个作为炫耀吹牛的资本。清晰明确的步骤、外部的帮助、一个看起来很酷的发光球，但对于团队来说，真正的收获是质量方面的提升。

实际投入非常小，但团队需要专注于改善他们的测试成熟度。我们有一个定制化的工具，教练可以用此跟踪团队进度，检查每一步目标是否达成。在一个页面展现所有按照级别排列的团队数据，可以通过鼠标点击查看指定团队的细节数据。

HGTS：在所有的认证级别里，哪个级别会给团队带来更多的麻烦？

Tracy：最困难的一步是"对于所有的重要代码变更，都需要经过测试"。这个要求在一个可测试性很好的项目中比较容易做到，但对于一个有遗留代码的项目，特别是之前写代码的时候并没有测试意识，这就很困难。这可能需要写一个大的端到端测试并尝试通过测试验证系统的特殊代码路径，然后再自动化。从长远角度看，更好的办法是代码重构，从而获得良好的可测试性。有一些团队，在写代码的时候没有考虑到可测试性，一样会发现很难去达到足够的测试覆盖率，不管是单元测试，还是端到端的测试。

HGTS：在 Google 一般的活动只会持续数周或一个季度，但是测试认证计划已经运行了近五年而且没有迹象表明会停止。是什么导致测试认证计划经过了时间的考验？测试认证之后会面临什么挑战？

Russ：能够保持活力的原因，不是因为这是个体参与活动，而是因为这是一次公司文化的变迁。随着一系列活动，测试小团队、ToTT、支持邮件列表、技术交流、晋升贡献、代码风格文档，常规的测试已经演变成为公司所有工程师必须要做的事情。不管一个团队是否参与了测试认证计划，这个团队总是希望有一个经过深思熟虑的自动化测试策略，这些策略来自于一部分测试专家，不管是团队内部还是外部的专家。

能够持续至今也证明这个计划是可行的。只有很少一部分领域在使用手动测试。在这样的情况下，测试认证计划已经完成了它的使命。它会被作为伟大的历史遗产，即使这个官方的草根计划某天真的结束了。

HGTS：有什么建议要给其他公司的同行？如果他也想在自己的组织里考虑类似的计划？

Tracy：从一些对测试比较认可且友好的团队开始，培养一批可以从你的计划中受益的核心团队。在激励和赞美方面不要害羞，甚至要求其他人也来说好话。良好的教练是测试认证计划成功的一个重要原因。如果你想要求一个团队去尝试新的事物或者做某些改进，给他们提供一个联系人会更好一些，这个联系人来源于更大的社区，并可以从他那里得到帮助。一个工程师或团队如果在一个邮件列表中问了一个很傻的问题，会感觉比较尴尬，但询问对象如果是一个可以信任的测试认证教练的话，这将会好很多。

同时，寻找一些让你的计划变得有趣的方法。为你的计划取一个好的名字，最好不要包含"认证"字样，这可能会引起见识短浅的官僚主义。或者像我们一样，就使用一个目光短浅的名字"测试认证"，但要不断地提醒大家注意我们知道这是一个不好的名字，这只是一个反语，用以衬托你的计划其实并不是这样的。每一个步骤包含的内容要尽可能的少，这样大家可以看见自己的进步。不要陷入尝试去创建一个包含独立指标的完美系统的陷阱中。对所有人都完美的事情是不存在的。在没有可替代的方案时，在合理的地方达成一致并勇往直前是很重要的。需要灵活的时候就灵活一些，但一定要坚持你的原则底线。

到此本章已结束。后面是可选阅读部分，关于 Google 如何面试 SET、与 Google 工程师 Ted Mao 的访谈，以及关于 Google SET 使用的工具等资料。

2.3　SET 的招聘

优秀的 SET 在各个方面都很出色：是一个编码能力很强的程序员，可以写功能代码；也是一个能力很强的测试者，可以测试任何产品，有能力管理他们自己的工作和工具。优秀的 SET 不仅可以看到树木而且可以看到整个森林，在看到小段函数原型或者 API 的时候，就能想到各种使用这段代码的方法以及怎样破坏这段代码。

在 Google，所有的代码都存放在同一个代码库中，这意味着任何人可以在任何时间使用里面的任何代码，所以代码本身一定要可靠且稳定。SET 不仅仅要发现功能开发人员遗漏的代码缺陷，而且还要去关心其他的工程师是如何使用这些代码模块，并确保这种使用方式是没有问题的，甚至还会去关心这些代码未来适用的功能。由于 Google 前进变化的速度非常快，所以代码一定要保持干净、连贯一致。在最初的代码作者都不再关心这些代码的时候，仍要保证这些代码可以正常工作。

在面试的过程中我们如何考察这些技能和心态呢？这可不是一件容易的事但幸运的是，我们已经找到了上百个满足条件的工程师。我们期望有这样的混合型人才：对测试有强烈兴趣和天资的开发人员。一个通用且有效的招募优秀 SET 的方法是，给候选人和其他开发角色一样的编程问题，并考察他们在处理质量与测试方面的方法。在面试过程中，SET 有两次回答错误的机会。

常常通过一些简单的问题就可以识别出哪些是优秀的 SET。在一些棘手的编码问题或功能的正确性上浪费时间，不如考核他们是如何看待编码和质量的。在 SET 的一轮面试中会有一个 SWE 或 SET 来考察算法方面的问题。对于候选者，最好去考察如何思索问题的解决方案，而不是解决方案本身的实现上体现得多么高雅。

> ✏️**注意**　　SET 的面试重点在考察候选人如何思索问题的解决方案，而不是解决方案本身的实现上有多么高雅。

这里有一个例子。假如这是你第一天上班，你被要求去实现一个函数 acount(void* s)，返回一个字符串中大写字母 A 出现的次数。

如果候选人上来就直接开始写代码，这无非在传递一个强烈的信息：只有一件事情需要去做而我正在做这个事情，这个事情就是写代码。SET 不会遵循这样的世界观。我们希望先把问题搞清楚。

这个函数是用来做什么的？我们为什么要构建它？这个函数的原型看起来正确吗？我们期望候选人可以关心函数的正确性以及如何验证期望的行为。一个问题值得更多的关注！候选人如果没头没脑地就跳进来编码，试图解决问题，在对得测试问题上他同样会没头没脑。如果我们提出一个问题是给模块增加测试场景，我们不希望候选人上来就直接开始罗列所有可能的测试用例，直到我们强迫他停下来。其实我们只是希望他先执行最佳的测试用例。

SET 的时间是有限的。我们希望候选人能够回过头来寻找最有效的解决问题的方法，为先前的函数定义可以做一些改进。优秀的 SET 在面对拙劣的 API 定义的情况下，在测试的过程中也可以把这个 API 定义变得更漂亮一些。

普通的候选人会花几分钟通过提问题和陈述的方式来理解需求文档，例如以下几点。

- 传入的字符串编码是什么：ASCII、UTF-8 或其他的编码方式？

- 函数名字比较糟糕，应该是驼峰式（CamelCased）的？需要更多说明描述，还是这里应该遵循其他的什么命名规范？

- 返回值类型是什么（或许面试官忘记了，所以我会增加一个 int 类型的返回值在函数原型之前）？

- void*是危险的。我们应该考虑更合适的类型，如 char*。在一些编译时刻类型检查中可以为我们提供一些帮助。

- 如果只有一个 A 的情况，计数结果是多少？它对小写字母 a 也计数吗？

- 在标准库中不是已经有这样的函数了吗（为了面试的目的，假装你是第一个实现这个函数功能的人）？

更好的候选人则会考虑的更多一些。

- 考虑一下扩展性：或许返回值的类型应该是一个 64 位的整形，因为 Google 经常涉及海量数据。

- 考虑一下复用性：为什么这个函数是针对大写字母 A 进行计数的？一个好的办法是参数化，使得任意的字符都可以被计数，而不是使用不同的函数来实现。

- 考虑一下安全性：这些指针都是来自于可信任的地址吗？

最佳的候选人会这样考虑。

- 考虑扩展性。

  ➤ 这个函数会在 Shared data（译注：数据分区，是数据库存储分割（partition）的一种方式。水平分割是一个数据库的设计准则，数据以记录行的方式存储在不同的物理位置，而不是通过不同列的方式存储。更多参见 en.wikipedia 网站）上被作为 MapReduce（注：MapReduce 是分布式计算编程模型，更多参见 en.wikipedia 网站）的一部分运行吗？或许这才是调用这个函数最有用的形式。在这个场景需要考虑一些什么问题吗？针对整个互联网的所有文档运行这个函数，该如何考虑性能和正确性？

  ➤ 如果这个子程序被每一个 Google 查询所调用，而且由于外部的封装层面已经对参数做了验证，传递的指针是安全的，或许减少一个空指针的检查会每天节省上亿次的 CPU 调用周期，并缩短用户的响应时间。最少要理解全部参数验证带来的潜在影响。

- 考虑基于常量的优化。

  ➤ 我们可以假设输入的数据是已经排好顺序的吗？如果是那样，我们或许可以在找到第一个大写字母 B 之后就快速退出。输入的数据是什么结构？多数情况下都是 A 吗？多数是字符的混合，还是只包含字母 A 和空格？如果那样，在我们比较指令的地方或许可以做些优化。当在处理大数据，甚至小数据的时候，在代码执行的时候对于真实的计算延迟也会有比较显著的亚线性变化。

- 考虑安全性。

  ➤ 在许多系统上，如果这是一段对于安全敏感的代码，可以考虑更多的非空的指针做测试。在某些系统上，1 是一个非法的指针。

➤ 增加一个字符长度的参数，用以保证代码不会运行到指定字符串之外的部分。检查字符串长度，这个参数的值是否正常。那些不是以 null 结尾的字符串是黑客们的最爱。

➤ 如果指针指向的数据能被其他的线程修改，这里就有潜在的线程安全问题。

➤ 我们是否应该使用 try/catch 来捕获异常的发生？或者如果未能如预期那样正常的调用代码，我们或许应该返回错误代码给调用者。如果有错误代码的话，这些代码经过良好的定义并有文档吗？这意味着候选人在思考大型代码库和运行时刻的上下文环境方面的问题，这样的思索可以避免错误代码的重复和遗漏。

基本上，最佳候选人会有针对性地提出一些新观点。如果这些观点比较明智的话，它们都是值得考虑的。

> **注意**　一个优秀 SET 候选人不应该被告之要去测试代码，这应该是 SET 自然要考虑的地方。

所有这些面试问题，无论是针对问题本身还是针对输入参数都有一个关键之处，那就是任何通过入门级别编程课程的工程师都可以针对这个问题写出简单的功能代码。优秀的候选人和普通的候选人在提问和思路上的表现会迥然不同。我们要确保候选人能够感觉足够舒适地去提出问题，如果没有问题，我们就引导他们去提问，确保他们不会因为当前是在面试就直接去写代码。Google 的人应该质疑几乎所有事情，但仍然会把问题解决掉。

在这里，如果把这个面试问题的所有正确实现与常见错误都罗列一遍，肯定会招人讨厌，毕竟这不是一本关于编程或面试的书。但为了讨论的需要，让我们使用一个简单且常见的代码实现方式来做讨论（译注：在下面代码中，第 6 行代码中的 'a' 应该是大写字母 'A'，原书有误）。注意，候选人一般都会选择使用自己喜欢的编程语言，如 Java、Python 等，但这经常会引起一些问题，例如垃圾收集、类型安全、编译和运行时刻的不同关注点等。我们同时要确保候选人可以正确理解这些问题。

```
int64 Acount(const char* s) {
   if (!s)
   return 0;
   int64 count = 0;
   while (*s++) {
      if (*s == 'a')
      count++;
   }
   return count;
}
```

候选人应该可以走查他们的代码，指出程序中出现的指针或计数器的值在测试数据输入之后在代码运行时刻是如何变化的。

一般来说，普通的 SET 候选人会做到以下这些。

- 在通过编写代码解决问题的过程中很少遇到问题。在编码时，函数重写没有麻烦，很少出现基本语法错误，也不会混淆不同语言的语法和关键词。

- 在理解指针方面没有明显错误，或者没有分配不必要的内存。

- 在代码开始的地方做一些输入验证，避免由于取值到空指针等引起比较麻烦的程序崩溃。若在被问到为何不做参数验证的时候，则可以很好地解释为什么要这样做。

- 理解运行时刻效率或程序代码的大 O（译注：大 O 表示法描述了函数在运行时刻需要消耗的时间，参考 en.wikipedia 网站）。在效率上，任何非线性的运行时间虽然说明程序可用，但都有可提升的空间。

- 在被指出代码中有小的问题时，可以修正它们。

- 写的代码干净易读。如果使用了位操作或把所有的代码都写在一行，则绝对不是一个好现象。代码即使在功能上可以正常工作，读起来也会令人呕吐。

- 在输入为一个 A 或 null 的时候，走查代码确保能正常工作。

更优秀的候选人会做的更多一些。

- 考虑使用 64 位整型 int64 作为计数器变量和返回值的类型，为了以后的兼容性和避免用户使用非常长的字符串而导致溢出。

- 针对分布式的计数计算而准备一些代码。一些对 MapReduce 不熟悉的候选人，会针对大字符串并行计算使用自己的简单变量来提高响应速度。

- 在代码注释中对条件假设和常量做解释说明。

- 在有很多不同的数据输入时可以走查代码，修复所发现的错误。不懂得如何发现和修复缺陷的 SET 候选人不是合格的候选人。

- 在被要求去做功能测试之前就去做相应的测试。测试不应是被要求了才去做的事情。

- 在被要求停止之前，不停地尝试优化解决方案。在经过区区几分钟的编码和简单测试之后，没人敢说他的代码就是完美的。程序的稳定性和韧性比功能正确要重要的多。

现在，我们想看候选人是否可以测试他们自己写的代码。令人费解或复杂棘手的测试代码是世界上最差的代码，但这也比没有测试代码强。在 Google，如果测试运行失败，需要清楚地知道测试代码在做什么。否则，这个测试就应该被禁止掉，或是被标记为怪异的测试，或是忽略这个测试的运行失败。如果这样的事情发生了，这是编写出坏代码的 SWE 的责任，或是代码审查时给予通过投票的 SET/SWE 的失误。

SET 应该可以用黑盒测试方法做测试，假设其他人已经实现了功能；也可以用白盒测试的方式，考虑其内部的实现可以知道哪些用例是无关的。

通常情况下，普通的候选人会这样做。

- 他们会比较有条理地或体系化地提供特定的字符串（如不同的字符串大小）而不是随机的字符串。

- 专注于产生有意义的测试数据。考虑如何去运行大型测试和使用真实环境的数据做测试。

更优秀的候选人会这样做的更多一些。

- 在并发线程中调用这个函数，去查看在串扰（cross talk）、死锁和内存泄露方面是否存在问题。

- 构建长时间持续运行的测试场景。例如在一个 while(true)循环中调用函数，并确保他们在不间断地长时间运行过程中保持功能正常。

- 在构建测试用例、测试数据的产生方法、验证和执行上保持浓厚的兴趣。

优秀候选人的例子

by Jason Arbon

最近有一个候选人（后来被证明他在实际工作上的表现也确实令人吃惊）在被问到如何针对这个返回值为 64 位整形的 API 做边界测试时，他很快地意识到由于时间和空间的限制，不可能使用物理的方法做测试。但为了做完这个题目和出于好奇心，在思考这个级别的扩展性时尝试使用非常大量的数据来做这个测试，并提出使用 Google 的网页索引作为输入数据来源。

他是如何验证这个结果的呢？他建议使用一个并行来实现，从而保证产生两份相同的结果。他也考虑到使用统计学上抽样的方法：大写字母 A 在网页上出现的期望频率。由于我们知道网页索引后的数量，计算后的数字应该比较接近。这正是 Google 思考测试的方式。即便我们不会真的构建这样庞大的测试，思考这些解决方案一般也会对正常规模的测试工作提供有意义或有效的借鉴。

在面试中需要另外考虑的是文化上是否匹配。SET 候选人在面试过程中是否在技术上有好奇心？当面对一些新想法的时候，候选人是否能够把它融入到解决方案里呢？又是如何处理有歧义的地方的？是否熟悉质量方面的理论学术方法？是否理解质量度量或其他领域的自动化？例如土木工程或航空工程方面的自动化。当你发现在实现中存在缺陷时，是否心存戒备，思路又是否足够开阔？候选人不必具备所有的这些特质，但仍是越多越好。最后还要考虑在日常的工作中，我们是否愿意和这个人一起工作。

需要着重强调的一点是，如果某人在应聘 SET 岗位的时候没有具备足够强的编码能力，这并不意味着此人不是一个合格的 TE。我们已雇佣到的一些优秀的 TE，之前都是来应聘 SET 岗位的。

一个有趣的现象值得我们注意，Google 在 SET 招聘过程中经常会与优秀的候选人失之交臂，原因是这些人最后成为非测试类的 SWE 或对测试过度专注的 TE。我们希望 SET 的候选人具有多样性，他们可能会在以后工作上成为同事。SET 是一个真正的混合体，但有些时候这也会导致一些令人不悦的面试得分。我们想确保的一点是，这些低分是由于我们的面试官在使用严格的 SET 考核标准而导致。

正如 Patrick Copeland 在序言中说的那样，关于 SET 的招聘目前还有一些不同的观点。如果 SET 是一个优秀的编程者，他就应该只去做功能开发的工作吗？SWE 也是很难雇佣到的。如果他们擅长做测试，就应该只是专注于解决纯粹的测试问题么？事实总是存在于两者之间。

招聘优秀的 SET 是一件很麻烦的事情，但这是值得的。一个明星级的 SET 能够对一个团队产生巨大的影响。

2.4　与工具开发工程师 Ted Mao 的访谈

Ted Mao 是一位 Google 的开发工程师，但 Ted 的主要工作专注于测试工具的开发方面。特别要提到的是，Ted 制作的 Web 应用程序方面的测试工具，所有的 Google 内部应用上都在使用。Ted 本身在 SET 这个圈子里也很有名气，一般情况下 SET 都对优秀工具有需求，否则效率就会非常低下。Ted 可能是 Google 内部对通用 Web 测试基础框架最熟悉的人员。

HGTS：你是什么时候加入 Google 的？是什么吸引你来这里工作的？

Ted：我是 2004 年 6 月加入 Google 的。在那之前，我只在一些大公司里待过，像 IBM 和 Microsoft，那个时候 Google 是最热门的创业型公司，吸引了大量非常有天赋的工程师加入。Google 尝试去解决许多有趣且有挑战性的问题，我想参与进来，与这个世界上最优秀的工程师们一起去解决这些问题。

HGTS：你是 Google 缺陷管理库 Buganizer（注：Buganizer 是 Google 内部使用的缺陷管理系统，开源版本的 Buganizer 被称为问题跟踪工具，在 Chromium 项目中有使用，参见 Google 网站）的创建者。与之前的 BugDB 相比，Buganizer 尝试去解决了哪些核心问题呢？

Ted：BugDB 当时是在阻碍我们的开发流程的运转，而不是为之提供支持帮助。老实说，它浪费了许多宝贵的工程开发时间，这使得使用这个工具的团队负担更加沉重。它的问题表现在许多方面，像 UI 延迟、笨拙的工作流模式、在非结构化的文本字段中使用特殊字符串等。在设计 Buganizer 的时候，我们确保我们的数据模型和 UI 可以反应出用户的真实开发过程。在核心产品团队与集成过程中，这个系统通过使用扩展的模式，经受住了考验。

HGTS：你在 Buganizer 上做的非常出色。这真是我们用过最好的缺陷管理数据库了。你又怎么开始去搞 Web 自动化方面的测试呢？是你看到这方面有强烈的需求吗？还是有人请求你去帮助解决这方面的问题呢？

Ted：在为 Buganizer、AdWords 和其他 Google 产品工作期间，我经常发现已有的 Web 自动化测试工具不能满足我的实际需求，他们并不像我期望的那样快速、扩展性强、健壮且有用。当工具团队宣布去寻找这个领域的技术人才时，我抓住了这个机会。这方面的尝试就是我们知道的 Matrix 项目，而我是这个项目的技术负责人。

HGTS：如今有多少个测试团队在使用 Matrix 做测试执行？

Ted：这个取决于你如何度量测试的执行。例如，我们在使用的一个指标，我们称为"浏览器会话"。针对所有浏览器，每一次新的浏览器会话都会保证从同样的状态开始运行。这样的话，在这个浏览器上运行的测试只由测试本身、浏览器和操作系统来决定，其行为也就是可以确定的。Matrix 在 Google 的每个 Web 前端团队都有实践应用，每天提供大于一百万个新浏览器会话。

HGTS：Buganizer 和 Matrix 这两个项目，曾有多少人为之工作？

Ted：在项目开发高峰时期，Buganizer 有 5 个工程师，Matrix 有 4 个工程师。当时我们的团队本可以拥有更多的人，让团队存活地更长久一些。虽然这令我有些伤感，但我觉得在当时的情况下我们已经做的足够棒了。

HGTS：在你打造这些工具的时候，你面临过的最难的技术挑战是什么？

Ted：对于我而言，我认为最艰难和最有趣的挑战总是出现在设计阶段。理解一个问题领域，权衡不同的解决方案和它们的利弊，并从中选一个最优的方案。实现阶段一般按照选定的方案去做即可。这样的选择决定和功能实现一样会贯穿项目的整个生命周期，决定项目的成败。

HGTS：对于世界上其他专注于测试工具方面的工程师，你有什么一般性的建议吗？

Ted：专注于你的用户，理解他们的需求并解决他们的问题。不要忽视一些看不见的功能，如可用性和响应速度。工程师在解决他们问题方面有自己独特的能力，要允许他们使用你无法预料的方式来使用你的工具。

HGTS：在测试工具框架领域，下一个最大的问题，或者是你最感兴趣的且最想去解决的问题是什么？

Ted：有一个问题我最近一直在思索，我们的工具变的越来越强大和复杂，但相应地，在理解和使用这些工具上也变得越来越困难。例如，使用 Google 当前的 Web 测试框架，工程师可以一键运行上千个 Web 测试，并发地运行，针对不同的浏览器。我们抽象封装了如何运行的细节，例如这些测试是在哪里开始真正运行的，浏览器是从哪里得到的，测试环境是如何配置的等细节。从某方面上讲，这是好事儿。但是，如果测试运行失败之后，工程师又必须去做调试，这些隐藏的细节就必须要去了解。我们已经在这个领域有所举措，但仍然有很多可以去做且必须去完成的事情，它们在等待着我们去解决。

2.5　与 Web Driver 的创建者 Simon Stewart 的对话

Simon Stewart 是 WebDriver 的创建者，也是 Google 在浏览器自动化领域的专家（译注：Simon 于 2013 年离开 Google 加盟 Facebook）。WebDriver 是开源 Web 应用自动化测试工具，不仅在 Google 内部，在业内也广受欢迎，也是 GTAC（Google 测试自动化大会）历史上最热门的话题之一。我们的采访记者和 Simon 一起做了这个访谈，Simon 在这里讨论了 Web 应用自动化的话题和关于 WebDriver 未来的一些想法。

HGTS：好像很多人并不清楚 Selenium 和 WebDriver 之间的区别，你能解释一下吗？

Simon：Selenium 是 Jason Huggins 在 ThoughtWorks 时创建的一个项目。Jason 那个时候写了一个 Web 应用，假定用户使用的浏览器是 IE。这样做可以理解，因为那个时候 IE 有百分之九十多的市场占有率。但是他持续不断的得到用户反馈，指出这个应用在 Firefox 浏览器上有 bug，这个时候他就碰到一个问题，当他修复 Firefox 上的 bug 的时候会导致在

IE 上出现另外的问题。对他来说，Selenium 是一个可以加速开发应用程序的工具，可以确保每次变更在两个浏览器上都可以正常工作。

大概在一年前，或者不到一年的样子，我真正开始去创建 WebDriver。但在 Selenium 真正稳定之前，我的主要精力集中在更加通用的 Web 应用测试上。这并不奇怪，我们两个使用了不同的方法来实现 Web 自动化。Selenium 在浏览器内部使用 JavaScript 实现，而 WebDriver 使用浏览器本身的 API 集成到浏览器内部。两种方法各有优劣。例如，Selenium 可以在瞬间打开一个新的 Chrome 浏览器，但却不能上传文件或者很好地处理用户交互，因为它是 JavaScript 实现，必须限定在 JS 沙箱之内。由于 WebDriver 构建在浏览器里面，它可以突破这些限制，但打开一个新的浏览器却比较痛苦。在我们都开始为 Google 工作的时候，我们决定把这两个集成到一起。

HGTS：但我还是听到人们在分别谈论它们。它们还依然是两个独立的项目吗？

Simon：对于所有浏览器自动化工具集，我称为 Selenium。WebDriver 只是其中的一个工具，官方的名字是 "Selenium WebDriver"。

HGTS：那么 Google 是如何介入进来的呢？

Simon：几年前，Google 在创建了 London office 的时候，雇佣了一些 Thoughtworks 的前员工，这些人邀请我去做一个关于 WebDriver 的技术分享。这次分享并没有给我带来什么信心，前排的一个家伙听着听着居然睡着了，我在分享的过程中必须与他的鼾声做斗争。碰巧的是，这个分享的录制设备也坏了。但还是有很多人对此感兴趣，于是我们再次被邀请在 GTAC 上做一个没有鼾声的分享。之后我很快就加入了 Google。现在我也知道那个事情的真相了。

HGTS：确实，每个人有自己的秘密。说正经的，我们之前也看过你的分享，很难想象有人会睡着。他是我们认识的人吗？

Simon：不，他已经离开 Google 很久了。我们还是假设他前一天晚上熬夜了比较好。

HGTS：我们必须从中吸取教训。大家需要明白，在 Simon Stewart 的分享过程中睡觉，对你的职业生涯是非常不利的。自从你加入了 Google，WebDriver 是你的全职工作吗？

Simon：不，这只是我 20% 的工作。我的主要工作是一个产品的 SET，虽然我现在还在负责推进 WebDriver 的前进，但已经有外部的贡献者了，他们做的非常棒。在一个开源项目的早期阶段，人们拿过来使用，因为他们需要这样的项目，而且也没有其他可以替代的。内在的激励就是要去贡献。现在许多 WebDriver 的用户都在口口相传如何去使用操作，这些用户更像是消费者，而不是贡献者。但在早期，WebDriver 社区的草根却在真正地推进这个工具向前发展。

HGTS：我们知道故事的来龙去脉了。WebDriver 在 Google 内部非常受欢迎，这是怎么开始的？是有试点的项目吗？有没有一些错误的教训呢？

Simon：这是一个社交网络产品，在 Wave 团队最先开始使用。该团队位于 Sydney 的办公室，但这个团队现在却已经不存在了。Wave 的工程师尝试去使用 Selenium 作为他们的测试框架，但是却无法解决一些问题。Wave 实在是太复杂了。工程师们很勤奋，找到了 WebDriver 并开始问许多优秀的问题，然后这变成了我 20%的时间要处理的事情。他们找到我的老板，希望我能在去 Sydney 待上一个月，帮助他们建立自己的测试框架。

HGTS：我想你当时成功了。

Simon：是的，那个团队很棒，我们把框架做出来了。提出了大量针对 WebDriver 的新需求，这对于其他的团队也是一个榜样，WebDriver 在 Web 应用方面处于领先地位。从那一刻开始，WebDriver 就再也没有缺少过用户，对于我来说，全身心的投入进去也更有意义。

HGTS：第一个用户总是最难的。你是怎么改进 WebDriver，并让它可以在 Wave 团队工作的？

Simon：我使用了一个被称为 DDD（译注：defect-driven development）的流程，缺陷驱动开发。我总是宣称 WebDriver 是完美无瑕的，一旦用户发现了一个 bug，我就立刻去修复它，然后再宣布它没有问题了，更加完美无瑕。这样的话，可以确定我修复的 bug 是一些人们真正关心的 bug。这对于改善一个已有产品是非常有用的，这可以确保你是在修复最重要的 bug，而不是修复人们并不关心的 bug。

HGTS：你还是 WebDriver 里唯一的工程师吗？

Simon：不，我们有一个团队，WebDriver 是 Google 内部的一个正式项目，并在开源方面非常活跃。随着浏览器数量、版本和平台的不断增加，我们告诉大家我们必须很疯狂，我们每天都在把不可能的事情变成可能。有时候我觉得比较理智的人其实并不适合做我们这个项目。

HGTS：在 Wave 项目之后你得到了很多动力。对于用户来说，是否意味着 WebDriver 替代了旧的 Selenium 的地位？

Simon：我想是的。许多原来 Selenium 工程师都去做其他事情了。由于在 Wave 上的成功，我对 WebDriver 也充满了信心和能量。一些我从来没有见过的人，如来自德国的 Michael Tam，已经开始在 WebDriver 上做一些重要的工作了，我也很小心地鼓励这样的关系模式。Michael 是第一个我没有真正见过就有提交代码权限的人。

其实我并没有特别地跟进 WebDriver 的扩展。比较明确的是，在物理位置上离我近的团队，更愿意去使用 WebDriver。我想 Picasa 网络相册团队事实上是第一个真正使用 WebDriver 的团队，而且是在 Wave 团队之前，然后 Ads 也开始使用了。在 Google，不同团队在使用各自的 Web 自动化框架。Chrome 在使用 PyAuto，Search 在使用 Puppet（有一个开源的版本叫做 Web Puppeteer），Ads 使用 WebDriver，等等。

HGTS： WebDriver 的未来会怎样？你们团队有什么目标吗？

Simon： 好吧，目前看起来还有点乱。即便是在几年前，在市场上还有一个主流的浏览器，但现在没有了。IE、Firefox、Chrome、Safari、Opera 等都拥有了自己的市场。但这还只是桌面版的而已。在移动端的浏览器引擎也正在疯狂地扩张。在 2008 年以后，许多商用的浏览器自动化工具把他们都给忽略了，IE 除外，这其实是非常不明智的做法。下一步，WebDriver 会在标准化上发力，这样可以保证相同的网络应用代码在不同的浏览器上都可以工作。当然，这也需要浏览器厂商一起参与进来，支持我们的 WebDriver API。

HGTS： 这听起来好像是标准委员会要做的事情。目前有什么进展吗？

Simon： 是的，有一些。很不幸地是，我必须去写一些英文文档，而不是编写代码了，在 W3C 里有一个文档，所有的浏览器开发商都会参与进去。

HGTS： 你希望的未来是怎样的？未来的浏览器自动化工具又是如何工作的呢？

Simon： 我希望他们都消失到后台之中。自动化的 API 会对所有浏览器适用，人们不用去担心这些基础框架，他们仅仅去使用即可。希望人们能把更多的精力放在他们 Web 应用本身，而不是如何去自动化上。在人们真正忘了 WebDriver 的存在之后，我们就成功了。

第 3 章　测试工程师

01100101011011011000101 0100

　　软件测试开发工程师（SET）负责可测试性和测试自动化体系的长期有效性。测试工程师（Test Engineer，后文简写 TE）的职责与之有所不同，TE 的重点在于评估对用户的影响以及软件产品整体目标上的风险。与 Google 的其他大多数技术岗位一样，TE 的工作涉及一些编程，但编程只是一小部分，实际上，在所有工程师中他们的职责范围堪称最广。TE 对产品的贡献很大，但他们承担的很多任务不需要编程（注：这只是通常的说法。许多 TE 所从事的工作与 SET 非常类似，需要编写大量的代码，而另外一些 TE 的职责更类似发布工程师，只需要编写很少量的代码）。

3.1　一种面向用户的测试角色

　　在前一章里，我们说 TE 是一种"用户开发者（user-developer）"，这不是一个容易理解的概念。一个产品团队的所有工程师都是某种类型的开发者，这个思想是团队成员地位平等的一个重要体现。在 Google 这样的公司里，对于编码的敬意是公司文化中相当重要的一点。为了成为一等公民，TE 必须首先是工程师的一部分。Google 的 TE 综合了开发者仰慕的技术能力和以用户为中心检查软件质量而对开发者产生一定制约的能力。哇，我们简直是在谈论一种分裂人格嘛！

> **注意**　　为了成为一等公民，TE 必须首先是工程师的一部分。Google 的 TE 综合了开发者仰慕的技术能力和以用户为中心检查软件质量而对开发者产生一定制约的能力。

　　TE 的职位描述是最难定义的，因为其职责范围很广而且不确定。人们期望 TE 在各种各样的构建物的完成、集成、最终形成完整的产品过程中监督所有产物的质量。因此，大多数的 TE 都会从事一些基础技术层的、需要另外一种视角和较强的专业技术能力的工作。

这一切都与风险有关：TE 以对某种特定的产品最合适的方式发现软件中风险最大的地方并尝试减少或消除它。如果需要做 SET 的工作，TE 就去做；如果需要代码审查，那就只管去做。如果缺少测试工具，那就花一些时间在上面。

接下来，同一个人还会在项目的其他时段去领导探索式测试，或者管理内部试用版（或 beta 版）的测试工作。在不同的项目阶段，SET 和 TE 的重点不同，早期的工作涉及更多的面向 SET 的任务，而项目后期才是面向 TE 的任务。还有一些情况是 TE 的个人选择，他们可以在不同的角色间切换。但凡事没有绝对，我们在下面所做的描述，只是代表了理想的情况。

3.2 测试工程师的工作

在 Google，相比软件开发工程师或软件测试开发工程师而言，测试工程师是一个较新的角色，目前还在形成中。现在这一代的 Google TE 们所做的，无疑是在披荆斩棘，为将来的新人铺好道路。我们在这里所讲述的是 Google 最新的 TE 相关的流程。

并非所有的产品都需要 TE 的介入。试验性工作、尚无明确目标或用户故事的早期产品，TE 很少参与，甚至不参与。如果产品有很大的可能被取消（就是说作为一个概念验证没有最终通过），或者还没能吸引用户使用，或者功能还没有定型，那么测试工作一般都应该由产品的开发人员自己完成。

即使对于一个已经确定要发布的产品，在其研发的早期阶段，功能还在不断变化，最终功能列表和范畴也还没有确定，TE 通常没有太多的工作可做。早期过度地投入测试意味着资源的浪费，尤其是在 SET 已经深度介入的时候。过早完成的测试产物可能会被丢弃，也可能出现最糟糕的情况：虽然继续维护，但是毫无附加价值。早期的测试计划需要较少 TE，而在产品接近尾声、寻找 bug 变得更加紧急的时候，需要较多的资源投入到测试上进行探索式测试。

> **注意** 在研发的早期阶段，功能还在不断变化，最终功能列表和范畴还没有确定，TE 通常没有太多的工作可做。

以策略上讲，给一个项目配备多少测试人员，取决于项目风险和投资回报率。对客户和公司的风险大，意味着在测试上投入的资源也要多，但投入的资源应该与其潜在的回报成正比。我们需要在正确的时间，投入正确数量的 TE，并带来足够的价值。

当 TE 进入产品的时候，并不需要从零开始。SWE 和 SET 已经在测试技术和质量方面做了大量的工作，可以作为 TE 的起点。TE 在进入产品时，需要考虑以下一些问题。

- 当前软件的薄弱点在哪里？

- 有没有安全、隐私、性能、可靠性、可用性、兼容性、全球化和其他方面的问题？

- 主要用户场景是否功能正常？对于全世界不同国家的用户都是这样吗？

- 这个产品能与其他产品（软件和硬件）互操作吗？

- 当发生问题的时候，是否容易诊断问题所在？

当然这只是一个不完全列表。所有这些加起来，构成发布待评估软件的风险概要。TE 并不需要自己去解决所有这些问题，但必须保证这些问题被解决掉，他们可以请其他人帮忙评估还有多少工作需要去做。TE 的根本使命是保护用户和业务的利益，使之不受到糟糕的设计、令人困惑的用户体验、功能 bug、安全和隐私等问题的困扰。在 Google，TE 是一个团队中全职地负责从整体角度发现产品或服务弱点的唯一角色。因此，与 SET 相比，TE 的工作并不是那么确定。TE 会介入项目的各个阶段：从产品的构思阶段到第 8 个版本，甚至是照看一个已经下线的项目。一个 TE 同时参与几个项目也很常见，尤其是那些具备安全、隐私或全球化等专门技能的 TE。

显然，在不同的项目中，TE 的工作内容也会有较大的不同。一些 TE 会在编码方面投入较多的时间，但主要是写中到大型的测试（如端到端的用户场景）而非小型测试。其他一些 TE 会检查代码和系统设计以确定失效模式，并寻找导致失效的错误路径。在这种情况下，TE 可能会去修改代码，但这与从头编写代码是不同的。TE 在测试计划及测试完整性上必须更加系统和周密，重点在真实用户的使用方式和系统级别的体验上。TE 擅长发现需求中的模糊之处，分析沟通不明确的问题。

成功的 TE 游走于这些微妙且敏感的地方，有时候还要与个性很强的开发和产品人员打交道。一旦找到薄弱点，TE 就会通过测试使软件出错，然后与开发、产品、SET 一起推动解决这些 bug。TE 通常是团队里最出名的人，因为他们需要与各种角色沟通。

考虑到技术能力、领导力、深刻理解产品的能力等多方面的要求，TE 的职位描述有点吓人。事实上，如果没有合适的指导，很多人难以胜任这个工作。幸运的是，在 Google，一个由 TE 组成的强大社区的出现解决了这个问题。在所有的工种里，TE 可能是在互帮互助方面做得最好的了。这个角色需要敏锐的洞察力和领导力，因此很多 Google 的高级测试经理们都来自于 TE。

　　　这个角色需要敏锐的洞察力和领导力，因此很多 Google 的高级测试经理们都来自于 TE。

TE 的工作经常需要去打破常规流程。TE 可以在任何时间进入项目，必须迅速评估项目、代码、设计和用户的当前状态，然后决定首要的关注点。如果项目刚刚开始，测试计划是第一优先级。有时，TE 在产品后期被拉进来帮助评估项目是否可以发布，或者在 beta 版本发布之前确认还有哪些主要的问题。当 TE 进入了一个新被收购的应用或缺少相关应用经验的时候，他们经常会先去做一些不怎么需要计划的探索式测试。有时，项目已经很久没有发布了，只是需要去做一些修饰、安全补丁或界面更新，这需要迥然不同的方法。

在 Google，TE 需要在不同的项目中做不同的事情。我们经常将 TE 的工作描述为"从中间开始（starting in the middle）"，因为 TE 必须保持足够的灵活，能够迅速融入一个产品团队的文化和现状。如果做测试计划已经来不及了，那就干脆不做了。如果一个项目最需要的是测试，那就做一个简单够用的指导性计划。一些测试教条所倡导的从头就介入的模式，在 Google 并不适用。

下面是我们关于 TE 职责的一般性描述。

- 测试计划和风险分析。
- 评审需求、设计、代码和测试。
- 探索式测试。
- 用户场景。
- 编写测试用例。
- 执行测试用例。
- 众包（译注：crowdsourcing，是互联网带来的新的生产组织形式。一个公司或机构把过去由员工执行的工作任务，以自由自愿的形式外包给非特定的（通常是大型的）大众网络的做法）。
  - 使用统计。
  - 用户反馈。

当然，能够最好的完成这些任务的，是那些有很强的人格魅力和优秀的沟通技巧的测试工程师。

3.2.1 测试计划

和测试人员相比，开发人员有一个优势就是他们的工作产物是每个人都真正关心的。开发人员编写代码，构建用户期望的、能为公司赚钱的应用。很明显，代码是项目过程中产生的最重要的文档。

然而，测试人员要处理的是真正的文档和其他临时性的事物。在项目的早期阶段，测试人员编写测试计划；然后，他们创建和执行测试用例，编写 bug 报告；接下来是准备覆盖度报告，收集用户满意度和软件质量数据。在软件成功发布（或失败）之后，很少有人会问及测试产物是什么。如果软件深受人们喜爱，大家就会认为测试所作所为是理所应当的；如果软件很糟糕，人们可能就会质疑测试工作。但其实也没人真正想去了解测试到底做了什么。

测试人员不应该对测试文档过于珍爱。软件开发过程充满了痛苦的挣扎：编码、评审、构建、测试、一轮接一轮的开发等，在这个过程里实在很难有时间坐下来欣赏一下测试计划。糟糕的测试用例不会受到足够的关注和改善，它们只会被抛弃，而最后留下来的是更好的测试用例。大家的关注点集中在不断增长的代码库，这才是最重要的东西，理应如此。

作为一种测试文档，测试计划的生命周期是所有测试产物中最短的（显然，当客户明确要求编写测试计划，或者出于某些政府法规要求，就没这么灵活了。某些场合必须有测试计划并且保持更新）。在项目早期，人们需要一个测试计划（见附录 A：Chrome OS 测试计划）。事实上，项目经理经常坚持必须有一个测试计划，并将编写测试计划作为一个比较重要的里程碑。但是，一旦计划就绪，这些人就把它扔到一边了，既不评审也不更新。测试计划就像是闹脾气的小孩儿手中可爱的毛绒玩具。我们希望它总是存在，到哪里都能带着它，但却从不真正关注它。只有它被拿走的时候，我们才会发出尖叫。

测试计划是最早出现、最先被遗忘的测试产物。在项目早期，测试计划代表了对软件功能的预期。但是，除非得到持续的关注，它会很快随着新代码的完成、功能特性的改变以及设计的调整而过期。伴随着计划内或计划外的变更，维护一份测试计划是要花费大量精力的，除非多数项目的成员会定期查看，否则测试计划并没有什么价值。

✏️ **注意** ┆ 测试计划是最早出现、最先被遗忘的测试产物。

后面这一点是测试计划真正的杀手：试问在产品的整个生命周期中，测试计划能在多大程度上作为测试活动的指导？测试人员会不断参考计划来安排一个应用的测试吗？会要求开发人员在功能增加或修改时去更新测试计划吗？在开发经理管理 to-do 列表的时候，他们会在桌面上打开一份测试计划吗？在进展沟通会议上，测试经理会经常参考测试计划的

内容吗？如果测试计划真的重要，那么所有这些事情应该每天都会发生。

理想情况下，测试计划应当在项目执行中发挥核心作用，应当在软件的整个生命周期中持续有效：随着代码库的更新而更新，时刻代表最新的产品功能，而不是停留在项目开始阶段时的样子。它应该可以帮助一个新加入的工程师迅速跟上项目进展。

但是，这些不过都是理想情况而已。在 Google 或其他公司中，其实很少有测试人员能真正做到。

下面是我们希望测试计划具有的一些特性。

- 及时地更新。

- 描述了软件的目标和卖点。

- 描述了软件的结构、各种组件和功能特性的名称。

- 描述了软件的功能和操作简介。

从纯粹测试的角度看，我们担心的是测试计划的投入和价值产出是否匹配。

- 不必花过多的时间去撰写，必须随时可以被修改。

- 应该描述必测点。

- 应该能在测试中提供有用的信息，从而帮助确定进展以及覆盖率上的不足。

在 Google，测试计划的历史与我们所经历的其他公司基本相同。测试计划曾经是由各团队根据自身的实际情况自行定义和执行的。一些团队用 Google Docs（文本文档和电子表格）编写测试计划，与整个工程团队分享，但不放在中心数据库里；一些团队将测试计划放到产品主页的链接里；一些团队则放到项目的内部 Google Sites 页面里，或者作为工程设计文档或内部 wikis 的链接；少数团队甚至使用 Microsoft Word 文档，通过电子邮件传播——很老派的方式；一些团队完全没有测试计划。我们只能认为测试用例的总数代表了整个测试计划。

这些测试计划的评审链条是不透明的，很难确定作者和评审者。相当多的测试计划有一个时间和日期戳，非常清楚地表明了它们悠长的被遗忘的历史，就像冰箱角落里酱罐的保质期一样。它一定在某个时间对某个人发挥了重要的作用，但那个时间已经一去不返了。

在 Google，曾经流行过为所有产品建立一个中心库和模板的建议。这个有趣的想法曾经在别的公司尝试过，但显然是与 Google 内在的分布式和自我管理的文化相悖的。在

Google，"州权"是常态，而大政府理念会受到嘲弄。

ACC（Attribute Component Capability，即特质、组件、能力。这是一种测试计划的替代方法，参见 googletesting 网站）分析是一个从许多 Google 测试团队的最佳实践中总结出来的，并被本书作者和几位同事在各种产品领域里倡导的流程。ACC 已经度过了早期试用阶段，也正被其他公司所采用并有了工具支持，得到了开发者的关注。读者可以用"Google Test Analytics"关键词搜索到这个工具。

ACC 的指导原则如下。

● 避免散漫的文字，推荐使用简明的列表。并不是所有的测试人员都想当小说家，也不具备将一个产品的目标或测试需求表达成散文的技能。而且，冗词赘句容易误读，只列出要点和事实就行了。

● 不必推销。测试计划不是营销文案，既不是要讨论一个产品满足了多么重要的市场定位，也不是讨论这个产品有多么酷的功能。测试计划不是给客户或分析师看的，它的受众人群是工程师。

● 简洁。测试计划并没有长度的要求。它不是中学的项目作业，长度无关紧要，不是越长越好。计划的大小与测试问题的规模有关，与作者的写作欲望无关。

● 不要把不重要的、无法执行的东西放进测试计划。相关人员毫不关心的东西，就一个词也不要出现。

● 渐进式的描述（Make it flow）。测试计划的每个部分应该是前面部分的延伸，以便读者可以随时停止阅读并且对产品的功能有一个初步的印象。如果读者希望了解更多的细节，那么他可以继续读下去。

● 指导计划者的思路。一个好的计划过程能帮助计划者思考产品功能及其测试需求，从而有条不紊地从高层概念过渡到可以被直接实现的低层细节。

● 最终结果应该是测试用例。在计划完成的时候，它不仅要清楚地描述要做什么样的测试，并且还可以清楚地指导测试用例的编写。做出一个不直接指导测试的计划纯粹是在浪费时间。

✎ **注意** ┆ 做出一个不直接指导测试的计划纯粹是在浪费时间。

最后一点非常重要：如果测试计划没有把测试用例应该怎么执行描述得足够详细，它

就没有达到预先设定的帮助测试的本义。对测试的计划（the planning of tests）而言，它显然应该让我们清楚地知道需要编写哪些测试用例。当你正好处于"完全了解需要编写哪些测试"这一点时，才算完成了测试计划。

ACC 通过指导计划者依次考察产品的三个维度达成这个目标：描述产品目标的形容词和副词；确定产品各部分、各特性的名词；描述产品实际做什么的动词。这样，我们通过测试完成的就是验证这些能力（capabilities）能正常运作、产品各组件（component）能满足应用的目标。

1．A 代表特质（Attribute）

在开始测试计划或做 ACC 分析的时候，必须先确定该产品对用户、对业务的意义。我们为什么要开发这个东西呢？它能带来什么核心价值？它又靠什么来吸引用户？记住，我们既不需要为这些问题做辩护，也不需要做什么解释，只要写下来就行了。我们可以假定产品经理和做产品计划的人，或者开发人员已经在这方面做了该做的事情。从测试的角度看，我们只需要确定并记下来，以备后续测试使用即可。

我们通过一个称为特质、组件、能力分析的过程来记录这些核心价值。

特质是系统的形容词，代表了产品的品质和特色，是区别于竞争对手的关键。在某种程度上，是人们选择你的产品而不是竞争对手的产品的原因。例如，Chrome 的定位是快速、安全、稳定和优雅，这正是我们通过 ACC 记录的特质。之后，我们希望能够将测试用例关联到这些标签，这样，我们就会知道在验证 Chrome 的快速、安全等特质方面已经完成了多少测试。

> ✏️ **注意** 特质是系统的形容词，代表了产品的品质和特色，是区别于竞争对手的关键，也是人们选择你的产品而不是竞争对手的产品的原因。

一般来说，产品经理会整理一个系统特质的列表，测试人员通过阅读产品需求文档、团队愿景和使命声明，甚至是听销售跟潜在的客户描绘这个系统来确定这个列表。说真的，我们发现在 Google 里，推销员和产品传道士是极佳的特质来源。想象一下箱体广告或你的产品将要如何在 QVC（译注：QVC 是全球最大的电视与网络的百货零售商，含义是 Quality 质量、Value 价值、Convenience 便利，通过电视与网络购物服务直达美国 8 000 万户以上的家庭）上做宣传，你就会找到列出这些特质的感觉了。

下面是一些小窍门，可以帮助你在自己的项目里确定产品特质列表。

● **简单**。如果 1～2 个小时还没有完成，那么你在这一步花的时间太多了。

- **精确**。确保它来自于团队已经普遍认同的文档或营销信息。

- **变化**。不必担心您是否漏掉了什么——如果后来发现这个特质不明显，极有可能它也不怎么重要。

- **短小**。数量方面，一打（十二个）是一个不错的目标。我们曾经为一个操作系统总结了 12 条关键特质如图 3.1 所示。现在回顾起来，其实可以缩短到 8 项或 9 项。

注意 本章的一些插图是示意性的，有些细节可能看不清楚。

使用特质的目的，是确定哪些特性是产品存在的根本原因，并使这些原因为测试人员所周知。这样，他们就会意识到自己所做的测试是如何对产品存在的根本原因产生影响的。

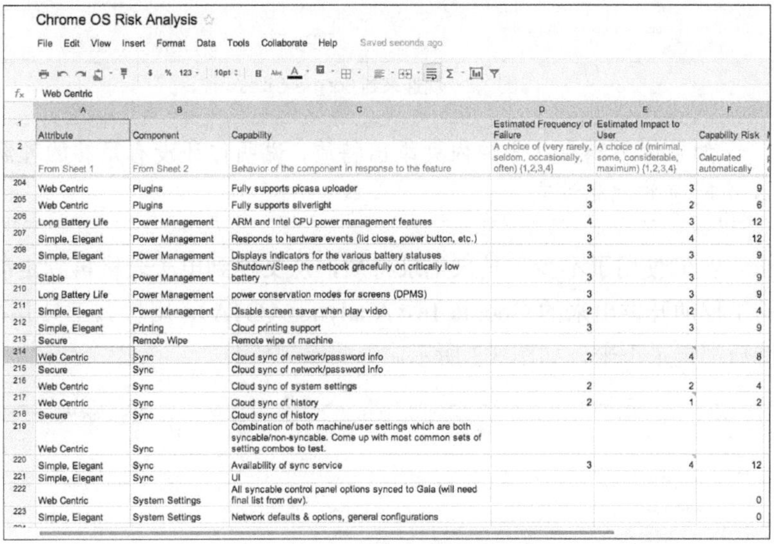

	A	B	C	D	E	F
1	Attribute	Component	Capability	Estimated Frequency of Failure	Estimated Impact to User	Capability Risk
2	From Sheet 1	From Sheet 2	Behavior of the component in response to the feature	A choice of (very rarely, seldom, occasionally, often) {1,2,3,4}	A choice of (minimal, some, considerable, maximum) {1,2,3,4}	Calculated automatically
204	Web Centric	Plugins	Fully supports picasa uploader	3	3	9
205	Web Centric	Plugins	Fully supports silverlight	3	2	6
206	Long Battery Life	Power Management	ARM and Intel CPU power management features	4	3	12
207	Simple, Elegant	Power Management	Responds to hardware events (lid close, power button, etc.)	3	4	12
208	Simple, Elegant	Power Management	Displays indicators for the various battery statuses	3	3	9
209	Stable	Power Management	Shutdown/Sleep the netbook gracefully on critically low battery	3	3	9
210	Long Battery Life	Power Management	power conservation modes for screens (DPMS)	3	3	9
211	Simple, Elegant	Power Management	Disable screen saver when play video	2	2	4
212	Simple, Elegant	Printing	Cloud printing support	3	3	9
213	Secure	Remote Wipe	Remote wipe of machine			
214	Web Centric	Sync	Cloud sync of network/password info	2	4	8
215	Secure	Sync	Cloud sync of network/password info			
216	Web Centric	Sync	Cloud sync of system settings	2	2	4
217	Web Centric	Sync	Cloud sync of history	2	1	2
218	Secure	Sync	Cloud sync of history			
219	Web Centric	Sync	Combination of both machine/user settings which are both syncable/non-syncable. Come up with most common sets of setting combos to test.			
220	Simple, Elegant	Sync	Availability of sync service	3	4	12
221	Simple, Elegant	Sync	UI			
222	Web Centric	System Settings	All syncable control panel options synced to Gaia (will need final list from dev).			0
223	Simple, Elegant	System Settings	Network defaults & options, general configurations			0

▲图 3.1 原来的 Chrome 风险分析

拿 Google Sites 这个产品来举个例子。这是一个免费的应用，供开放或封闭的社区建立自己的共享网站。Sites 类似许多终端应用，在它的文档里描述了大多数的特质，如图 3.2 所示。

实际上，大多数应用程序具有类似的开始页面或销售材料，这经常可以帮你确定特质列表。如果没有，那就找一个销售聊一聊，或者采用更好的方式（如参加一个销售电话或演示），就可以得到所需信息了。

特质就在那里等着你。如果你不能在几分钟内列举出来，说明你还没有足够的理解你的产品，还不能有效地测试它。一旦熟悉了你的产品，罗列特质不过是几分钟的事情。

▲图 3.2　欢迎来到 Google Sites

✒ **注意**　　如果你不能在几分钟内列举出特质，说明你还没有足够的理解你的产品，还不能有效地测试它。

在 Google，我们使用了不少工具来记录特质，从文档到电子表格再到定制工具，例如由几个勤勉的工程师开发出来的 Google Test Analytics（GTA）。用什么工具并不重要，重要的是把这些特质都记录下来，如图 3.3 所示。

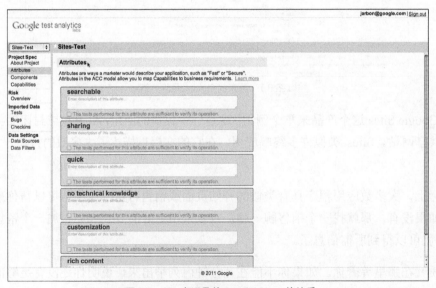

▲图 3.3　GTA 中记录的 Google Sites 的特质

2．C 代表组件（component）

组件是系统的名词，在特质被识别之后确定。组件是构成待建系统的模块，例如在线商店的购物车和结账系统，Word 处理器的格式化和打印功能等。组件是使一个软件之所以如此的关键代码块。实际上，他们正是测试人员要测试的对象。

> **注意**　　组件是构成待建系统的模块，是使一个软件之所以如此的核心要素和代码块。

一般来说，组件容易识别，经常出现在设计文档里。对大型系统来说，它们是架构图里的大框架，经常出现在 bug 库中的标签里，或者在项目主页和文档中被高亮出来。对小型项目来说，它们是代码里的类和对象。无论何时，只要问一下开发人员"你们在编写什么组件"，你就可以毫不费力地得到一个列表。

与特质一样，在识别组件时，到达何种级别的细致程度是至关重要的。太多的细节除了把人搞晕之外不会再有什么好处，而太少的细节也会导致无物可测。确保一个短小的列表：10 看起来不错，20 就太多了，当然除非系统非常大。把一些次要的东西排除在外，是可以的。既然是次要的，那它们或者是另外一个组件的一部分，又或者对于最终用户而言都无关紧要，不值得在上面花精力。

事实上，对于特质和组件来说，用几分钟的时间来理清它们就足够了。如果你费了很大劲来确定这些组件，那说明你对产品缺乏了解，你应该花一些时间来使用它直到成为高级用户。任何高级用户都应该能够立即罗列出特质列表，任何对源代码和文档有访问权限的项目内部人员也应该能够迅速地列出它的组件。毫无疑问，我们认为很重要的一点是，测试人员既是高级用户，也是项目内部人员。

最后，不必担心完整性问题。整个 ACC 过程的要点是快速行动，动态迭代。漏掉的特质可以在罗列组件时被发现。当你开始做"能力"部分（译注：Capability，见下一节）的时候，你也会找到那些先前遗漏的特质或组件。

Google Sites 的组件如图 3.4 所示。

3．C 代表能力（capability）

能力是系统的动词，代表着系统在用户指令之下完成的动作。它们是对输入的响应、对查询的应答，以及代表用户完成的活动。事实上，这正是用户选择一个软件的原因所在：他们需要一些功能而你的软件提供了这些功能。

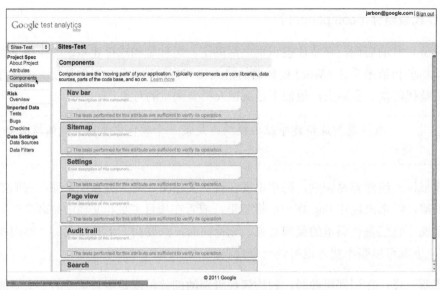

▲图 3.4　GTA 中记录的 Google Sites 的组件

> 📌 **注意**　　能力是系统的动词，代表着系统在用户指令之下完成的动作。它们是对输入的响应、对查询的应答以及代表用户完成的活动。

例如，Chrome 具有渲染 Web 页面和播放 Flash 文件的能力，可以同步多个客户端，下载文档。所有这些都是能力，再加上许多其他的功能，构成了 Chrome Web 浏览器的完整能力集合。另一方面，一个购物应用具有商品搜索和完成一笔交易的能力。当一个应用能够完成一个任务的时候，这个任务就被标记为它的一项能力。

能力处于特质和组件的交点。组件（component）执行某种功能（function）来满足产品的一个特质（attribute），这个活动的结果是向用户提供某种能力（capability）。Chrome 飞快地渲染一个页面。Chrome 安全地播放一个 Flash 文件。如果你的产品所做的一件事情不属于任何特质和组件的交点，这件事大概也是无关紧要的，而且还会让人产生疑问：为什么要实现这样的功能呢？如果一个功能不能为产品带来核心价值，就像是可以被去掉的肥肉一样，那么这个功能也就无甚益处，反而可能会带来不少毛病。事实或者如此，或者是有合理的解释但你却不知道。"不懂产品"是测试这个职业所不可接受的。任何工程师，如果理解了产品的用户价值，他就可以成为一名测试人员。

这里是一个例子，展示了一个在线商店具有的能力。

* **从购物车里增加或删除物品**。这是 Cart（购物车）组件在满足直观的 UI（Intuitive UI）特质时的一个能力。

- **获得信用卡和验证数据**。这是 Cart 组件在满足便利（convenient）特质和集成（Integrated）特质（如与支付系统集成）时的一个能力。

- **使用 HTTPS 处理钱款交易**。这是 Cart 组件在满足安全（secure）特质时的一个能力。

- **基于购物者正在浏览的商品提供建议**。这是 Search 组件在满足便利（convenient）特质时的一个能力。

- **计算送货成本**。这是 UPS 集成组件在满足快速（fast）和安全（secure）特质时的一个能力。

- **显示剩余库存**。这是 Search 组件在满足便利（convenient）和精准（accurate）特质时的一个能力。

- **推迟购买**。这是 Cart 组件在满足便利（convenient）特质时的一个能力。

- **根据关键字、SKU 和类目搜索商品**。这是 Search 组件在满足便利（convenient）和精准（accurate）特质时的一个能力。一般情况下，我们倾向于把每一种搜索当作一个单独的能力。

显然你会发现大量的能力。当你感到正在列出所有可测之处的时候，说明你已经掌握了 ACC 的精髓，那就是快速简明的列出保证待验证系统能正常运转的那些最重要的能力。

能力一般是面向用户的，表达的是用户眼里系统的行为，往往比特质和组件都要多很多。ACC 的前两步遵循简洁法则，而能力则应当描述系统的完整功能，因此基于应用的功能丰富性和复杂性，能力在数量上可以很大。

就我们在 Google 涉及的系统而言，大型复杂应用拥有成百上千个能力（例如，Chrome OS 有 300 多项能力），而较小的应用则有数十个能力。当然，只有几个能力的产品也是有的，往往只需要开发人员自己或少数早期用户做一些测试就行了。因此，当所测产品的能力少于 20 个时，可能需要反思一下自己在这个项目中的意义。

能力最重要的一个特点是它的可测试性。这是我们用主动语态来表达能力的主要原因。它们是动词，因为我们为了完成某个动作，我们不得不编写测试用例去验证这个能力得到了正确的实现，而用户将因为这个特性而喜欢这个产品。后面我们将讨论如何把能力转换成测试用例。

⚡**注意** ┊ 能力最重要的一个特点是它的可测试性。

在罗列能力时，应该达到什么样的抽象级别呢？这在 Google TE 中存在很大的争议。依其定义，能力不是原子动作。一个能力可以描述任意数量的用例。在之前描述在线商店的例子中，能力描述并没有限定购物车中的商品或一个搜索的结果，而只是表达了用户可能会做的事情。这是有意的，因为太多的细节会导致长篇大论。穷尽所有可能的搜索和购物车配置来完成测试是不可能的。因此，我们在把能力转换成测试用例的时候，只会重点考察那些实际使用的测试场景。

能力描述并不是测试用例，不会包含实际测试所需的一切信息，例如特定的值和具体的数据。能力只要说明用户可以购物，而测试用例则要指定他们买什么东西。能力是软件可以提供或者用户可能要求的动作的一般性概念，是抽象的，测试和价值隐含其中，但它们不是测试本身。

还是以 Google Sites 为例，图 3.5 给出了一个以特质为 x 轴，组件为 y 轴的表格。通过这种方法，能力被映射到特质和组件上。首先，注意大量的单元格是空的。这很正常，因为不是每个组件对每个特质都有影响。对 Chrome 来说，只有一部分组件对快速或安全性负责；而其他组件对这些特质却没有影响，对应的单元格就为空。空单元格表示我们不必测试这个特定的特质组件对。

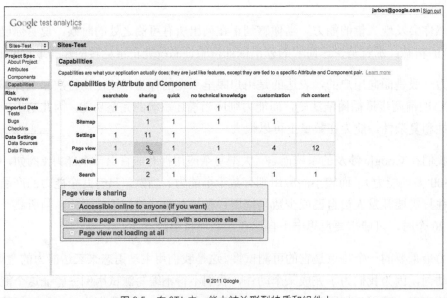

▲图 3.5　在 GTA 中，能力被关联到特质和组件上

能力表的每一行或列表示按某种方式相关联的一个功能切片，是将应用功能分解为多个可测试的活动的一个好办法。测试经理可以把每一行分给一个测试小组，或者针对一行

或一列进行深度的 bug 大扫除。行或列也是探索式测试的极好目标，每个探索式测试人员负责不同的行和列，就可以有效避免重叠，并达到更高的覆盖度。

单元格中的数字表示该组件满足此特质的能力的数量。因此，这个数越大，该交叉点需要的测试点就越多。例如，Page View 组件有 3 个能力影响到 Sharing 这个特质。

- 协作者都有权限访问相关文档。

- 与另外一个协作者分担页面管理责任。

- 查看一个页面中协作者的位置。

这些能力点可以很方便地指定 Page View / Sharing 这个组件/特质对需要的测试。我们可以直接为这些能力点编写测试用例，或者将它们组合成更大的用例或测试场景来测试能力的组合。

书写良好的能力需要一些训练。下面是一些能力应该满足的特性以供参考。

（1）一个能力点应当被表达为一个动作，反映了用户使用被测应用完成一定的活动。

（2）一个能力点应当为测试人员提供足够的指导，用以理解在编写测试用例时涉及的变量。例如，使用 http 处理钱款交易这个能力，需要测试人员理解系统支持何种类型的钱款交易、如何验证交易是通过 http 进行的。显然，这里有很多工作要做。如果某些钱款交易有被遗漏的可能（如被某个测试新人），那么就一定要把这个能力复制多份，以便能明确的展示各种交易类型。如果不会发生遗漏，原来的抽象程度就足够了。同样的，如果 http 是大家都理解的东西，那这个词无需额外解释。千万不要掉进把一切东西都当作能力记录下来的陷阱。能力应当是抽象的，把更多的细节留给测试用例或者探索式测试吧（将这些细节留给测试人员，为从不同角度理解能力和编写测试用例留下了自由发挥的空间，这有助于提高测试的覆盖度）。

（3）一个能力应当与其他能力组合。实际上，一个用户故事或用例（或你选择的其他术语）可以用一系列能力来描述。如果一个用户故事无法用现有的能力来表达，那说明你遗漏了一些能力，或者能力描述的抽象程度太高了。

用一系列能力来描述用户故事，这个中间步骤可以为测试带来更大的灵活性。事实上，在 Google 有几个团队，在与外包接洽或者组织众包型的探索式测试时，更愿意使用比较一般性的用户故事，而不是太细节的测试用例。很细致的测试用例反而会导致外包人员在一遍又一遍的重复执行时产生厌倦感，而用户故事则为确定具体行为留出了更大的余地，从而使得测试更加有趣，较少因为枯燥、死板地执行导致产生错误。

不管最终目标是用户故事、测试用例还是两者兼有，这里是一些从能力到测试用例的一般性指南。记住这些只是目标，而非绝对标准。

- 每个能力都应该链接到至少一个测试用例。如果能力有足够的重要性被记录下来，也应该有足够的重要性被测试。

- 很多能力需要多个测试用例。每当输入、输入顺序、系统变量、使用的数据等存在变化的时候，就需要编写多个测试用例。"*How to break software*"一书中提及的攻击，"*Exploratory Software Testing*"一书中提及的漫游，都可用来指导测试用例的选择或思考哪些数据和输入最有可能发现一个 bug。

- 并非所有的能力都是同等重要的。流程的下一步（在下一节中描述）讨论通过关联风险来区分能力的重要性这一问题。

ACC 的完成，意味着所有可测试的特性都被定义好了，剩下的只是预算和时间的问题了。这就需要来排优先级——在 Google，我们称为风险分析，这就是我们接下来需要讨论的主题。

示例：确定 Google+的特质、组件和能力。

ACC 可以通过文档、电子表格，甚至是一片餐巾纸来快速完成。这里是一个简略版的 Google+的 ACC 示例。

- **Google+特质**（仅通过参加经理层关于 Google+的讨论即可确定）。

  Social（社交）：支持用户分享信息和状态。

  Expressive（表达）：用户可以通过各种方式表达自我。

  Easy（轻松）：凭直觉即可完成各种操作。

  Relevant（相关）：只显示用户关心的信息。

  Extensible（可扩展）：能够与 Google 既有特性、第三方网站和应用集成。

  Private（隐私）：不能泄露用户数据。

- **Google+组件**（通过阅读架构文档确定）。

  Profile（个人资料）：已登录用户的个人信息和偏好设置。

  People（人）：用户已经加了的好友。

Stream（信息流）：帖子、评论、通知、照片等组成的信息流。

Circles（圈子）：将联系人按照朋友、同事等所作的分组。

Notifications（通知）：表示你在某篇帖子里被提到了。

Interests or +1（感兴趣）：用户对喜欢的表达。

Posts（帖子）：来自用户及其联系人的文章。

Comments（评论）：帖子、照片、视频等的评论。

Photos（照片）：用户及其联系人上传的照片。

- Google+能力。

Profile：

Social：与好友和联系人分享个人信息和偏好设置。

Expressive：用户可以创建虚拟世界里的自己。

Expressive：用 Google+表达你的个性。

Easy：很容易输入和更新信息，并传播开来。

Extensible：按照适当的访问权限传递个人信息给有关应用。

Private：确保用户可以保护自己的隐私数据不被泄露。

Private：只与已被批准的、适宜的它方分享数据。

People：

Social：用户可以将其他用户的朋友、同事和家人添加为好友。

Expressive：其他用户的个人资料是个性化的，易于区分。

Easy：提供方便用户联系人管理的工具。

Relevant：用户可以根据一定的条件过滤联系人列表。

Extensible：只给有授权的服务和应用提供联系人数据。

Private：确保只有经过批准才能看到用户的联系人数据。

Stream：

Social：将社交网络的更新通知到用户。

Relevant：可以过滤掉用户不感兴趣的更新。

Extensible：将信息流更新传给其他服务和应用。

Circles：

Social：根据社交背景将联系人分组到不同的圈子。

Expressive：可以基于用户背景创建新的圈子。

Easy：方便联系人的添加、更新和删除。

Easy：方便创建和修改圈子。

Extensible：将圈子数据传递给有关服务和应用。

Notifications：

Easy：简洁的显示通知。

Extensible：将通知传递给其他服务和应用。

Hangouts：

Social：用户可以对圈子中的好友发送群聊邀约。

Social：用户可以将群聊公开。

Social：其他人可以在他们的信息流中得到群聊通知。

Easy：几次简单的单击就可以创建和参与一个群聊。

Easy：一次点击就可以关闭视频和音频输入。

Easy：额外的用户可以被加入进行中的群聊。

Expressive：在加入群聊之前，用户可以预览自己的形象。

Extensible：用户在视频群聊中可以通过文本交流。

Extensible：YouTube 中的视频可以放到群聊中。

Extensible：可以在 Settings 中配置和调整有关设备。

Extensible：没有摄像头的用户可以仅通过音频参与。

Private：未经邀请，不能参与群聊。

Private：未经邀请，不会收到群聊通知。

Posts：

Expressive：通过 Buzz 表达用户的想法。

Private：帖子限制在希望的范围内。

Comments：

Expressive：通过评论表达用户的想法。

Extensible：将评论数据公布给其他服务和应用。

Private：评论限制在希望的范围内。

Photos：

Social：用户可以与联系人和好友分享照片。

Easy：用户可以轻松的完成照片上传。

Easy：用户可以轻松的从其他来源导入照片。

Extensible：与其他照片服务集成。

Private：对照片的查看限制在希望的范围内。

图 3.6 所示为电子表格形式的 ACC 结果。

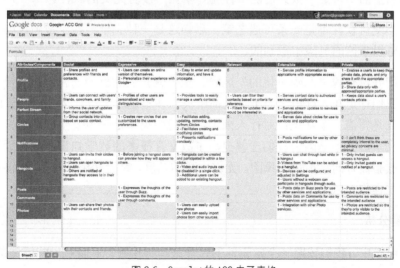

▲图 3.6　Google+的 ACC 电子表格

图 3.7 所示为另外一种视图。

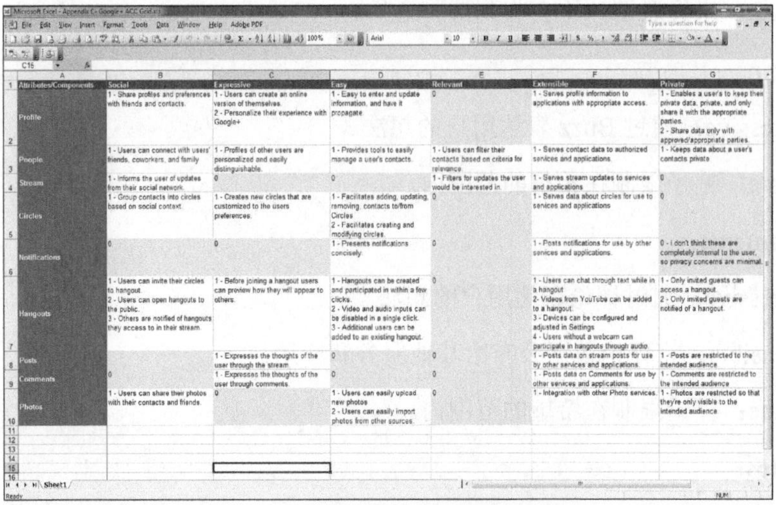

Attributes/Components	Social	Expressive	Easy	Relevant	Extensible	Private
Profile	1 - Share profiles and preferences with friends and contacts.	1 - Users can create an online version of themselves. 2 - Personalize their experience with Google+	1 - Easy to enter and update information, and have it propagate	0	1 - Serves profile information to applications with appropriate access.	1 - Enables a user's to keep their private data, private, and only share it with the appropriate parties. 2 - Share data only with approved/appropriate parties.
People	1 - Users can connect with users' friends, coworkers, and family	1 - Profiles of other users are personalized and easily distinguishable.	1 - Provides tools to easily manage a user's contacts.	1 - Users can filter their contacts based on criteria for relevance.	1 - Serves contact data to authorized services and applications.	1 - Keeps data about a user's contacts private
Stream	1 - Informs the user of updates from their social network.	0	0	1 - Filters for updates the user would be interested in.	1 - Serves stream updates to services and applications	0
Circles	1 - Group contacts into circles based on social context.	1 - Creates new circles that are customized to the users preferences.	1 - Facilitates adding, updating, removing, contacts to/from Circles 2 - Facilitates creating and modifying circles.	0	1 - Serves data about circles for use to services and applications	0
Notifications	0	0	1 - Presents notifications concisely.	0	1 - Posts notifications for use by other services and applications.	0 - I don't think these are completely internal to the user, so privacy concerns are minimal.
Hangouts	1 - Users can invite their circles to hangout. 2 - Users can open hangouts to the public. 3 - Others are notified of hangouts they access to in their stream.	1 - Before joining a hangout users can preview how they will appear to others.	1 - Hangouts can be created and participated in within a few clicks. 2 - Video and audio inputs can be disabled in a single click. 3 - Additional users can be added to an existing hangout.	0	1 - Users can chat through text while in a hangout 2- Videos from YouTube can be added to a hangout. 3 - Devices can be configured and adjusted in Settings 4 - Users without a webcam can participate in hangouts through audio.	1 - Only invited guests can access a hangout. 2 - Only invited guests are notified of a hangout.
Posts		1 - Expresses the thoughts of the user through the stream.	0	0	1 - Posts data on stream posts for use by other services and applications.	1 - Posts are restricted to the intended audience
Comments	0	1 - Expresses the thoughts of the user through comments.	0	0	1 - Posts data on Comments for use by other services and applications.	1 - Comments are restricted to the intended audience
Photos	1 - Users can share their photos with their contacts and friends.	0	1 - Users can easily upload new photos 2 - Users can easily import photos from other sources.	0	1 - Integration with other Photo services.	1 - Photos are restricted so that they're only visible to the intended audience

▲图 3.7　另外一种 Google+的 ACC 电子表格

3.2.2　风险

风险无处不在——在家里、路上、办公室。我们所做的任何一件事情都有风险相伴，软件交付也不例外。我们购买更安全的汽车、使用防御性驾驶（defensive driving）方法可以降低驾驶的风险。在单位，我们在会议中小心说话，在选择项目时考虑技能的匹配程度，以便减少失业的风险。如何降低软件交付的风险呢？如何应对软件发生故障，并给公司声誉带来难以估量的伤害这一极大可能事件呢？毕竟，没有完美的软件。

显然，不交付软件不是一条可选之策。尽管这是一种完全消除了故障风险的方法，而且公司是从可以掌控的风险中盈利的。

注意我们并没有说“准确量化的”风险。至少就我们的目的而言，风险没有数学上的精度要求。我们行走在人行道上而不是大街中央，并不是因为有什么公式计算出 59%的风险降低，而只是凭借一个常识：对行人来说，大街中央不是一个安全的地方。我们购买带安全气囊的汽车，并不是因为我们理解提高事故幸存概率的数学知识，而是因为安全气囊显然可以降低脸被方向盘撞烂的风险。无需太高的精度，风险缓解即可以发挥强大的作用。确定风险的过程称为风险分析。

1. 风险分析

在软件测试中，我们按照一个常识性的过程来理解风险，下面是一些可供参考的因素。

- 哪些事件需要担心？

- 这些事件发生的可能性有多大？

- 一旦发生，对公司产生多大影响？

- 一旦发生，对客户产生多大影响？

- 产品具备什么缓解措施？

- 这些缓解措施有多大可能会失败？

- 处理这些失败的成本有哪些？

- 恢复过程有多困难？

- 事件是一次性问题，还是会再次发生？

影响风险的因素很多，试图精确地、定量地计算风险比缓解风险还要麻烦。在 Google，我们确定了两个要素：失败频率（frequency of failure）和影响（impact）。测试人员用这两个要素给每项能力打分。我们发现，风险实际上是一个定性的相对值，而非一个定量的绝对值。风险分析的目标不是要给出一个精确的值，而是要识别一个能力与另一个相比风险是大是小。这对于决定以何种顺序测试哪些能力足够了。GTA 提供了这一选项，如图 3.8 所示。

▲图 3.8　GTA 中对 Google+依照失败频率和影响所做的风险估计

GTA 中的风险发生频率有 4 个预定义值。

- **罕见（rarely）**：发生故障的可能性很小，发生问题后的恢复也很容易。

  ➢ 示例：Chrome 的下载页面。绝大部分内容是静态的，可以自动检测客户端 OS。即使页面的核心 HTML 或脚本发生了崩溃，也很容易通过监视代码发现。

- **少见（seldom）**：在少数情况下会发生故障，但是在使用场景复杂度不高的情况下或使用率较低的情况下，发生的可能性非常小。

  ➢ 示例：Chrome 的 Forward 按钮。这个按钮使用的频率远小于 Back 按钮。从历史记录看，它很少出问题，即使发生了，我们也可以指望早期发布通道上的早期用户会很快的注意到，因为这会是相当明显的。

- **偶尔（occasionally）**：故障的情形容易想象、场景有点复杂，而该能力是比较常用的。

  ➢ 示例：Chrome 的 Sync 功能。Chrome 会在不同客户端之间同步书签、主题、表单填写、历史和其他用户资料数据，涉及不同的数据类型及多个 OS 平台，而且变更合并（merging changes）是一个多少有些复杂的计算机科学问题。用户也会注意到数据是否同步成功。同步只会在数据变化时发生，例如当加入一个新书签时。

- **常见（often）**：此能力所属的特性使用量大、复杂度高、问题频发。

  ➢ 示例：Web 页面的渲染。这是浏览器的最主要用例。渲染各种来源和质量的 HTML、CSS 和 JavaScript 代码是浏览器的基本任务。这些代码的问题会被用户归咎到浏览器。对一个高流量的网站来说，发生问题的风险更大。渲染问题未必总能被用户发现。它们经常导致页面元素不能完全对齐但不会影响功能的正常使用，或者元素没有显示出来但用户可能不会注意到。

测试人员确定每个能力的故障发生频率。我们有意使用偶数值，以免测试人员偷懒使用中间值。在输入时应该认真的想一想。

估计风险影响的方法大致相同，也是从几种偶数取值中选择一个（更多来自 Chrome 浏览器的例子）。

- **最小（minimal）**：用户甚至不会注意到的问题。

  ➢ 示例：Chrome 实验室是一个可选功能，不能加载 "chrome://labs" 页面只影响到极少的用户。因为该页面包含可选的 Chrome 实验特性，大多数用户甚至不知道它们的存在。这些特性本身也注明了"自担风险"，不会危及核心浏览器。

- **一些（some）**：可能会打扰到用户的问题。一旦发生，重试或恢复机制即可解决问题。

    ➤ 示例：refresh 按钮。如果当前页面刷新失败，用户就可以在原来的标签页里重新输入 URL，或者在一个新的标签页里打开，甚至在极端情形下重启浏览器。故障的代价很低，用户只是稍感烦扰。

- **较大（considerable）**：故障导致使用受阻。

    ➤ 示例：Chrome 扩展。如果用户安装了 Chrome 扩展来增加功能，而这些扩展在新的 Chrome 版本中加载失败，那么它们的功能也就丢失了。

- **最大（maximal）**：发生的故障会永久性的损害产品的声誉，并导致用户不再使用它。

    ➤ 示例：Chrome 的自动更新机制。该特性一旦失败，就会导致关键性的安全升级无法进行，甚至使整个浏览器停止工作。

有时问题对公司和用户产生的影响是不一致的。例如，公司标志加载失败对于 Google 是一个问题，但却未必会被用户注意到。在打分的时候注意一下所考虑的风险是针对公司的还是用户的，是非常有用的。

对 Google Sites，基于测试人员的输入以及之前给出的特质—组件表，我们可以生成一个风险区域的热图，如图 3.9 所示。

表中的单元格以红色、黄色或绿色高亮显示，分别表示相应组件在各交叉点的风险级别。风险级别是你已经输入的值的一个简单计算——每个能力的风险的简单平均。GTA 自动生成了这个热图，但电子表格也可以做到。

此图代表了该产品可测试的能力及其风险，这些数字难免有一些偏见，因为它们只代表了测试人员的理解。我们还应该努力听取其他相关人员的意见。下面是一个相关人员的列表以及邀请他们一起来估计风险的一些建议。

- **开发人员**：大多数开发人员在被征求意见的时候，都会给自己负责的特性选择最大的风险，因为他们希望自己写的代码得到充分的测试。经验表明，开发人员对自己负责的特性的风险估计过高。

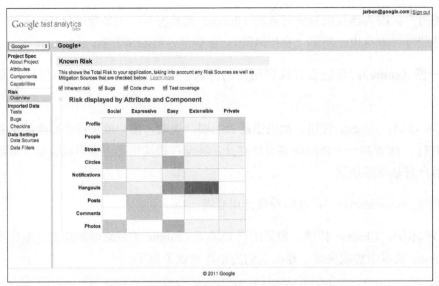

▲图 3.9　Google+早期版本的特质—组件表的一个风险热图

● **项目经理**：PM 也是常人，也会有自己的偏见。在对能力点重要性的评判上，他们当然有自己的偏好。通常来说，他们喜欢那些使得软件能从竞争产品中脱颖而出引人注目的特性。

● **销售人员**：销售岗位本来就是要吸引用户的，因此他们会对那些有卖点、演示起来很拉风的特性更感兴趣。

● **总监和 VP**：管理层经常会更加注意那些使软件有别于主要竞争对手产品的特性。

显然，所有利益相关人员都有明显的偏好，因此我们的办法就是征求所有人的意见，请大家各自给前面所述的两项指标打分。并不总是轻而易举地就能吸引大家的参与，不过我们发现了一个成功的策略。我们并不需要跟他们解释这个流程然后说服他们来帮忙，只要自己完成然后把热图展示给他们就行了。一旦他们发现其中的偏差，自然就会提出自己的意见。开发人员知道这个热图会被用来决定测试的优先级，因此参与度很高；项目经理和销售人员也是一样，质量对大家都很重要。

这个方法很给力。我们自己确定风险所得到的结论，毫无疑问会被质疑。在将风险分析结果作为随后测试的依据展示给大家的时候，我们实际上是树了一个靶子供大家争论。这就是重点：与其询问他们关于某个模糊概念的看法，不如拿一个明确的结论来引起辩论。通常来说，都是排除容易下定义难。除此之外，我们还会避免让每一个人都去查看他们其实不感兴趣或不理解的数据。这个小策略使得我们通常能得到大量有效的输入纳入风险计算。

一旦风险估计为大家所认同，接下来就是风险缓解了。

2. 风险缓解（Risk Mitigation）

风险不大可能彻底消除。驾驶有风险，但我们仍然会开车出行；旅游有风险，但我们并没有停止旅游。通常情况下，风险并没有真的变成伤害。为什么呢？因为我们会以实际行动缓解风险。例如，我们会避免在一天的某个时间驾车出行，避免到一些地方旅行。这就是缓解。

就软件而言，一种极端的缓解办法是去掉风险最大的组件：交付的软件越少，风险越小。但是，除了彻底的风险消除，还有很多措施可以缓解风险。

- 我们可以围绕风险大的能力点编写用户故事，并从中确定低风险的使用场景，然后反馈到开发团队，请他们有针对性地增加约束。

- 我们可以编写回归测试用例，以确保问题在重现时可以被捕捉到。

- 我们可以编写和运行引发故障的测试用例，来推动开发实现恢复和回滚的特性。

- 我们可以插入监听代码（instrumentation and watchdog code），以便更早地检测到故障。

- 我们可以插入代码监听软件，发现新旧版本间的行为变化以发现回归问题。

具体的缓解措施很大程度上取决于应用本身以及用户对于安全性的期望。测试人员可能会参与到实际的缓解过程，但更主要的工作是暴露风险。那些标记为红色的能力点比黄色和绿色要优先处理，按照风险顺序进行测试。原则是：如果不能全测，就先测最重要的，也就是风险最大的。

按照项目类型给出产品是否可以发布的建议。这是测试人员的责任，他可以充分利用风险热图来完成这件事。如果是 Google Labs Experiment，即使有一些红色的区域，只要不危及隐私或安全，也是可以发布的。如果是 Gmail 的一次主要发布，甚至黄色区域都是不可接受的。这种颜色标识简单易懂，即便是测试总监也能理解。

对风险的担心随着时间的流逝逐渐减少，大量成功的测试标志着风险处于可接受的级别。这也解释了为什么我们要把测试用例关联到各个能力点以及风险表中的特质和组件，因为这事关重大。事实上，ACC 完美地切合此需求，这就是我们的设计初衷。

James Whittaker 的 10 分钟测试计划

在软件开发中，任何一种可以在 10 分钟之内完成的事情都是微不足道的，或是本来就不值得做的。照此经验法则，测试计划是怎样的呢？当然，测试计划花的时间超过 10 分钟。在我作为 Google 测试总监期间，我的团队编写了大量的测试计划，每次当我问到需要多长时间完成的时候，常常会得到的回答是"明天"、"周末前"等，有几次我得到的承诺是"到今天结束的时候"。因此，在我的脑海里，测试计划这个任务的时间是以小时到天为单位来计算的。

至于测试计划是否值得，这就是另外一码事了。我看到的很多测试计划都已经名存实亡了——当项目朝着计划之外的方向进行的时候，辛苦编写、评审的计划在使用了几次后就被束之高阁了。这就带来了一个问题：如果一个计划不值得费心去更新，那么当初创建它又有何意义？

还有一些情况，计划因为太详细或太简略而被丢弃，或者是因为它仅在测试开始时有用。这再一次提出了那个问题：果真如此，那么如此有限和迅速递减的价值能抵消当初创建计划的成本吗？

一些测试计划描述了本来不必记录的简单事实，或者给测试人员提供了日常工作并不需要的细节。在所有这些情形下，我们就是在浪费时间。还是让我们面对现实吧，那就是测试计划的流程和内容有问题。

为了解决这个问题，我交给团队一个简单任务：用 10 分钟编写一个测试计划。想法很简单：如果测试计划真的有价值，那就让我们尽快地感受到。

限定 10 分钟，显然就没有啰嗦的空间了。时间如此之短以至于每一秒都要用来做有用的事情，否则就没有希望完成这个任务了。这就是我设计这项活动的全部意图：给测试计划瘦身，去掉冗余，只留下精髓。只列出绝对必要的东西，把细节留给测试执行者而不是测试计划者。假定我的目标是停止编写经受不住时间考验的测试计划，这似乎也是有价值的。

然而，在实验过程中，上述想法我丝毫没有透露。我只是告诉大家：这是一个应用，请在 10 分钟以内针对它搞定一份测试计划。记住这些人是我的下属，理应服从我的安排。技术上来讲，我的位置使我有权决定他们是否还能在 Google 干下去。另外，我假定他们对我还是比较尊敬的，这意味着，他们会感到我真的认为他们能完成任务而不是故意刁难他们。

作为准备，他们可以花一些时间熟悉这个应用。然而，许多应用（Google Docs,

App Engine, Talk Video 等）都是大家每周都在用的工具，所以这个熟悉时间很短。

每一次，这些团队都会使用类似 ACC 的方法。他们会选择速记列表、创建表格，而不是写大段的文字。他们在格式化及解释上浪费的时间很少，而只是记录下能力点。事实上，如本书所述的能力点是所有计划的共同元素，是所有团队到头来可以选择的最能有效利用这短短 10 分钟的方法。

没有一个团队能在给定的 10 分钟内完成实验。然而，在 10 分钟的时间里，他们都能够列出特质和组件（或帮助达到类似目标的东西），并开始描述能力。再一个 20 分钟之后，大多数的实验团队都可以产生一个足够大的能力集合——创建用户故事或测试用例的良好起点。

至少对我来说，实验获得了成功。我给他们 10 分钟，其实估计要等一个小时。他们在 30 分钟的时间里完成了 80%的工作。这还不够快吗？根据我们的测试经验，大家十分清楚在测试过程中不大可能完成所有测试点，既然如此，为什么要求在测试计划中面面俱到呢？我们十分清楚在测试真正开始以后，项目日程、需求、架构等都会发生变化，既然如此，执著于计划的精准，而无视注定的变化，这无疑是严重脱离现实的。

30 分钟左右，80%的完整性，这就是我所说的 10 分钟测试计划。

3. 关于风险最后的话

Google Test Analytics 支持上述基于分类赋值（非常罕见、很少、偶尔、经常）的风险分析。我们特别不想做的是把风险分析搞成一件复杂的工作，那样的话就不会有人用了。我们也不特别关心实际的数字和计算过程，因为一个孤立的数字意义很小。很多时候只要知道一个比另一个风险更大就足够了。风险是关于选择的，选择这个而不是那个是因为它测试了一个风险更大的功能。知道 A 比 B 风险更大就足够了，不需要过分关心它们的具体风险值。知道一个特性比另一个特性的风险更大，可以帮助测试经理更好的分配测试人员到各个特性上。在组织级别，这可以帮助 Patrick Copeland 这样的管理者决定每个产品团队分配多少测试人员。理解风险在组织的各个层次都有价值。

风险分析是一个独立的领域，在许多其他行业里被严肃地对待。我们现在采用的是一个轻量级的版本，但仍然对任何可以改进我们测试方法的研究保持关注。若希望了解更多风险分析的知识，我们建议你在 Wikipedia 上搜索 Risk Management Methodology（风险管理方法），这可以作为进一步学习这一重要课题的起点。

GTA 帮助我们识别风险，测试帮助我们缓解风险，TE 则是缓解活动的协调人。TE 可能会决定对风险较大的领域进行内部测试，要求 SWE 和 SET 增加回归测试。TE 会安排的其他事情，包括执行手工的或探索式的测试，借助 dogfood 用户、beta 用户以及众包进行测试等。

TE 有责任理解所有的风险点，并使用他或她可以利用的任何手段予以缓解。

下面是一些有用的指南。

（1）对于任何在 GTA 矩阵中显示为红色的高风险的能力点和特质—组件对，一定要编写一系列用户故事、用例或者有针对性的测试指导。Google TE 对风险最高的领域负有个人责任，即使他们可以协调其他 TE、使用各种工具，最终的责任仍然是他们自己的。

（2）认真了解之前已经完成的面向 SET 和 SWE 的测试，评估这些测试对 GTA 所暴露的风险级别的影响。这些测试是否足够了？还需要增加额外的测试吗？TE 需要自己编写一些测试用例，还是需要请 SET 或 SWE 来编写。重点不在于谁来写，而在于有人写。

（3）分析每个高风险的特质—能力对相关的 bug，保证回归测试用例存在。bug 倾向于在代码发生变更时重现。高风险组件的每个 bug 都应该有一个回归测试用例与之对应。

（4）仔细思索高风险的区域，咨询可能的回滚和恢复机制。通过设想最坏情况并与其他工程师讨论，发现所有可能对用户产生影响的问题。实验并确定这些场景成为现实的可能性。经常高呼狼来了的 TE，其可信度也会下降。所以，减少过分反应和大惊小怪是很重要的，除非问题涉及那些真实存在的、现有测试尚未缓解的高风险场景。

（5）引入尽可能多的相关各方。dogfood 用户经常是内部的，在独自使用系统的情况下他们只能提供很少的反馈。因此，要主动协助 dogfood 用户，例如请他们执行特定的实验和场景，问他们一些问题："这在你的机器上运行得怎么样"、"你会怎样使用这样的特性"等。Google 的 dogfood 用户数量众多，TE 应该学会非常主动地利用这一资源，而不是偶尔为之。

（6）如果以上措施皆不奏效，某个高风险的组件仍然处于测试不足的状态，经常出问题，那就得非常努力地去游说相关同事。这正是一个把风险分析的概念解释给项目成员、体现 TE 价值的机会。

Jason Arbon 的用户故事

　　用户故事描述了真实用户或期望用户使用被测应用的行为，描述了用户的动机和视角，而有意忽略产品的实现和设计细节。用户故事中可能会提及能力点，但也只是一带而过，因为它们的关注点是用户行为。用户有一个需要，而故事通常描述了该用户如何使用软件来满足需要。一个故事通常是一般性的，没有详细的步骤，没有硬编码的输入，它只是表达了完成某种实际工作的需要，以及使用被测应用展开该工作的一般性方法。

在编写用户故事的时候，我们仅从用户界面角度出发关注产品，而绝不应该描述技术性内容。这种一般性使得测试人员能够在每一轮测试中尝试各种不同的从软件中得到输出的方法，而这些方法是真实的用户在完成同样的任务时会经历的。这就是关键。

用户故事的焦点在于对用户的价值，而测试用例则要比用户故事更加具体，测试用例通常指定了具体的输入和输出。用户故事应该在必要时使用全新的用户账号，在 Google，我们经常创建任意数量的测试账号，这些账号代表了用户故事中所描述的用户。同时，也会使用许多旧账号，这些账号中包含不少历史信息。在 Google Documents 及与其类似的项目中，当把老用户在旧版本中创建的文档导入到新版本时，发现了不少非常有趣的 bug。

如果可能的话，我们还会尝试更换不同的测试人员来执行这些场景，尽可能地增加不确定性和视角。

对于风险较低的能力点，可以降低些要求。我们可能会做出判断：为较低风险的领域编写特定的测试用例是得不偿失的。我们可能会选择进行探索式测试，或者使用众包去测试这些领域。"漫游"这个概念作为探索式测试（漫游的详细介绍见 James A. Whittaker, Exploratory Software Testing: Tips, Tricks, Tours, and Techniques to Guide Test Design (Addison Wesley, 2009).）的指南，经常被用以指导众包测试人员的工作。"对这些能力点做一下 Fed Ex 漫游测试"常常要比简单地扔给他们一个应用然后乐见其成的效果要好得多。我们马上就能识别出希望测试的特性，然后指导他们如何展开测试。

James Whittaker：众包

众包是测试领域的一个新现象，它的产生基于以下事实：测试人员在数量上很少，而且拥有的资源也很有限；但用户则为数众多，而且拥有每一种我们希望用来测试应用的硬件和环境组合。当然会有一部分用户愿意帮忙，对不对？

来看看群众的力量：一部分对测试懂行的高级用户，愿意来帮忙并拿到合理的报酬。他们只需要能访问预发环境并运行被测应用即可，然后通过某种机制提供反馈和 bug 报告。类似 Chromium 这样的开源项目，很适合大众测试；而那些更敏感和保密的、只能在内网访问的项目就麻烦一些，必须交给可信的测试人员。

大众用户除了可以带来大量的硬件和配置，还能提供多种不同的视角。以前是一个测试人员想象 1000 个用户的使用场景，现在是 1000 个真实用户在做测试的工作。在发现导致应用出错的用户场景方面，还有比邀请用户注册来试用并提供反馈更好的方法吗？关键在于变化性和规模，大众用户两者兼备。

今天，愿意做软件测试的人群数量很大，而且 7×24 小时可用。假定我们想在新发布的 Chrome 里测试 1000 个著名网站，1 个测试人员=1000 次测试，20 个测试人员=50 次测试。这就是人民群众的力量。

大众测试员的主要弱点是需要一定的时间来学习被测应用，并跟上其更新的步伐。考虑到大众测试员的数量，这意味着惊人的浪费。然而，这仍然是可以管理的。对 Chrome，我们编写了产品导览（tours），以供大众测试员参考来开展探索式测试和运行用户场景（见附件 B：Chrome 测试导览）。这些导览使测试工作变得更加明确，可以直接将用户引导到应用的特定部分。为了合理分工，可以编写多个导览指南，分发给不同的大众用户。

大众测试是 Google 的金丝雀、开发、测试、dogfood 系列测试的一个扩展，是我们与早期用户联系的一种方式。这些用户可以在早期就发现和报告 bug。在 Google，希望试用产品的内部测试人员、在各个产品组之间按需流动的外包员工，以及商业性的众包公司如 uTest.com，他们都曾经参与过 Google 产品的测试。我们还悬赏奖励最佳 bug 发现者。

ACC 的真正威力在于它能用来确定一系列的能力点，按风险排序，然后分配给所有的质量伙伴。参与项目的 TE 可能会被分配到不同的能力点，dogfood 用户、20%贡献者、外包测试人员、众包测试人员、SWE、SET 等也可以各负责一个能力子集。这样，就能在保证重要区域覆盖度的同时又减少重复测试，比简单地把应用扔出去一哄而上更有效率。

与 SET 不同，TE 的工作在软件交付之后也不会停止。

3.2.3　测试用例的生命周期

无论是来自用户故事还是能力点的直接转换，其结果都是测试用例。Google 的 TE 为一个应用编写大量的测试用例，有些测试用例精确地描述了对输入和数据，也有些测试用例中的描述是笼统的。代码和自动化测试都由公共平台管理，而测试用例的管理则仍由各个团队自主选择，但是一种新工具的出现正在改变这种情况。

电子表格和文本文档一直是保存测试用例的常用工具。践行快速特性开发和快速交付周期的团队并不打算长期保留测试用例，因为新特性经常会使原来的测试脚本失效。这时，所有测试用例就必须重写。在这种情况下，文档或其他格式一样可以用来共享测试用例，然后被简单地丢弃。文档还适合于描述一次测试的上下文。这些测试形式比较自由，更多是关于被测特性的一般性建议。

当然，一些团队用精心制作的电子表格来存储测试步骤和数据，甚至还会用来记录ACC 表，因为这比使用 GTA 更灵活。但这需要一定的规范性以及 TE 团队人员的稳定性，因为一个 TE 偏好的形式可能是另一个 TE 所不习惯的。大幅度的人员流动要求一种更加结构化的方式，不会受团队个别成员离开的影响。

电子表格优于文档。通过表列这种结构，可以方便的支持过程、数据以及 pass 或 fail标签等的记录，也易于定制。Google Sites 和其他类型的在线 wikis 常被用于展示测试信息给其他的有关人员，易于多人共享和编辑。

随着 Google 的发展壮大，许多团队手里的规范性测试用例和回归测试用例越来越多，这些测试用例需要更好的管理。实际上，测试用例变得如此之多，以至于搜索和共享变成了一种负担，亟需其他的解决方案。一些测试人员实现了一个称为 Test Scribe 的系统，它松散地集成了一些商业化工具和定制的测试用例管理系统，这些系统大家在其他公司时就已经比较熟悉了。

Test Scribe 中的测试用例具有严格的语法模板，而且允许在一次测试执行中包括或排除部分测试用例。Test Scribe 作为一个简单的实现，使用和维护它的热情逐渐减小；然而，许多团队已经对它形成了依赖。在维护了几个季度之后，Test Scribe 下线，取而代之的是由一位叫 Jordanna Chord 的资深测试开发工程师在 2010 年开发的一个新工具：Google 测试用例管家 GTCM（Google Test Case Manager）。

GTCM 的设计思想是简化测试用例的编写。它提供了一种灵活的标签格式，任何项目可以自行定制，这使得测试用例便于查找和复用。最重要的是，将 GTCM 与 Google 的基础设施相集成，使得测试结果得以成为头等公民。图 3.10～图 3.14 展示了 GTCM 的各种截图，其中图 3.11 是测试用例创建页面，测试用例可以有任意多的章节或标签。这样，GTCM可以支持一切测试，从经典的测试和验证步骤，到探索式的漫游、cukes（译注：cukes 是一种行为驱动的测试用例描述，参见 cukes 网站）、用户故事描述等，甚至有一些团队在GTCM 测试用例中存储代码或数据片段。GTCM 必须支持各种类型的测试团队以及他们多变的测试用例格式。

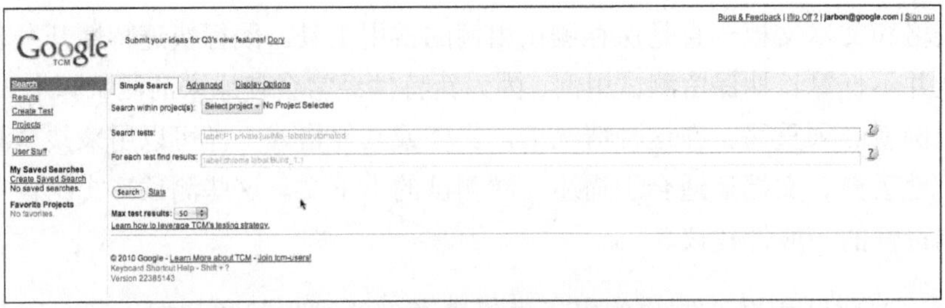

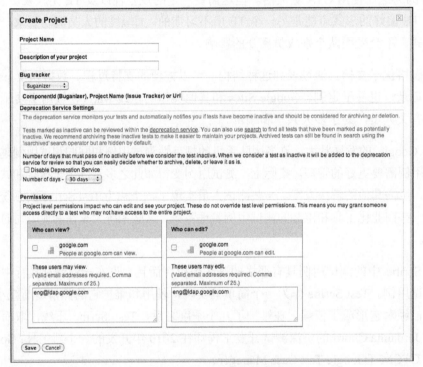

▲图 3.10　GTCM 主页关注的核心是搜索体验

▲图 3.11　在 GTCM 里创建一个项目

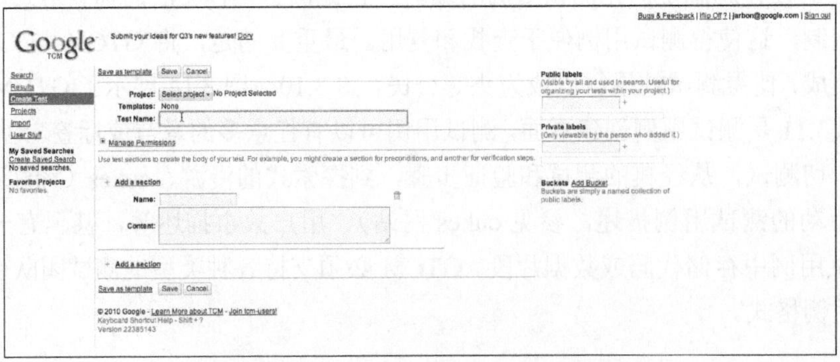

▲图 3.12　在 GTCM 里创建一个测试用例

▲图 3.13 在 GTCM 里搜索 Chrome 之后得到的测试用例

▲图 3.14 Chrome 的 About 对话框的简单测试用例

　　GTCM 相关的数据有助于理解测试人员使用测试用例的整体情况。测试用例的总数和测试结果的趋势很有意思，如图 3.15 和图 3.16 所示。测试用例总数正在接近一个渐进线。初步的分析发现，Google 正在淘汰一些老的、更多依靠人工做回归的项目及其测试用例。另外，GTCM 主要管理手工测试用例，许多团队正在自动化他们的手工测试，或者改为众包测试和探索式测试，这就降低了内部 TCM 中测试用例的总量，但覆盖度却在提高。有记录的测试结果的数量在增加，这是因为几个较大的主要依赖手工测试的团队如 Android 占了很大比例。

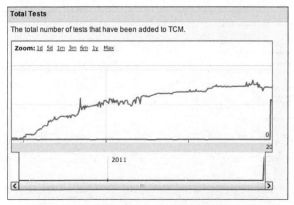

▲图 3.15　GTCM 中的测试用例的数量随时间的变化

有记录的手工测试结果的总数在增加，这符合一般预期（见图 3.16）。

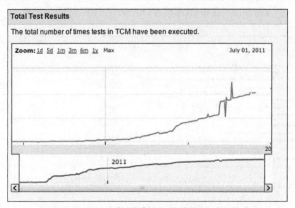

▲图 3.16　GTCM 中的测试结果的数量随时间的变化

　　图 3.17 展示了 GTCM 关联的 bug 数量曲线，这值得一看，但要理解数据是不完整的。Google 的文化是自底向上，一些团队会跟踪 bug 来自于哪些测试用例；而其他一些团队则不太在意这些数据，因为他们在自己的项目中没有发现这些数据有什么大的价值。另外，并不是所有的 bug 都来自于手工测试执行，有一些是由自动化测试产生的。

　　从第一天开始，GTCM 就有一个重要需求：清楚简单的 API。TestScribe 有 API，但它是 HTTP SOAP 型的。身份验证机制很麻烦，导致很少有人使用这个 API。随着内部安全规格的提高，原来的验证机制太笨拙了。为了解决这些问题，GTCM 使用 RESTFUL 的 JSON API。

　　GTCM 的团队希望将它开放给外部用户使用，希望将这个测试用例数据库开源，在更大的范围内一起维护。GTCM 的设计也充分考虑到了外部的复用。它建在 Google App Engine

之上，具有良好的可扩展性，并允许 Google 之外的其他测试人员运行他们自己的实例。GTCM 内部实现的很多逻辑和 UI 也做了抽象，使之不依赖于 Google App Engine，可以移植到其他平台。关于这个工作的进展，可以关注 Google Testing Blog。

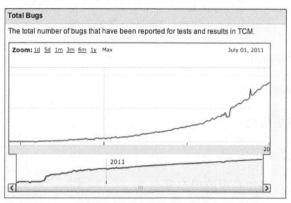

▲图 3.17　GTCM 测试执行记录的 bug 总数随时间的变化

3.2.4　bug 的生命周期

　　bug 和 bug 报告是每个测试人员都理解的东西。发现 bug、分类 bug、修复 bug、回归测试是软件质量的心跳和运作模式。这是 Google 测试活动中最为传统的部分了，但仍然有一些有趣的不同之处。在本节，我们忽略那些用来跟踪工单的"bug"，只讨论反映了代码问题的 bug。这样，bug 经常代表着工程团队每天每时每刻的工作。

　　bug 的诞生。Google 的任何人都可以发现并报告 bug。当产品经理在早期版本里发现了与规范不一致的问题时会报告 bug；当开发人员意识到自己不小心提交了有问题的代码，或者在代码库的其他地方发现了问题，或者在内部试用 Google 产品的时候，也会报告 bug。bug 还会来自于线上环境、众包测试、外包员工测试，以及关注某个产品的 Google 讨论组的社区经理。许多内部版本的应用还会有一键报告 bug 的功能，如 Google 地图。另外，有时候软件可以通过 API 自动创建 bug。

　　因为围绕一个 bug 的跟踪和流程占据了很多工程师一大块儿时间，我们投入了大量工作来进行流程的自动化。Google 第一个 bug 数据库是 BugDB，它不过是几张数据库表来保存信息，再加上一些查询检索功能，并能提供一些统计报表数据。BugDB 一直用到 2005年，在那一年，几个 Google 工程师，Ted Mao（译注：第 2 章有一个对 Ted Mao 的访谈）和 Ravi Gampala 实现了 Buganizer。

　　Buganizer 的主要设计目标有以下几个内容。

- 更加灵活的 n 级组件层次，以取代 BugDB 简单的项目>组件>版本层次（当时所有的商业 bug 数据库都是如此）。

- 更好的 bug 跟踪审计，与分类和维护有关的新工作流。

- 更容易的跟踪一组 bug 以及创建、管理常用项列表。

- 登录验证，更加安全。

- 创建汇总图表和报告的支持。

- 全文搜索和变更历史。

- bug 的缺省设置。

- 更好的可用性，更加直观的用户界面。

1. Buganizer 的一些细节和数据

最早报告且仍然存在的 bug：2001 年 5 月 18 日 15 时 33 分，标题是 Test Bug，正文是"First Bug!"。有意思的是，在开发人员被要求输入他们的 CL 修复的 bug 时，这个 bug 经常被不小心误用。

最早报告、目前仍然处于活跃状态的 bug 诞生于 1999 年 3 月，建议进行性能分析以减少根据地区产生广告的延迟。最后的动作发生在 2009 年，有人在编辑中说可以进行分析，但这需要架构上的变化。实际上，当前的延迟挺好的。

下面是一些有关 Google bug 数据的报告，其中一部分是自动记录的，一部分是手工记录的，报告展示了整体数据。某些自动记录主导了 bug 的趋势，我们没有突出任何单独的团队，尽管那样做也很有意思。

很多 bug 的优先级都是 P2（译注：类似很多 bug 管理系统，我们使用 PX——X 是一个整数，用来定义 bug 的优先级。P0 代表最糟糕的 bug，P1 次之等）级别，P1 少得多，P0 则更少，如图 3.18 所示。现象本身不能直接说出原因，但这个分布可能标志着本书所描述的工程方法论是有效的。还有一种可能是人们懒得去提 P1 的问题，这与我们所知不符。P3 和 P4 的 bug 通常不会被提交，因为人们很少去关心这样的问题。

bug 的平均年龄也符合通常预期，如图 3.19 所示，除了 P0 bug 显得有点反常。然而，这也是可以理解的，因为 P0 bug 常常反映了严重的设计或部署问题，调试复杂度高，难以修复。其他 bug 优先级越低，重要性越低，平均修复响应时间也就越长。

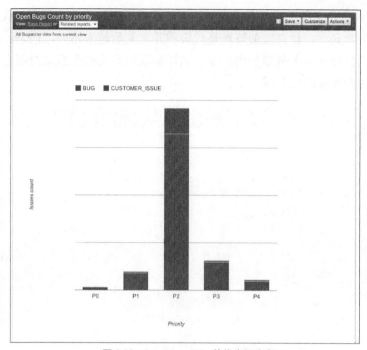

▲图 3.18　Buganizer bug 的优先级分布

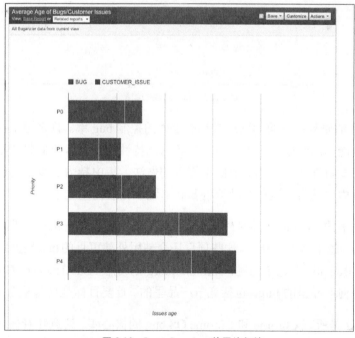

▲图 3.19　Buganizer bug 的平均年龄

图 3.20 所示的 bug 发现图显示了 bug 的逐月的缓慢增加。单从此图，我们无法系统地理解这种增长的含义。一种直接的解释是代码和开发人员越来越多，但是，bug 增加的速度要小于测试人员和开发人员增加的速度。也许是我们的代码在质量控制之下变得越来越好，也许是被我们发现的数量减少了。

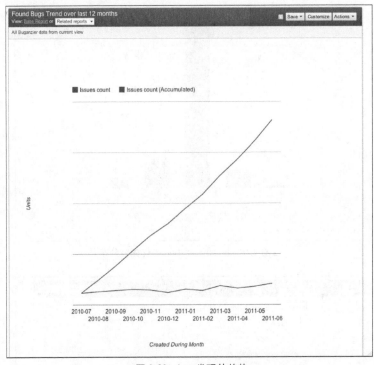

▲图 3.20　bug 发现的趋势

图 3.21 所示的修复率说明团队通常都能很好的控制 bug 率。许多团队在 bug 到达的速度超过了其修复能力的时候，干脆不再进行新功能特性的开发。我们强烈推荐这种实践，而反对那种只盯着特性或者代码完成的里程碑的做法。集中精力于少量测试过的代码、增量式的测试以及内部试用，这些有助于将 bug 率置于有效控制之下。

随着越来越多的 Google 产品对外开源，就像 Chrome 和 Chrome OS 那样，继续使用一个 bug 数据库变得越来越不可能了。这些项目还会使用外部可见的 bug 数据库，例如，WebKit 使用 Mozilla 的 Bugzilla 来记录问题，chromium.org 则使用 Issue Tracker。Googler 被鼓励报告他们看到的任何产品里的 bug，包括竞争产品里的。首要目标是使得整个 Web 变得更好。

Issue Tracker 是所有 Chrome 和 Chrome OS bug 的核心库。这意味着任何人都可以看到围绕 bug 进行的活动，甚至是新闻界。安全 bug 有时会被隐藏起来一直到被修复，以免泄密给黑客，除此之外的 bug 完全公开。外部用户也可以自由提交 bug，他们是非常有价值的 bug 来源。图 3.22 和图 3.23 演示了如何搜索和发现一个与 About 对话框里的 Chrome 图标有关的 bug。

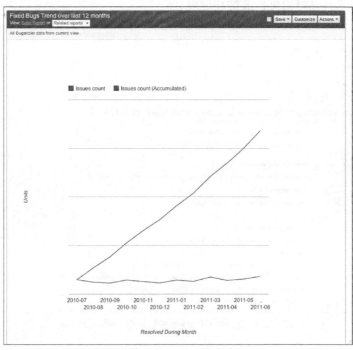

▲图 3.21　bug 修复趋势

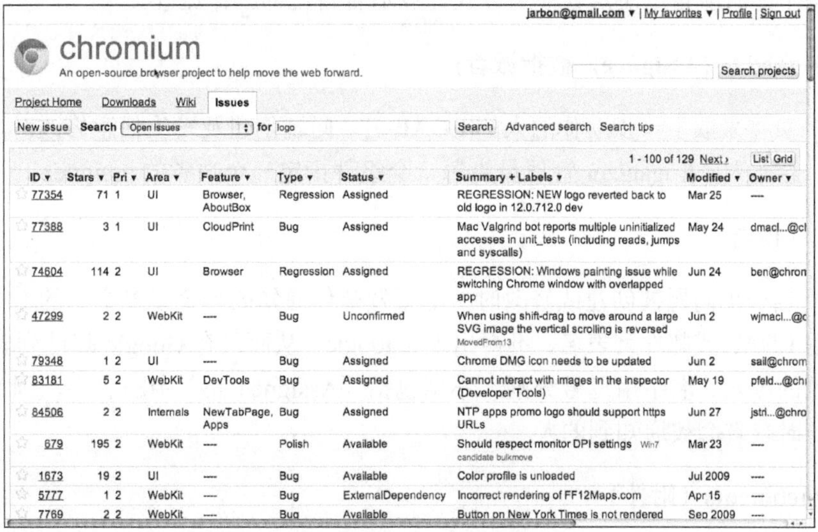

▲图 3.22　Issue Tracker 搜索

然而，Buganizer 仍然是 Google 最长寿的和最广泛使用的测试设施，值得我们做更多的讨论。就其主要功能而言，它是一个典型的 bug 数据库，并能支持问题跟踪的核心质量周期，从发现到解决，以及创建回归测试用例。Buganizer 同样建立在 Google 最新的核心存储技术之上，具有良好的可扩展性和速度。

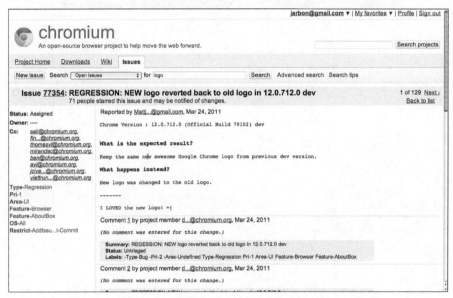

▲图 3.23　在 Issue Tracker 中打开 Chromium 的 bug

下面列出了 bug 的各种字段，只有很少几个是必填的。我们故意不明确这些字段的定义，以便每个团队能自主决定其使用方式，以适合自己的工作流程。

- **Assigned to (Assignee，被指派者)**

[可选] 负责采取下一步动作的人的 LDAP 名，问题创建及发生任意修改时，会自动触发邮件通知给此人。Buganizer 管理员为每一个组件指定一个缺省的 assignee。

- **CC（抄送）**

[可选] 当一个问题被创建或修改时，需要发邮件通知的一个或多个人的 LDAP 名字。名字只能用 LDAP 或邮件列表名，不得出现@google，从而只有 Google 邮件列表或 Google 员工是有效的输入。名字用逗号分割。不用包括"Assigned to"中的名字，因为这是在报告一个 bug 时缺省会被通知到的人。

- **Attachments（附件）**

[可选] 一个或多个附件。接受所有文件类型，没有数量限制，但每个附件不得超过

100MB。

- **Blocking**（阻塞）

[可选] 该 bug 修复之后才能被修复的其他 bug 的 IDs，以逗号分隔。更新此列表会导致所列 bug 的 Depends On 字段被自动更新。

- **Depends On**（依赖）

[可选] 该 bug 依赖的其他 bug 的 IDs，在其他 bug 被修复之前，该 bug 无法修复。更新此列表会导致所列 bug 的 Blocking 字段被自动更新。

- **Changed**（变化）

[只读] 该问题的最后修改日期和时间。

- **Changelists**（变更列表）

[可选] 处理该问题的一个或多个变更列表（CL）编号。只列出已经被提交的 CLs，不要指定尚未提交的 CLs。

- **Component**（组件）

[必选] 有此 bug 或者需求的实体。在创建问题时，这应当是指向组件的完整路径，不限长度。但是，你不一定要给出叶子组件（没有子节点）。

只有项目和工程经理才能增加组件。

- **Created**（创建于）

[只读] 该 bug 的创建日期。

- **Found In**（发现于）

[可选] 输入你发现此问题时的软件版本号，例如 1.1。

- **Last modified**（最后修改）

[只读] 该问题的任一字段被修改的最后日期。

- **Notes** （备注）

[可选] 问题本身及其处理过程中的注解的详细描述。在创建时，描述一个 bug 的复现步骤，或者到达一个需求的相关屏幕的步骤。你在这里输入的信息越多，将来的问题处理

者需要联系你的可能性就越小。已经提交的备注项不能再编辑，即使是你自己创建的也一样，只能在此字段中增加新的备注项。

- **Priority**（优先级）

[必填] 一个 bug 的重要程度，P0 最高。这代表了希望多快被修复以及投入多少资源去修复。例如，在搜索页的图标中的 "Google" 的错误拼写的严重程度（severity）比较低（页面功能不受影响），但是优先级（priority）高（这将是一件非常糟糕的事情）。填写这两个字段能帮助修复团队更合理的安排时间。另见 Severity 描述。

- **Reported by (Reporter，报告者)**

[只读] bug 的最初报告者的 Google 账号。默认值是创建该 bug 的人，但也可以改成实际的报告者。

- **Resolution**（解决方案）

[可选] 验证者选择的最终解决方案。合法值包括：Not feasible（不可行）、Works as intended（设计如此）、Not repeatable（无法重现）、Obsolete（废弃）、Duplicate（重复）和 Fixed（已修复）。

- **Severity**（严重性）

[必填] 该 bug 在多大程度上影响产品的正常使用，S0 是最高级别。填写优先级和严重性有助于 bug 修复者确定该 bug 的重要性。例如，在搜索页的图标中的 "Google" 的错误拼写的严重程度（severity）比较低（页面功能不受影响），但是优先级（priority）高（这将是一件非常糟糕的事情）。填写这两个字段能帮助修复团队更合理的安排时间。严重性的级别如下：

—— **S0** = 系统不可用

—— **S1** = 高

—— **S2** = 中

—— **S3** = 低

—— **S4** = 对系统无影响

- **Status**（状态）

[必填] bug 的当前状态。关于这些值是如何被设置的，参见问题的生命周期（见

图 3.24)。可用的状态包括:

—— **New**(新建):问题刚给创建,尚未指派。

—— **Assigned**(已指派):问题已被指派给某人。

—— **Accepted**(已接受):某人接受了指派。

—— **Fix later**(以后修复):指派给的人决定推迟到将来解决该问题。

—— **Will not fix**(不修复):出于某种原因,指派给的人决定不去修复该问题。

—— **Fixed**(已修复):问题已经被修复,但结果尚未验证。

—— **Verifier assigned**(验证者已确定):问题已经被指派给某人去做验证。

—— **Verified**(已验证):修复已经被验证。

- **Summary**(摘要)

[必填] 该 bug 的描述性摘要。尽量做到准确概括。这将会帮助用户在滚动搜索结果的列表页面时决定是否进去查看一个问题。

- **Targeted To**(目标)

[可选] 用于输入该 bug 应该被修复的软件版本号,例如 1.2。

- **Type**(类型)

[必填] 问题的类型:

—— **Bug**(缺陷):导致程序无法按预期工作的东西。

—— **Feature request**(需求):你希望加入程序的东西。

—— **Customer issue**(客户问题):一个培训问题或者一般性讨论。

—— **Internal cleanup**(内部清理):需要维护的东西。

—— **Process**(流程):通过 API 自动跟踪的东西。

- **Verified In**(验证于)

[可选] 用于输入问题修复被验证的软件版本号,例如 1.2。

- **Verifier**（验证者）

[问题被解决之前必填] 每个问题都会被指派给某个有权将问题标识为已解决的人。直到问题准备被解决之前，此人无需被指定，但只有验证者有权将状态改为"Verified（已验证，问题被关闭）"。验证者与被指派者（assignee）可以是同一个人。

图 3.24 总结了一个问题的生命周期。

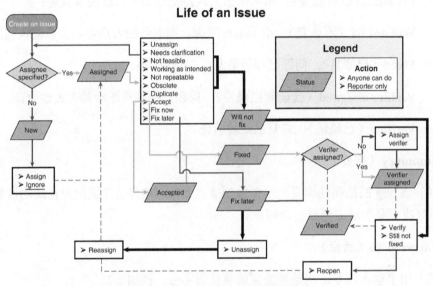

▲图 3.24　Buganizer 里 bug 的基本工作流

Google 的 bug 管理与其他公司有几个关键的不同之处。

- bug 数据库是完全开放的，任意一名 Googler 都能看到任一项目的任一 bug。

- 所有人都提交 bug，包括工程总监和高级副总裁（SVP）。即使不属于一个产品团队，Googler 也可以提交该产品的 bug。成群的测试人员经常会扑在一个产品上，只是为了尽己所能地提供帮助。

- 不存在正式的自顶向下的确定 bug 优先级的流程（注：Triage 是评审 bug、决定修复顺序和负责人的流程，与急诊室里的伤员鉴别归类非常类似）。如何确定优先级，在不同团队的做法是非常不同的。有时，这是一个人的事情，或者一个 TE 和一个 SWE 在某人的办公桌边一块完成。有时，这在周会或者每日立会上完成。团队自己决定谁应当出席，怎么样做最好。不存在正式的方法或者仪表板或者老板们频繁的出现在团队中进行讨论。Google 把此事留给各个团队自主决定。

Google 的项目通常处于两种状态中的一种：新的、处于快速开发中的项目和已经成型的、增量式发布中的项目。前者总是不断地有问题出现，后者则有大量的单元测试和容错性测试做保证，从而 bug 数量较少，也相对容易管理。

与许多其他公司一样，统一的 dashboard 是 Googler 的一个萦绕不去的梦想。大概每年都会有人尝试去实现一个可用于 Google 所有项目的、集中式的 bug 或项目 dashboard。这是有意义的，哪怕是只局限于 Buganizer 数据。然而，由于每个团队对项目交付和日常健康状况的各种指标的重要性有不同的看法，这些努力都中途夭折了。也许这个想法在那些更标准化的公司是可行的，但在 Google，那些出于善意的人们经常因为 Google 项目和工程的多样性而折戟沉沙、倍感挫败。

一个全公司范围的提交 bug 的方法是由 Google Feedback team（Brad Green 是 Google Feedback 的工程经理，第 4 章有对他的一次访谈）启动的。终端用户能够使用 Google Feedback 提交针对某个产品的 bug。思路是这样的：外部用户不必知道哪些 bug 已经被记录或是已经被修复了，我们希望更快更方便地从用户那里得到反馈。因此，Google 的测试人员和软件工程师们设计出了这种 point-and-click 式的、非常简单的用户提交 bug 的方法。这个团队的工程师们尽其全力确保用户在提交 bug 给 Google 时，可以很直观地把页面上可能包含隐私数据的部分去掉，如图 3.25 所示。

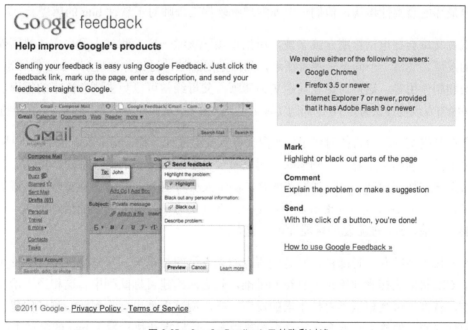

▲图 3.25 Google Feedback 及其隐私过滤

Google Feedback 团队实现了非常强大的功能，用以避免把这些用户报告的 bug 一股脑地倾泻到我们的 bug 数据库里，因为重复报告会把 bug 分类过程（bug triage process）拖垮。他们使用了聚类算法来自动识别重复记录并确定最频繁的问题。Google Feedback 有一个 dashboard 用于显示经过处理的数据，帮助产品团队进行分析。新应用上线之后，成千上万的问题汹涌而来并不罕见——需要精简到 10 个左右的主要的、共性的问题。这将节省大量的时间，从而使得 Google 无需处理每一条反馈即可真正听到终端用户的声音。我们正在对少量的 Google 功能进行 beta 测试，希望将来能推广到所有的功能特性上。

2. bug 的一生（作者：James Whittaker）

bug 像是一个被过分宠爱的小孩子，得到了特别多的关注。它们在开发者的 IDE 里悄然无声的诞生，但在现身之刻却引来一片喧闹。

对于测试人员发现的 bug，它们的生命是这样的：测试人员发现 bug，花些时间细细品味。这一点很重要，不仅仅是因为我们有权利享受自己劳动的果实，而且，这对于理解此 bug 微妙的细小差别及其出现的条件也是很重要的。它是否在用户可达之路上？这些路径被走到的可能性有多大？除了发现 bug 的这条路径，是否还有更多的路径也会导致相同的问题？是否存在可能影响数据或者其他应用（这将增加其严重性）的副作用？是否存在隐私、安全、性能，或者可访问性方面的影响？当父母听到小孩子的一声轻轻的咳嗽时，常会想象最坏的衰竭性疾病，他们一定非常理解软件工程师对于软件 bug 的感受。

就像父母会打电话给朋友或亲戚，讨论小孩子咳嗽一样，测试人员也应该找同伴来分享他的发现。邀请一个同事来观看演示，问问她的想法，讨论你的理解，bug 的严重程度、优先级和副作用等。这些讨论使问题更为清晰。父母经常可以免去到急诊室的行程，而测试人员经常发现他曾认为是 P0 的问题实际上也无关紧要，从而避免出现"狼来了"这样的闹剧。

现在是提交 bug 报告的时候了。就像父母需要温度计一样，测试人员也需要一些工具。父母希望孩子的病情更容易得到诊断，妈妈希望说服医生孩子的病非常的严重，而测试人员也希望增加严重程度，但更加重要的是，测试人员希望 bug 更容易能被修复。截屏、按键记录、stack traces、DOM dumps 等都是记录 bug 的方法。开发得到的信息越多，修复起来就越不可怕，bug 被修复的可能性也就越大。

bug 报告会触发一封邮件，发送到所有相关人员的邮箱里。修复会产生一个变更列表（CL），CL 排队去接受评审，一旦得到批准，就进入构建目标队列中。这相当于治疗 bug 的药物，就像父母观察孩子对抗生素的反应一样，测试人员也会收到新的测试构建已经就绪的邮件提醒。他接下来就会安装这个构建版本，然后重新执行发现 bug 的测试用例。

现在，这个测试用例会成为该应用的回归测试集的一部分。尽可能把它自动化，以防止 bug 重复出现。至少应该编写手工测试用例，并提交到测试用例管理（Test Case Management）系统中去。这样，系统就对未来的感染具有了免疫力，就像小孩子建立了对曾导致他生病的细菌的免疫力一样。

3.2.5 TE 的招聘

Google 的工程师招聘是件大事。我们的工程师通常都是拥有计算机科学或相关学位的正规大学毕业生。然而，很少有学校系统地教授软件测试课程。这给公司招聘优秀的测试人员带来了挑战，难以找到融合编程和测试两种技能的合适的人才。

TE 的招聘尤其困难，因为最好的 TE 不是那些基础算法、定理证明、功能实现上的牛人。一直以来，我们形成了面向 SWE 或 SET 的招聘和面试流程，而 Google 的 TE 招聘则打破了这一模型。坦白地讲，我们也犯过错。事实上，在早期为改善 TE 面试流程而进行的努力折腾过很多测试人员，我们应该对他们表示歉意。TE 是稀缺个体，是技术人，关注用户，能在系统级别和端到端的视角上理解产品。他们是无情的、伟大的谈判专家，最重要的是，他们富有创造性、善于应对模糊性。这就是为什么 Google 或者任何一家公司要努力去招聘这种人才的原因。

测试的重要一面是做确认（validation），这一点常常被遗忘。一个应用是否达到用户预期？大量的测试工作是计划执行和完成确认。使程序崩溃并不总是我们的目标。以极端的输入数据来测试软件并使之出错，这很有意思，但更有意思的是用不那么极端的输入，一遍又一遍的测试用以模拟真实的使用场景，确保在这些通用条件下，软件的运行不会出错。在面试时我们会寻找这种正面的测试观。

多年以来，我们尝试了几种不同的面试风格。

- **按照 SET 的要求来面试**：如果面试候选人足够聪明并具有创造性，但编程能力不达标，我们会考虑给他 TE 的岗位。这也导致了很多问题，例如测试团队中形成了一种虚拟层级等，最糟糕的是，这种错误的筛选方式导致很多具有用户中心思维的人才被淘汰，例如可用性和端到端方面的测试高手。

- **降低编程能力要求**：如果我们只盯着以用户为中心的测试和功能性的测试，那么候选人的规模就会急剧地增大。一个不会写代码来解决 Sudoku 题目或者优化快排算法的候选人，也许会具备合格的测试技能。这可能会帮助我们招到更多的 TE，但在他们加入公司之后却面临极大的挑战。传统测试员的职业发展，与 Google 工程师群体的编程文化和以计算机科学为中心的技能是不一致的。

● **混合模型**：今天，我们的面试既要考察一般的计算机科学和技术技能，也要考察候选人的测试潜力。编程知识是必需的，但只限于那些完成前述 TE 工作需要的水平：修改而非创建代码、设计端到端的用户使用场景的能力等。再加上 TE 工作本身需要的一些特定的能力，如沟通、系统级别的理解以及用户同理心，这样一来既可以满足我们的招聘条件，在加入公司后也能得到发展和晋升。

TE 的招聘比较困难，这是因为他们需要擅长很多事情，任何一个表现不好的地方都可能导致面试失败。他们是万能博士，其中最强的人经常被认为是最终决定者，决定一个产品或其新版本是否可以发布。如果不认真考察这些人的素质，未来一定会遇到大麻烦。

通过这种筛选的 TE 能够适应几乎所有的产品和角色，从构建工具、接洽客户、到跨团队和依赖的协调等，TE 经常能担当领导角色，因为和 SET 相比，他们站的更高、看的更远，能够理解各种设计问题和风险。

随着产品的日益复杂化，拥有比 google.com 更多的用户界面，Google 已经建立起了 TE 的层级结构。现在，我们的产品影响着大量的用户，在他们的生活中发挥着更加重要的作用，因此，TE 这个角色在 Google 文化中愈显关键。

> ### SET 和 TE 的区别（作者：Jason Arbon）
>
> SET 和 TE 两个角色相互关联，但从根本上来讲却又是不同的。两种工作我都曾经做过，也做过他们的管理者。检查下面这个列表，看看哪个描述更适合你——也许对你来说是时候转换角色了。
>
> 你可能是一个 SET，如果：
>
> ● 你能根据一个规格文档，借助一块儿白板，编码完成一个可靠而有效的解决方案。
>
> ● 你编程的同时，会内疚地想到还有很多单元测试用例没有完成。随后，你又会考虑各种生成测试代码和验证的方法，而不是手工编写每个单元测试用例。
>
> ● 你认为终端用户就是发起 API 调用的人。
>
> ● 你会在看到一份写的很烂的 API 文档时，难以抑制愤怒之情，但有时却会忘记 API 本身的意义所在。
>
> ● 你发现自己会同大家比赛进行代码优化，或是寻找竞争条件（race conditions）。

- 你偏好通过 IRC 或者代码提交中的注释跟他人沟通。

- 你偏好使用命令行而不是图形用户界面，很少碰鼠标。

- 你梦想着自己的代码在成千上万台机器上运行，考验和测试各种算法——通过大量的 CPU 周期和网络报文来证明它们的正确性。

- 你从未注意到或者修改过桌面背景。

- 看到编译器警告时会焦虑不安。

- 当被要求测试一个产品时，你会打开源码，开始思考需要模拟的东西。

- 你心目中的领导力是：建立一个伟大的底层单元测试框架，供所有人来使用，或者在测试服务器上每天数百万次的运行。

- 当被问及产品是否可以上线时，你可能会说："所有的测试都通过了"。

你可能是一个 TE，如果

- 你能够在已有的代码中寻找错误，迅速理解可能的软件失效模式，但是并不关心从头编写这段代码或者做修改。

- 你更愿意到 Slashdot 或 News.com 去阅读其他人的代码。

- 你会阅读一份未完成的产品规格说明书，添加剩余的部分，完成这份文档。

- 你梦想所参与的产品给人们的生活带来巨大的影响，人们认可这个产品的价值。

- 你惊骇于某个网站的用户界面，怀疑它怎么可能会有用户。

- 你为数据的可视化感到兴奋不已。

- 你发现自己很乐意在现实世界里跟人交流。

- 你不理解为什么在某个文本编辑器里，必须得先输入"i"才能开始输入文本。

- 你心目中的领导力是：扶助其他工程师的创意，用更高数量级规模的应用场景来挑战他们的创意。

- 当被询问产品是否可以上线时，你可能会说："我觉得可以了"。

测试人员理解和认同自己的定位，这一点非常重要。TE 经常被看做是不怎么写代码的 SET。事实是，他们能看到那些整天埋头于代码的人绝不会看到的东西。SET 也应该意识到他们不是 TE，不必为不能发现用户界面问题、不能从系统整体或竞争者产品的角度思考问题而感到内疚或压力；SET 应当专注于高质量的、可测试的、可复用的模块，以及令人惊叹的自动化。

一个令人赞叹的产品背后，总有一个构成多样性的测试团队。

面试 TE

当我们发现候选人具备合适的综合型技能时，就会邀请他们来参加面试。我们经常会被问到如何面试一个 TE。实际上，这个问题也是我们在博客中和公开演讲时，收到的最普遍的一个问题。我们不能公开全部问题，但是愿意在这里分享其中的一部分（这些以后就不再使用了），以便你能理解我们的思路。

一开始，我们考察测试资质。我们的意图在于，弄清楚候选人是否不只是聪明和具有创造性，是否具有天生的测试才能。我们寻找的是对于事物结构、对于变量和配置的组合的各种可能性和意义的好奇心。我们寻找的是关于事物应该如何工作的强烈感觉，以及清晰表达的能力。我们还会试图寻找很强的人格魅力。

这里的要点是，给出一个需要各种输入和环境条件的测试问题，请候选人列举出最有意义的可能。在初级题目里，我们可能会请候选人测试一个 Web 页面（见图 3.26），上面有一个文本输入框，一个计数（count）按钮，用于计算一个文本字符串中大写字母 A 出现的个数。这里的问题是，请设计出一系列字符串用以测试这个 Web 页面。

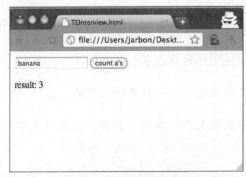

▲图 3.26　测试问题的示例 UI

一些候选人一头扎进去开始就立刻开始罗列测试用例，这往往是一个危险的信号，说明他们还没有充分思考这个问题。根据我们的经验，追求数量而非质量的倾向，是一种低效的工作方式，因此会给负面评价。通过观察候选人在找到答案之前思考和解决问题的方式，能了解他们很多东西。

更好的是那些会提出一些问题，来做进一步澄清的候选人：大写还是小写？只是英语吗？计算完成后文本会被清除吗？多次按下按钮会发生什么事情？诸如此类。

在问题被澄清之后，候选人开始列举测试用例。重点观察他们是否使用一些疯狂的做法。他们只是在试图破坏软件，还是同时在验证它能正常工作？他们知道这两者的区别吗？他们是否能从最显而易见的简单的输入开始，尽快地发现大 bug？他们能清晰地列出测试计划或数据吗？在白板上随机摆放字符串不能反映出思路的清晰性，他们很可能毫无测试计划，或者只有很粗糙很随意的测试计划。一个典型的列表如下。

- "banana"：3（一个合法的英文字）。

- "A" 和 "a"：1（一个简单的有正常结果的合法输入）。

- ""：0（一个简单的结果为 0 的合法输入）。

- Null：0（简单的错误输入）。

- "AA" 和 "aa"：2（个数>1 并且所有字母都是 A 的输入）。

- "b"：0（一个简单的非空合法输入，结果是 0）。

- "aba"：2（目标字符出现在开头和结尾，以寻找循环边界错误）。

- "bab"：1（目标字符出现在中间）。

- space/tabs 等：N（空白字符与 N 个 A 的混合）。

- 不包含 A 的长字符串：N，其中 N>0。

- 包含 A 的长字符串：N，其中 N 是 A 出现的个数。

- X\nX 字符串：N，其中 N 是 A 出现的个数（格式化字符）。

- {java/C/HTML/JavaScript}：N，其中 N 是 A 出现的个数（可执行字符，或错误，或偶然的代码解释）。

无论丢失上述测试中的哪几个都是一个不好的征兆。

更好的候选人会超越输入选择，讨论更加高级的测试问题。他们可能会做以下的事情。

- 质疑界面的外观、调色板和对比度。如"这些与相关应用风格一致吗？"，"视力困难的人能使用吗？"等。

- 担心文本框太小了，建议加长以便显示更长的输入字符串。

- 考虑这个应用能否在同一台服务器上运行多个实例。会发生多个用户的串扰吗？

- 提出疑问"数据会被记录吗"，输入串可能包含地址或其他身份信息。

- 建议使用真实数据进行自动化测试，如从词典或书本里选择。

- 提出疑问，"计算足够快吗？在大负载下呢？"

- 提出疑问，"该页是可发现的吗？用户怎么能找到该页面？"

- 输入 HTML 和 JavaScript，看是否会破坏页面渲染。

- 询问是对大写还是小写的 A 计数，还是都包括。

- 尝试复制和粘贴字符串。

还有一些想法更加高级，反映了富有经验的、宝贵的测试思维，能够比问题走的更远。他们可能会这样做。

- 意识到计算会通过 URL-encoded HTTP GET 请求传递到服务器，字符串可能会在穿越网络时被截断。因此，无法保证支持多长的 URL。

- 建议将此应用参数化。为何只对字母 A 计数呢？

- 考虑计算其他语言中的 A（如埃 Å 或变音符号）。

- 考虑该应用是否可以被国际化。

- 考虑编写脚本或者手工采样来探知字符串长度的上限（例如，通过 2 的指数递进算法），然后确保在此区间内功能正常。

- 考虑背后的实现和代码。也许有一个计数器遍历该字符串，另外一个跟踪已经遇到了多少个 A（累加器）。因此，可以在边界值附近变化 A 的个数和字符串的长度来进行测试。

- 提出疑问，"HTTP POST 方法和参数会被黑掉吗？也许有安全漏洞？"

- 用脚本创建各种有趣的排列组合和字符串特性如长度、A 的个数等的组合，自动生成测试输入和验证。

了解候选人使用多长的字符串做为测试用例，这通常能暗示他们工作时的表现。如果候选人只是一般性的知道使用"长字符串"（最常见的答案），但却无法就特定场景进行技术性的分析，这是一种糟糕的迹象。更懂技术的候选人，会询问字符串的规格说明，进而围绕极限点进行边界值测试。例如，当极限点是 1000 的时候，他们会尝试 999、1000 和 1001。最好的候选人还会尝试 2^{32}，以及许多其他有趣的值，例如 2 和 10 的次方。重点在于候选人表现出对真正重要的数字值的理解，而不只是使用随机数值——他们需要对底层的算法、语言、运行时和硬件都有所了解，因为这些正是错误最经常出现的地方。他们还应当基于可能的实现细节尝试不同的长度，并考虑到计数器、指针及循环的边界错误。最优秀的候选人还会意识到系统可能是有状态的，测试必须将先前的输入考虑在内。因此，多次输入同一字符串，或者在长度为 1000 的字符串之后输入一个长度为 0 的，这些就属于重要的使用情形。

面试时试图考察的另外一个关键特征，是 TE 所需要具备的处理模糊性、反驳糟糕想法的能力。我们通常会更改规格说明或者描述一个说不通的行为，只要候选人提出澄清性的问题就会发现这一点。他们如何处理这种模糊性，很大程度上反映了他们将来在工作上的表现。在 Google，鉴于快节奏的发布周期，规格说明经常变来变去，可以有不同的理解和修改。如果候选人能指出"5 个字符的最大长度"这种描述是有点奇怪的，有可能会使用户感到疑惑，这正反映了他们能从用户角度思考。如果候选人不假思索地接受了这个描述并匆忙动手，那他们在实际工作中也很有可能如此，结果是白费力气验证了错误的行为。那些能反驳或者质疑规格说明的候选人，往往在工作中有优异的表现。当然，也要注意反驳或者质疑的方式。

TE 面试的最后一环是看候选人是否具有"Google 味儿"。我们需要的是有好奇心、充满热情的工程师，他们不会满足于简单完成被分派的工作，而是会进一步探索各种可能性，尝试工作描述之外的东西。工作职责自然要完成，但是生活和工作的意义在于最大限度地对外部世界产生影响。我们需要的是那些与现实世界和计算机科学团体紧密联系的人，例如给开源项目开 bug 的人，或者通用化自己的工作以提高复用性的人。我们需要的是能够与其他人和睦相处、合作愉快的人，是能够影响 Google 文化的人。我们需要的是愿意持续学习和成长的人。我们也需要那些带来新鲜思想和经验的人，他们丰富了 Google 的人才库。Google 的座右铭是"不作恶"，我们希望他们在看到问题时能直言不讳。

参加大型技术公司的面试是一件令人害怕的事情，对我们自己而言亦然。很多人无法一次过关，而是需要多次练习。严酷的面试并非我们的本意；我们的目的是确保找到合适的、能发挥作用的、将来能胜任工作顺利成长的人。面试必须有益于公司和候选人双方。跟大多数员工众多却立志于保持小公司感觉的公司一样，Google 的原则是宁缺勿滥。我们希望 Google 成为大家愿意为之工作多年的一个公司。为了这个目标，招聘合适的员工是最好的办法。

3.2.6　Google 的测试领导和管理工作

大家有时候开玩笑说我们只擅长管理技术一流、工作积极、独立自主的工程师。事实上，在 Google 管理 TE 毫不轻松。问题在于如何激励，而非指令；在于保持凝聚力和一致性，同时又要鼓励创新和实验，信任大家尽可能自己做出正确的决定。这实际上是一件很困难的事情。

在 Google 领导和管理测试人员与其他公司情形迥异，原因在于如下几种因素：如此之少的测试人员、招聘高手、对于多样性和独立性的适当的尊重。Google 的测试管理更多的是激励，而非强悍的管理；更多的是战略指引，而非频繁的督促检查（每天、每周等）。这样一来，和其他我们曾经工作的地方相比，Google 的工程管理就处于一种开放式的、灵活的、经常更加复杂的处境。Google 管理的核心是领导力和洞察力、协商、外部沟通、技术水平、战略规划、招聘和面试、完成团队绩效考核。

通常，过度的管理和组织会带来紧张的气氛。Google 的测试总监、经理和其他领导者都必须在充分信任工程师和确保他们不会发生重大事故或浪费时间之间寻找平衡。Google 专注于投资大型的、战略性的方案去解决大问题，经理们有责任去避免开发重复的测试框架、或是过多的投入在小型测试上，而应该鼓励宝贵的工程师资源用于更大型的测试执行和基础平台的建设。倘若没有这种监督，只靠个人或是 20% 的自由时间，很多测试工程项目经常会半途而废、徒劳无功。

> ### 海盗领导力（作者：Jason Arbon）
>
> Google 管理测试工程团队的方式，可以用海盗船来做类比。测试组织里的工程师的天性就是质疑、要求确定性的数据、不断评估主管或经理的指令。我们面试时的一个关键要求就是自主驱动、自主定向——那么如何来管理这些人呢？
>
> 要找到答案，不妨去想象一个海盗船的船长是如何维持秩序的。事实是，船长无法通过强力或者恐惧来"管理"这群人，因为他们都武装到牙齿，才能卓著，不愁去处，而船长不过是一个孤家寡人。他也不能只靠金钱，因为这群海盗通常衣食无忧。他们真正的动力在于劫掠的生活方式和看到下一次收成的兴奋感。叛乱随时可能发生，因为 Google 的组织是动态变化着的。工程师甚至被鼓励频繁更换团队。如果这个船没有找到足够多的珍宝，或者活儿很没劲，工程师"海盗"就会在下一个港口弃船而去。

> 作为一个工程主管，意味着你自己就是一个海盗工程师。和别的人相比，你不过是稍微更加清楚地平线上有什么、附近有什么船、它们可能载着什么珍宝。要靠技术洞察力、令人兴奋的技术冒险、有趣的停靠港口来带领团队。在 Google，工程经理即便在睡觉时都得睁着一只眼睛。

Google 有几种不同类型的主管和经理：技术负责人（tech lead）、技术主管（tech lead manager）、工程经理（engineering manager）和总监（director）。

● **技术负责人（tech lead）**：测试技术负责人出现在大型项目的大型团队里，里面有大量的 SET 和 TE，他们参与解决共同的技术问题或是共享相同的基础平台。他们一般不会管人。技术负责人还会出现在负责构建产品无关的基础平台的团队里。他们是当你遇到技术或测试问题时要求助的人。这个角色经常是基于团队动态变化的、非正式的、与特定的项目相联系。

● **技术主管（tech lead manager，TLM）**：当技术负责人同时也被正式任命为相关工程师的经理时，就被称为技术主管。这些人一般德高望重、能力卓著。他们通常在同一时间只关注一个项目。

● **测试工程经理（test engineering manager）**：工程经理监督跨团队的技术工作，几乎没有例外，都是一级一级晋升上来的。这一职位大致等同于业界所谓的测试经理，但其职责广度往往类似于许多其他公司的总监，这是由 Google 项目中测试资源的稀缺性决定的。工程经理通常管理 12～35 人，具体数量取决于工作的复杂性。他们负责共享跨团队的工具和流程，根据风险评估安排资源，并指导招聘和面试。

● **测试总监（test director）**：测试总监数量很少，他们会带若干测试工程经理、跨几个产品线，负责整体的测试工作，推动战略性的、有时是转型性的技术架构或测试方法的实施。他们的关注点在于怎样通过质量和测试去帮助业务（粗略的成本分析、收益分析等），并经常抛头露面参与业界同行的交流和分享。测试总监一般有 40～70 名下属。这一角色的设置基本上与大部门或技术划分一致，如 Client、Apps、Ads 等。

● **资深测试总监（senior test director）**：只有一个，就是 Pat Copeland，他负责保证公司层面的统一的职责描述、招聘、外部沟通和总的测试战略。他日常的工作包括分享最佳实践，建立和推动新的大动作如全局构建、测试基础平台、静态分析，以及跨越不同产品、用户问题和代码库的测试活动。

大多数的 Google 测试人员都要参与对外的招聘和面试，尤其是总监和高级总监。在 Google 面试中也会发生一些问题。很多工程师已经对 Google、Google 的技术、Google 优越的工作环境等颇有耳闻了，他们经常会在面试过程中表现得过度紧张而导致面试失败。通常，优秀的候选人在原来的工作岗位上轻松愉快、颇有地位，他们会担心 Google 的竞争更加激烈。要打消这些担心，最好的办法是告诉他们正在和谁谈话。Google 工程师个人能力强、积极性高，但是，工作的乐趣和产品的巨大影响力，很大程度上产生于一群志趣相投的工程师的彼此协作，在强大的基础计算架构上成就神奇。

除此之外还有很多内部招聘。Google 鼓励工程师去更换项目或跨团队调动。内部招聘主要是交流各自项目的情况和团队氛围。绝大多数的内部招聘发生在工程师之间，他们会聊聊有意思的项目、技术问题，以及对目前所在测试、开发或项目经理团队的满意度。偶尔会有半正式的安排，组织一些需要人的团队来介绍他们的工作；但主要还是自发进行的——允许人们自由流动到他们感兴趣和能实现最大价值的地方。

- **技术型**：测试经理、尤其是测试主管的定位是技术型人才。他们应该会编写代码、评审代码，并且总应该比团队的其他人更懂产品和客户。

- **协商**：不可能什么都测，测试无止境。面对经常性的资源申请和其他要求，工程经理和总监需要掌握拒绝的艺术、以理服人（politely say no with great reasoning）。

- **外部沟通**：测试管理层还要经常安排外包测试事宜，组织与外部同行的交流，例如 GTAC（Google Test Automation Conference，Google 测试自动化大会），以及面向更大的社区建立论坛，用于测试工程问题的讨论和分享等。

- **战略性举措**：测试主管和经理经常会问自己，有哪些事情别人做不了但我们能做？如何扩展和共享我们的测试架构来帮助大家，携手共创更美好的互联网？如果合并资源，投资长期的赌注会怎么样？支持这些战略性举措需要业务和技术上的洞察力、需要经费预算、需要顶住其他工作对测试资源的竞争，这确实得是一份全职的工作。

- **绩效考评**：Google 的绩效考评综合了同事反馈和由主管、经理推动的跨团队比照，每季度一次。重点是你最近做了什么事情？在质量和效率上、对用户而言产生了什么影响？考评系统不会让大家堆砌之前的工作。整套机制没有完全公开，而且经常会进行实验和发生变动，因此文档也没什么大作用。基本上就是个人提交一份简短的描述，讲一下自己做的东西，做一个自我评价。然后同事和经理发表意见，独立委员会组织会议进行跨团队的比照，给出一个评价结果。重要的一点是 Googler 应该制定比预期能力更高的目标（set goals higher than they think possible）。如果一个人达到了他的所有目标，那说明他的目标还不够高。

Google 考评和绩效管理的部分目标，是发现或鼓励员工跨岗位流动，如果这么做对员

工有好处的话。在 Google，员工可以频繁地在各种职位之间转岗。TE 到 SET、SET 到 SWE
是最为常见的，因为工程师会追求他们的技术兴趣和专业特长。从 SET 到 TE、TE 到 PM
是第二常见的，因为人们也会追求技能上的扩展和编码之外的新鲜感。

经理还会帮助团队成员设定季度和年度的 OKRs（OKR 代表 Objectives and Key
Results，即目标和关键结果。OKR 不过是列出目标并指出如何衡量目标是否成功的好听
的说法。在 Google，我们关注可衡量的指标。达到 70%意味着你可能设定了较高的目标，
然后努力工作去实现它。达到 100%意味着你可能在设定目标时不够有进取心）。他们要
保证有一些高目标的 OKR，即那些非常乐观的、野心勃勃的目标，即使不必或可能不会
达成，这些目标仍能起到促进在做计划时力争上游的作用。经理还要确保在这些目标中，
TE 和 SET 的个人能力和兴趣与项目和业务需要之间是一致的。

作为测试领导层，经常需要妥协，并能尊重个体 SET 和 TE 的聪明才智。Google 领导
和管理的一个标志是辅导和指导（mentoring and guiding）下属工作，而不是直接下命令
（dictating）。

3.2.7 维护模式的测试（Maintenance Mode Testing）

Google 一向以尽早交付、经常交付、尽快失败（shipping early and often, and failing fast）
闻名于世。资源也会冲向那些最高风险的项目。对 TE 而言，这意味着某些特性、甚至是
整个项目被降低优先级或者完全放弃。这种事情经常在你已经搞清楚了测试某个特定软件
的困难，或者刚把一件事情置于控制之下时发生。Google 的 TE 必须做好准备，知道如何
在技术和感情上面对这种情形。这并不可怕，但是如果不严肃对待，可能会造成很大的风
险和浪费。

> **维护模式示例：Google Desktop（作者：Jason Arbon）**
>
> 我曾被任命去负责 Google Desktop 的测试，这是一个艰巨的任务，因为 Google
> Desktop 是一个有着几千万用户、兼有客户端和服务器端组件、并与 Google 搜索
> 集成在一起的应用。在我负责之前，已经有许多测试主管曾领导过这个项目，毫
> 无例外地遗留了一些质量问题和其他问题。项目很大，但跟多数大项目一样，新
> 特性开发的节奏已经放慢，经过了好几年的测试和使用，风险也已大为降低。
>
> 当我与其他两名同事空降到这个项目的时候，Google Desktop 有大约 2500 个
> 测试用例，它们保存在老的 TestScribe 测试用例管理（TCM）系统里，在 Hyderabad
> 办公室有几个聪明勤奋的外包人员，负责在每次发布前执行这些测试用例。一个
> 测试周期经常达到一周甚至更长。之前有过一些尝试，试图通过 UI 和可访问性钩

子（accessibility hook）进行自动化，但是最终都迫于问题的复杂性和成本而失败了。很难通过 C++代码同时驱动 Web 页面和桌面视窗 UI，此外，超时问题也不断地发生。

另外两个测试同事是 Tejas Shah 和 Mike Meade。在 Google，本来就没有多少资源会投入在客户端应用的测试上。那时，大量的 Google 产品已经 Web 化，或者很快就要 Web 化。因此我们决定采用一个 Python 测试框架，此框架之前是由 Google Talk Labs Edition 开发的，通过 Web DOM 驱动产品。这个框架具有基本元素，例如一个继承自 PyUnit 的测试用例类。由于许多 TE 和开发都懂 Python，因此在发生问题时很容易找到能帮忙的人。一旦需要，我们很容易就能从这个项目脱身。此外，Python 在迭代式开发很小的代码块时，速度奇快，而且已经默认安装在所有机器上。这样，只需一个命令行就能完成整个测试集的部署。

最终，我们决定完整地扩展这个 Python API 来驱动产品，我们使用 ctypes 驱动客户端搜索的 COM API，模拟服务器端的响应来将本地结果注入到 google.com 的结果之中（这可不简单），使用多个用户库函数，并控制数据抓取。我们还实现了虚机自动化（virtual machine automation）来支持那些需要 Google Desktop 索引的测试。在没有这个支持的时候，每完成一次新的安装，就要花几个小时的时间去重建索引。我们建立了一个小型的、自动化的冒烟测试集来覆盖高优先级的功能。

接着，我们分析了这 2500 个遗留的测试用例。其中的很多用例难以理解，不是引用了项目早期的原型或已经不存在的特性中的暗语，就是对机器的上下文和状态有太多的假设。不幸的是，这些知识只是存在于 Hyderabad 外包人员的脑袋里，并没有什么文档。想想我们需要快速验证一个突发而至的带安全补丁的版本，这太糟糕了，同时也非常昂贵。因此，我们勇敢地研究了所有 2500 个测试用例，基于自己对产品的认识保留了其中最重要的和最有意义的用例，丢掉了其他绝大部分用例，最后只剩下大概 150 个，用例数量减少了一个数量级。我们跟外包人员一起修改了剩下的手工测试用例的描述，使所有测试步骤足够的详细和清楚，任何用过一小会儿 Google Desktop 人都可以运行。我们可不想成为将来唯一能跑这些回归测试的人。

到现在，我们有了自动化的测试用例来对每个版本进行回归测试，以及任何人一下午就可以执行完毕的手工测试用例。同时，这也解放了外包人员，使得他们可以做其他具有更高价值的事情了，既降低了成本，又缩短了交付周期。

大概是那个时候，Chrome 项目开始了，并被视为未来 Google 客户端服务的方向。此时，我们正处于要收获的季节，丰富的自动化 API 测试带来的好处薪露头角，与此同时，自动生成的、长期运行的测试用例也在建立之中。但也就在此时，我们被要求迅速将资源投入到 Chrome 浏览器中。

有了自动化回归测试用例来检查每个内部和公开版本，以及超级轻量级的手工测试用例，Desktop 进入维护模式的时机已经成熟，是时候把精力转移到不稳定和有风险的 Chrome 项目中了。

但是，对我们而言，那时还有一个烦人的 bug 在论坛里不断出现：一部分用户，在使用 Google Desktop 的若干版本时，发现它会占满硬盘空间。由于难以重现，这个问题被不断拖延。我们通过社区经理（Community Manager）得到了更多客户的机器信息，但仍然无法定位问题。我们担心这会影响越来越多的用户，倘无专人投入，这个问题恐怕永远不会得到解决，或者在最后必须要解决的时候会非常的麻烦。因此，我们在撤离之前进行了深入的调查。测试团队不断督促 PM 和开发介入，甚至从外地请回了一个原来负责索引代码的开发。最后还是这个开发找到了问题所在，他注意到如果用户安装了 Outlook，Desktop 就会不断重建索引，索引代码每次扫描都错误地把每一个老的条目当做新的，很缓慢但却稳定地吃掉了硬盘空间，这只会发生在那些使用了 Outlook 的任务特性的用户身上。因为索引的上限是 2GB，所以暴露问题的时间需要很久，用户只会注意到最新的文档没有被索引。但是，负责任的研发过程使得问题得到了发现和修复。最新版本的 Desktop 修复了这一问题，因此在交付之后的 6~12 个月的时间里，不再有潜在的问题发生。

我们还对一个功能设置了定时下线，提醒用户这个特性将会消失。我们还简化了实现机制，使它更加可靠。测试团队建议放弃原有的联系服务器读取特性何时关闭的标志变量的方法，而是使用一种更可靠的只涉及客户端的方法。这样做避免了发布一个不带该特性的版本的工作，还通过简化设计使该特性更加稳健。

我们编写了一份简短的 how-to 文档，描述如何执行自动化和手工测试（一个小发布只需要一个外包几个小时的时间），确定了一个能随叫随到的外包，然后就把测试重点转向 Chrome 和云项目了。接下来的发布非常地顺利。那些自动化的测试直到今天还在运行。Desktop 客户还在很活跃地使用这个产品。

在把一个项目置于质量维护模式的时候，我们需要减少保持质量所需的人工干预的比重。关于代码的一个有趣之处是它会随着时间的流逝而变坏、出错。这同时适用于产品代码和测试代码。维护模式下，大部分工作是监控质量，而不是寻找新问题。万物皆然，当一个项目人财不愁时，它的测试总不是最精简和优化的。因此，后来的测试人员有必要给测试瘦身。

在淘汰手工测试用例的时候，我们使用如下指导方针。

● 总是通过的测试，淘汰！在高优先级的测试都来不及做的时候，低优先级的测试，淘汰！

● 确保正确理解即将被淘汰的测试用例。从即将淘汰的领域里，挑选几个有代表性的测试。如果可能就与原作者聊一聊，理解其意图，避免失误。

● 我们把释放出来的时间用于测试自动化、高优先级的测试或探索式测试。

● 我们还会抛弃之前可能发生过误报或者行为反常的自动化测试——它们只会发出错误警报，浪费工程师的时间。

下面是在进入维护模式前要考虑的要点。

● 撤离之前，把困难的问题解决掉，而不是轻易放过。

● 即使一个小型的、负责端到端测试的自动化测试集，也会以近乎为零的成本提供长期的质量保证。如果没有，一定要建立一个这样的自动化测试集。

● 留下一份 how-to 文档，以便公司的任何人都可以运行你的测试集，这也会减少你在将来繁忙时还被突然打扰的可能性。

● 确保有一个问题解决通道（escalation path），愿意承担一些责任。

● 时刻准备着返回到你曾经工作的项目里帮忙，这对产品、团队和用户都有益。

进入测试维护模式对许多项目来说是无可改变的事实，在 Google 尤其如此。作为一个TE，本着对用户负责的态度，我们应小心行事，使用户尽可能的不受影响，使研发过程尽可能的高效。同时，我们也必须能够继续前进，而不是一辈子都守在某些代码或者想法上。

3.2.8　质量机器人（Quality Bot）实验

现在，让我们忘记迄今最先进的测试方法和工具，用搜索引擎架构（CPU 和存储近乎免费，人类宝贵的大脑用来优化搜索算法）的思维来想象一下测试可能的样子——机器人，更准确地说，质量机器人。

在亲身经历了众多项目、与众多工程师和团队进行了广泛交流之后，我们意识到在编写和运行回归测试集上，消耗了非常多的脑力和财富。维护自动化的测试场景和手工测试的回归执行，代价昂贵。不仅仅消耗人力财力，而且速度还很慢。更糟糕的是，我们最终要寻找期望的行为。那意料之外的怎么办呢？也许是归功于 Google 关注质量的工程实践，回归测试执行的失败率常常在 5%以下。重要的是，这件工作对我们的 TE 来说，也是单调乏味的。别忘了，我们面试证明了他们是有高度的求知欲、理解力和创造性的。我们希望将他们解放出来去做更加聪明的测试：探索式测试，这也正是他们被招进来的目的。

Google Search 不断地爬取网页，记录它所看到的一切，找到计算各种数据在巨大索引中位置的方法，按照静态和动态相关性（质量）分数排序，在搜索结果页面中展示需要的数据。花些时间思考，你就会看到这个基本的搜索引擎设计正像是一台自动化的质量打分机与理想中的测试引擎多么的类似。事实上，我们已经实现了一个面向测试的版本。

（1）爬取：现在，机器人开始爬取网页了（最高优先级的爬虫在 Skytap.com 提供的虚机上执行。Skytap 提供了一个强大的虚机环境，允许开发人员直接登录到出错的虚机上去管理那些调试中的实例——所有这一切都在浏览器中完成。开发人员的精力和时间比 CPU 周期要珍贵的多。此外，Skytap 允许机器人完全在其他用户的虚机和账号上运行，包括访问那些非公开的预发环境服务器）。成千上万的虚拟机加载了 WebDriver 自动化脚本，打开所有常用的浏览器访问 web 上的大量知名 URL。像猴子沿着藤蔓跳跃一样，机器人沿着 URL 从一个跳向另外一个，与此同时分析所访问的网页结构，从而构造出一张哪些 HTML 元素出现在哪里、如何呈现的地图。

（2）索引：爬虫将原始数据传送到索引服务器。索引依据使用的浏览器和爬取时间对这些信息进行排序。它会预先计算好各轮次运行之间区别的基本统计数据，例如，爬取了多少个页面。

（3）排序：当一个工程师希望看到一个特定的网页在多轮次运行中的结果，或者一个浏览器中所有网页的结果，排序器就进行深度计算，给出一个质量分，表示为两个页面之间的百分比相似分，同时也会计算所有运行的平均分。100%表示页面相同。小于 100%代表了不同，并用来衡量差异程度。

结果汇总在机器人面板上显示，如图 3.27 所示。详细结果展示在一个简单的显示各页面百分比相似性的表格中，如图 3.28 和图 3.29 所示。对每个结果，工程师可以看到页面显示上的差异。在这个比较视图中，各轮次运行之间的不同之处会被高亮，并显示了存在差别的元素的 XPaths（XPaths 类似文件路径，但是适用于 Web 页面而非文件系统）。它们识别父子关系和其他信息，可用于唯一标识 Web 页面中的各个 DOM 元素。参见

en.wikipedia 网站）及其位置，如图 3.30 所示。工程师还能看到各 URL 的历史平均最小分和最大分等情况。

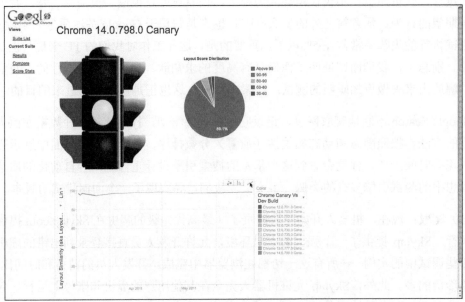

▲图 3.27　机器人数据汇总面板：跨 Chrome 版本的变化趋势

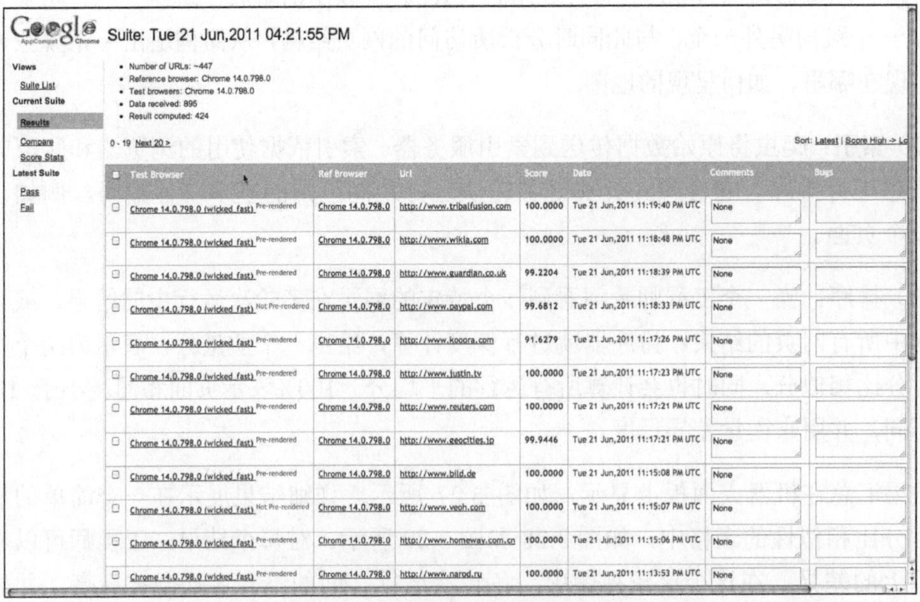

▲图 3.28　机器人典型的表格细节视图

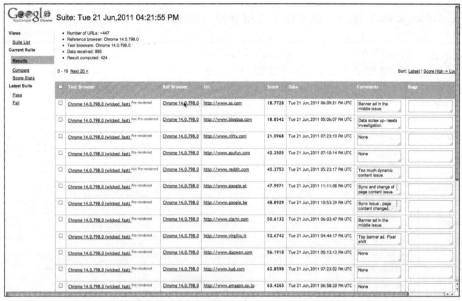

▲图 3.29　按照差异递减顺序排列的机器人表格

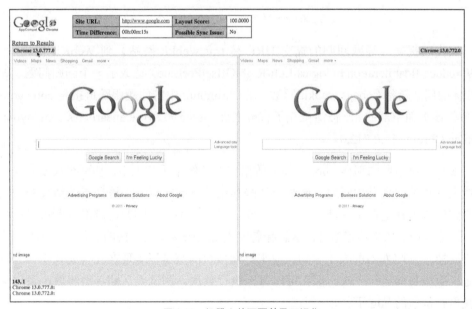

▲图 3.30　机器人的页面差异可视化

　　bots 的首次正式运行发现了 Chrome 的两个金丝雀版本之间引入的一个问题。bots 自动运行，TE 检查结果表格时看到一个 URL 的百分比相似性降低了。进一步查看差异点的高亮对比视图，如图 3.31 所示，工程师快速定位到了问题。因为这些 bot 可以测试 Chrome 的所有版本（Chrome 每日构建多次），工程师可以快速发现任何回归 bug，而每个版本包含的 CL（change list）很少，也方便了确定导致问题的代码提交。

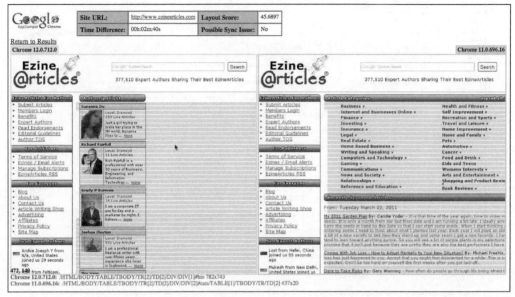

▲图 3.31　bot 的首次运行发现的第一个 bug

一次代码提交（导致回归的提交 URL 是 trac.webkit 网站）到 WebKit 代码库（bug 56859: reduce float iteration in logicalLeft/RightOffsetForLine）造成了一个回归问题（WebKit BugZilla 的问题链接是 bugs.webkit 网站。在 Chromium 中的问题跟踪链接是 code.google 网站），使得该页面中部的 div 被渲染在了首屏之外。Issue 77261: ezinearticles.com layout looks broken on Chrome 12.0.712.0。

正如我们所预期的那样，bot 收集的数据与人工结果不相上下，甚至在很多方面更胜一筹。绝大多数的网页是相同的，而对于那些存在差异的网页，工程师借助结果视图可以很快的判定这些差别是否无关紧要（见图 3.29）。现在，不存在回归问题的判断可以由机器完成了。这件事情的意义不容忽视，这意味着靠人工点击网页累吐血的时代一去不复返了——严格讲砍掉了 90%左右的人工劳动。原来持续数日的测试任务现在几（或几十）分钟内即可搞定。原来每周运行一次，现在可以每天执行数次。测试人员翻身得解放，可以集中精力寻找更有价值的 bug 了。

从另外一个角度看，如果在浏览器保持不变的情况下长时间观察一个网站，我们就不是测试浏览器，而是在测试这个网站了。变换不同的浏览器访问一个网站也是一样。从而，网页开发者也可以借助这个工具检查网站的所有变化。也就是说，网页开发者可以在每次推出新版本时运行 bot，在其结果表格中查看变化的内容。无须手工测试，网页开发者一眼就可以确认变化是否正常，是否需要记录一个回归 bug，而 bug 的细节如什么浏览器、哪个应用版本，以及具体的 HTML 元素信息都已经万事俱备了。

数据驱动的网站怎么办呢？例如，YouTube 和 CNN，网站内容一直在变化。这不会把 bot 搞晕吗？只要 bot 能基于历史数据理解正常的波动就行了。如果在一遍又一遍的运行中只有文章内容和图像在发生变化，bot 所测量到的差异值将会保持在正常区间内（对此网站而言）。当网站分数超出正常范围时，如 IFRAME 出错了，或者网站采用了全新的布局，bot 会产生一个提醒，通知到网站开发者，由他来判断这是否正常，是否需要报告 bug。图 3.32 所示为一个少量噪声的示例，CNET 在右边显示了一个小广告，而不是左边。这个噪声无足轻重，可以通过设置一定规则或人工快速标记予以忽略。

现在，如果许多提醒一下子冒出来怎么办呢？测试或开发人员需要逐一检查吗？不用，我们正在开展实验，将这些差异直接转发给测试人员（utest 网站的朋友们在实验中帮了大忙，他们有着大量非常聪明能干的测试人员。他们的测试经常能发现比内部重复性的自动化回归测试更多的、更高质量的问题）。测试人员去进行快速评审，通过这种方式使得核心测试和开发团队不受噪声的干扰。众包测试人员需要对比网页的不同版本，并做合适的标记：是一个 bug 还是一个新功能特性。这一额外的过滤进一步保护了核心工程团队，使之免受噪声的打扰。

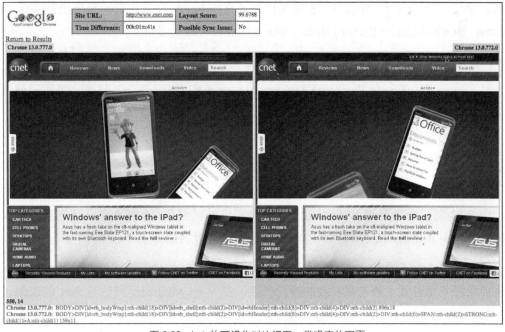

▲图 3.32　bot 的可视化对比视图：带噪声的页面

　　如何得到众包人员的投票数据呢？我们实现了一个功能，可以基于原始 bot 数据生成一个简单的投票页面。通过几个实验与标准的人工评审方法进行了对照。标准的人工评审方法中，现场外包工程师花费了 3 天时间来检查 150 个 URL。相比较而言，bot 只标记了这 150 个 URL 中的 6 个需要检查，而这 6 个不再需要进一步评价。这些标记的 URL 被发给众包测试人员。有了 bot 数据和差别可视化工具的帮助，一个众包测试人员确认一个网站有无问题的平均时间是 18 秒。众包测试人员正确的指出这 6 个都有异常，效果与标准的人工评审方法一致，但后者显然要昂贵的多。

　　虽然很棒，但这只适用于静态网页，那些交互式内容例如飞行菜单、文本框和按钮怎么办呢？解决这个问题的工作正在进行中。类似拍电影，bot 会自动地与网页上感兴趣的元素进行交互，在每一步抓取 DOM 快照。然后，每次运行产生的"电影"可以逐帧对比。

　　Google 已经有好几个团队使用 bot 取代了大量的手工回归测试，节省下来的人力用于更加有意思的工作，例如探索式测试，这在以前是没有时间做的。像 Google 其他事情一样，我们不紧不慢地推进这件事情，以保证数据的准确可靠。团队的目标是公开此服务和源代码，包括允许在其他人的 VPN 上进行自我托管的测试，如果他们不愿意将预发环境的 URL 对外公开的话。

　　基本的 bot 代码同时运行在 Skytap 和 Amazon 的 EC2 上，并且已经开源（见 Google testing blog 或附录 C）。Tejas Shah 很早以来一直是 bot 的技术主管，后来加入的有 Eriel Thomas、Joe Mikhail 和 Richard Bustamante。欢迎参与这个项目！

测量整个 Internet 的质量

　　在信息检索领域，惯例是随机抽取一个有代表性的搜索查询样本。当你知道了一个搜索引擎在某个查询集上的性能，你就能对所有搜索查询的质量建立起统计学上的置信度，就像总统大选的民调一样。就 bot 而言，其价值在于，如果我们用 bot 测试了 Internet 上代表性的 URL，就极有可能量化并跟踪整个 Internet 的质量。

　　图 3.33 所示为早期的 WebKit 布局测试使用完整页面布局的哈希值。现在我们可以测试完整的页面并把错误定位到元素的级别，而非页面级别。

　　奇异点（奇异点这个术语描述了计算机超越了人类智能的时刻，这想必非常有趣，当今世界已经开始见到一些未来科技的浮光掠影，参见 en.wikipedia 网站）：**bot 的起源（作者：Jason Arbon）**

▲图 3.33 早期的 WebKit 布局测试使用完整页面布局的哈希值。现在我们可以
测试完整的页面并把错误定位到元素的级别，而非页面级别

很久以前，在一个遥远的 Google 办公室里……Chrome 还处于第一个版本。看着最早进来的数据，我们意识到 Chrome 存在比较多的问题，它渲染网页的方式与 Firefox 有很大不同。那时，测量这些差异的方法限于跟踪用户报告问题的数量，看有多少用户在试用之后选择卸载时抱怨了兼容性问题。

我开始思考是否存在一种可重复的、自动化的、可量化的方式来测量 Chrome 的表现。之前，很多人已经尝试过自动比较不同浏览器上的网页快照的方法，一些人甚至尝试使用高深的图像和边缘检测技术来精确识别渲染的不同之处，但这些努力经常以失败告终，原因是这种方法发现的不同之处仍然是海量的——想想那些广告、内容变化等。基本的 WebKit 布局测试，只是使用网页整体布局的一个哈希值来做比较（见图 3.33）。即使在发现了一个真正的问题时，到底是什么地方出了问题，仍然毫无头绪，因为只有一张截图可供参考。太多的误报（误报是由于测试本身导致的失败，而非真正的产品问题。误报带来的成本会很高，并且可能激怒工程师，由于增加了徒劳无功的分析而急剧降低生产率）反而增加了工程师的工作量。

我的思绪不断回到从前那个简单的 ChromeBot 工具。我们利用了数据中心的空闲机器周期，在成千上万的虚拟机上启动大量的 Chrome 浏览器，去爬取成百上千万的 URL，目标是发现各种可能的崩溃问题。这个工具很有价值，因为它可以捕获崩溃，并在后期增加一些浏览器交互的功能测试。然而，最后它光芒尽失，因为崩溃性问题越来越少已经很罕见了。假设我们增强其功能，与页面本身交互，而不是只会给 Chrome 施压，结果会怎么样呢？

于是，我考虑了一个不同的做法：深入 DOM（DOM 指 Document Object Model——文档对象模型，是页面背后 HTML 的内部表示，包含了表示按钮、文本域、图像等的所有小对象）。我用一周的时间做了一个小实验，逐一加载多个网页，通过 JavaScript 脚本注入构造出网页的内部结构图。

当时，有很多聪明人对此方法表示了高度怀疑，他们泼冷水的部分理由如下。

- 广告不停的变化。

- CNN.com 等的网站内容不停的变化。

- 浏览器特定的代码导致页面在不同的浏览器里有不同的渲染。

- 浏览器本身的 bug 导致显示上的差异。

- 这样的工作需要惊人的数据量。

这听起来像是一个开心挑战赛。如果我失败了，好吧，我会失败得悄无声息。之前我曾经在其他搜索引擎工作过，因此我可能是过度坚定的认为信号可以从噪声里提取出来。我意识到这件事情几乎没有内部竞争。我开始低调的推进。在 Google，数据说了算。我想得到数据。

在实验中，我需要可用来做比较的对照数据。最好的资源是实地测试人员。这方面的日常工作是由外包人员完成的，他们用 Chrome 和 Firefox 访问 500 个左右的最大网站，人工查找区别（Firefox 被用作基准，因为它更符合 HTML 标准，很多网站都有 IE 特定的代码，在 Chrome 中的渲染欠佳）。我跟两个负责此事的最好的工程主管进行了交谈。他们告诉我，起初有接近 50%的网站存在问题，但是后来就逐渐好转，一直到不常发生——这个数字已经低于 5%了。

接着，我用 WebDriver（下一代 Selenium）完成了实验。WebDriver 有更好的 Chrome 支持和更好的 API。在第一次运行中，我使用了从早期开始一直到最新的各种 Chrome 版本来收集数据，并观察每台机器上的趋势图是否相似。它只是简单的加载相同的网站，在每个像素点上，检查相应的 HTML 元素（不是 RGB 值）是否可见（只是对一个 800×1000 的网页区域用 getElementFromPoint(x,y)获得元素，然后取所有元素的一个哈希值。存在更高效的方法，但这个比较简单，用于演示足够了），并把数据发送到服务器。实验运行在我自己的桌面机上，大概要运行 12 个小时，因此我选择了通宵运行。

第二天出来的数据看上去不错，因此我把 Chrome 换成 Firefox 重新执行了一遍。是的，的确有网站内容变化带来的抖动，但这只是试着看一下数据的概貌，以后我们会并发运行的。接下来的那天的早上，我来到办公室，发现自己的 Windows 机器被拔掉了所有网线，并被防火墙隔离了。更早上班的隔壁的同事用一种奇怪的眼光看着我，说恐怕我得去跟安全部门的人喝咖啡了。我只能猜测发生了什么事情。事实上，昨晚我的机器中招了，被无名病毒感染，然后发作了一夜。安全人员问我是否需要在他们毁掉硬盘之前拿走数据。幸好我有云存储，我告诉他们可以拿走整台机器。在这之后，我把任务放到了外部的虚机上。

数据跟从 TE 那里听来的很一致，如图 3.34 所示。机器在 48 小时内完全独立的产生的数据，跟人工测试大概一年得出的结论惊人的一致。

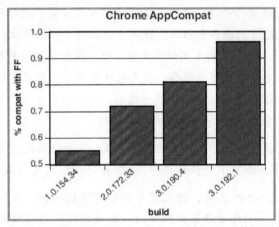

▲图 3.34　早期数据显示了 bot 和人工在质量测定上的相似性

数据令人振奋。几天的编码和单机两晚的执行貌似顶得上多个测试人员超过一年的工作。我拿着这个数据找到了总监（不具体点名是谁了），他先表示这个东西的确很拉风，然后就建议我把精力集中在已经进行了更久的其他实验上。我的反应是很 Google 式的：表面同意，但私底下一切照旧。那个夏天我们有两个非常能干的实习生，他们就被安排来进行这个工具的产品化，包括实现更好的视图去做页面比较的可视化。他们还测量了运行时事件的不同。到夏季结束时，Eric Wu 和 Elena Yang 演示了他们的工作，结果是一炮打响，每一个人变成了拥护者，认为这件事情大有前途。

Tejas Shah 大受鼓舞，在实习生离开之后，他召集了一个工程团队接手了这个实验并进行了产品化。

bot：从一个人的赌注到 web 级的产品（作者：Tejas Shah）

我现在是 bot 项目的技术主管，工作重点是使 bot 具有整个 web 的可扩展性并在世界范围内分享。bot 已经从早期实验发展成为一个完全正式的项目，并在 Google 多个团队使用。

那是在 2010 年年末，我正忙于一个 Chrome 自动化框架（也称为 SiteCompat）。这个框架使用定向的 JavaScript 测试，自动地发现知名站点在 Chrome 浏览器上的功能性问题，例如，自动验证 "google.com" 上的搜索功能、在每一个 Chrome 版本上查看 CNN 的一篇文章。效果非常好，不但抓到了一些回归问题，还增加了网站运行时行为的自动化功能检查。

几乎是在同一时间，Jason 的实习生们正在开发这个超酷的 bot 项目的演示版。我一直对他们的进展保持关注，他们的最终演示彻底改变了我对网站验证的认知和方法。当我看到 Elena 的演示数据时，我完全被征服了。我意识到这可以从根本上改变 web 测试的方法。我的脚本测试很重要，但不具有高度可扩展性，需要不断的维护。bot 则意味着更加通用的东西。我立刻就深陷其中难以自拔了。实习生就要离开了，大家都知道这些代码不过是演示性的，要把它变成核心架构平台的一部分并具有 web 范围的可扩展性，还需要大量的工作。

起初，我是 bot 项目上唯一的工程师。那时，bot 仍然被认为是实验性的，很多人仍然感到这是一个"不可能的任务"。但我坚信自己可以做到。

有一段时间我一个人工作，借此避开那些质疑的眼神。这种状态持续了大概一个季度。要知道，工作量还是比较大的，要处理的问题包括可扩展性、性能、打分机制和不同页面的可用性等。在这些问题被妥善解决之前，系统是无法公开的。冒着职业风险，凭一己之力奋战于这样一个有风险的项目是很艰难的。如果不成功，就没有拿得出手的东西。Google 鼓励大量实验，但最终希望看到结果。管理层级以长期项目为理由，保护我通过了绩效考核中的怀疑和质询。

接下来，我们给 Chrome 团队的工程总监做了一次演示。他非常喜欢这个想法，认为当然应该用起来，并决定将 bot 的结果纳入 Chrome 的日常测试工作中。这个认可非常重要，使我信心大增。我还意识到，如果 Chrome 团队能用它来解决遍及整个 web 的困难的质量问题，那对任意网站也应该有用。

此后我们接二连三地在许多内部团队进行了演示，看到这个演示的每一个人都希望能在自己的团队使用 bot，这印证了我们希望把它用于所有 web 应用的梦想是靠谱的。又一个季度过去了，我已经可以生成 Chrome Canary 版本的趋势曲线和得分了。现在，bot 不仅仅是一个早期预警系统，它还能在项目早期发现真正的 bug，并提供精确得多的关于失败的数据供开发者参考。我最得意的 bug 是在 bot 的首次正式上线运行发现的，这次运行比较了两个每日构建。bot 在 Apple 的一个开发者修改了一个 WebKit 属性几小时后发现了一个问题。这个特性有单元测试用例，但只有 bot 逮住了这个问题，因为它测试的是真正的网页。

我的团队经常在演示之后被问道，"我是不是很快就可以抛弃手工测试了？"答案当然是否定的。意义在于，他们现在能去做本该做的事情了：需要开动脑筋的探索式测试、风险分析、关注用户等。

Chrome 的成功故事使我们得到了更多的预算和资源。现在，有几个工程师在负责 bot 的改进。同时，我们还被邀请去帮助搜索团队，他们正在发布一个新的很酷的称为 Instant Pages 特性。由于它需要 Chrome 运行在不同的模式，我们花几周时间实现了一个定制的 bot。在这个工具的帮助下，他们得以满怀信心的发布产品了，因为他们知道将来的所有变化都会被自动测试到。

我对 TE 的建议：如果你相信一件事情，把它做出来！我对管理层的建议：给这些工程师留一些自由呼吸和实验的空间，他们会给业务和客户一个惊喜。

3.2.9　BITE 实验

BITE 代表 Browser Integrated Test Environment（浏览器集成测试环境），目标是把尽可能多的测试活动、测试工具和测试数据集中到浏览器和云里，并在上下文中呈现相关信息，从而减少分散操作的麻烦，使得测试工作更高效。测试人员相当多的时间和精力都消耗在这种事情上了。

与战斗机飞行员类似，一个测试人员的很多时间花在了上下文切换和分析大量数据上。测试人员经常要打开多个标签页：bug 数据库、产品邮件组或讨论组的电子邮件、测试用例管理系统、电子表格或测试计划。测试人员需要不断的在这些标签页之间跳来跳去。看上去我们对效率有点担心过度了，但实际上有一个更大的问题不容忽视，那就是测试人员在测试过程中无法看到有价值的上下文信息。

- 因为无法确定合适的关键词去查重，测试人员浪费时间填写了重复的 bug。

- 因为担心查重的麻烦，测试人员干脆不去报告明显的 bug。

- 并不是每个测试人员都了解那些有助于后续的 bug triage（译注：开发、测试、产品一起评估 bug）和开发排错的相关调试信息，很多都是隐藏起来的。

● 手工输入重现步骤、调试信息、错误之处等工作颇为耗时，浪费了大量的时间和精力，消磨了 TE 的创造力，导致他们无法集中精神、全力以赴地去发现 bug。

BITE 旨在解决这些问题，使工程师的注意力集中在实实在在的探索式测试和回归测试，而不是流程和技术性细节。

现代喷气式战斗机通过平视显示器（Heads Up Displays – HUDs）解决了信息量过大的问题。HUDs 整合信息并置于上下文中，叠加在飞行员的视野上。类似从螺旋桨驱动的航空器过渡到喷气式飞机，Google 发布软件新版本的频率很快，这增加了数据量和快速决策的收益。类似 HUDs，我们在回归测试和手工测试中都采用了 BITE。

BITE 实现为一个浏览器插件，这样就能跟踪测试人员的活动并深入分析 Web 应用（DOM）了，如图 3.35 所示。而且，这还带来了一致的用户体验，通过工具条快速访问数据，同时将数据叠加显示在 Web 应用上，就像 HUD 一样。

让我们基于一些真实的 web 应用来理解这些实验性功能。

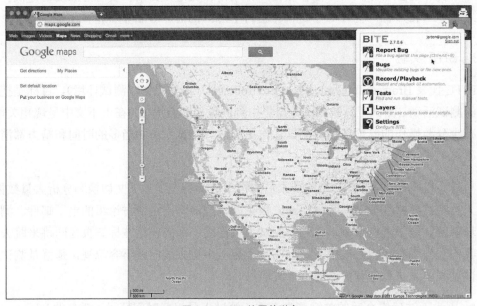

▲图 3.35　BITE 扩展的弹窗

1. 用 BITE 报告 bug

当在测试或者内部试用一个 Web 应用时发现了一个 bug，测试人员可以点击 Chrome 扩展图标，然后选择页面的哪一部分有错。与 Google Feedback 类似，测试人员可以以高亮存在问题的页面部分，然后一键完成 bug 的自动提交。测试人员可以添加一些描述，但是绝大部分重要的但填写起来很乏味的信息已经被自动的拿到了：URL、页面上出问题的元素（或文本）、截屏。对那些深度支持的 Web 应用，工具还能自动地提取出应用特定的调试 URL，以及有助于在此页面中进行调试的信息。

　　例如，测试人员在"maps.google.com"上搜索"Google offices"，但是看到了一个貌似无关的搜索结果：the White House。测试人员只需要简单的点击 BITE 的"Report Bug"菜单按钮。接着，他就可以用一个特别的光标来选择他认为有问题的页面部分：这里是第 4 个搜索结果，如图 3.36 所示。他也可以选择页面上的任何一个控件、图像或 map tiles，以及单词、链接或是图标。

▲图 3.36　在 BITE 中无关的搜索结果（the White House）以黄色高亮

　　点击高亮部分之后，在该页面上会直接弹出一个 bug 提交表单，如图 3.37 所示，无须切换标签页。测试人员可以输入一个简短的标题然后直接点击 Bug it 立即提交，或者增加更多的信息。BITE 会自动完成一些很酷的事情，使得后续的 bug triage 和调试容易得多。绝大多数的测试人员没有时间填写这些东西，因为这需要花不少工夫，导致他们从实际测试分心。

　　（1）自动截图，保存为 bug 的附件。

　　（2）高亮元素的 HTML 被附加到 bug。

　　（3）从打开"maps.google.com"开始的所有动作都会被录制下来，保存为一份 JavaScript

脚本，将来可以回放以重现 bug。脚本链接会附加到 bug 上，开发人员可以在自己的浏览器里观看回放，如图 3.38 所示。

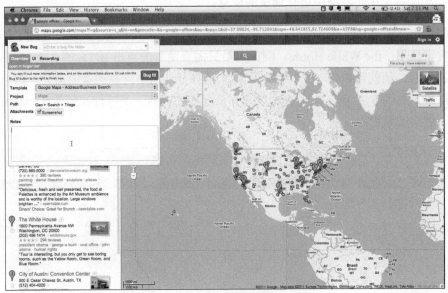

▲图 3.37　BITE：页面内嵌的 bug 表单

（4）Map 特定的调试 URL 被自动地附加到 bug 上，因为网页本身的 URL 没有足够的信息用于完整的重现。

（5）所有浏览器和 OS 信息被附加到 bug。

这一切成就了 bug 的快速提交，并且提交到数据库中的 bug 有足够多的信息用于安排优先级。

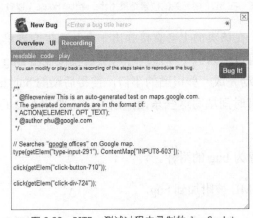

▲图 3.38　BITE：测试过程中录制的 JavaScript

BITE 对 Maps 产生的影响

目前，Googler 使用 BITE 给 "maps.google.com" 提交 bug。Google maps 的 bug 不容易重现，因为它的很多应用状态没有表达在 URL 中，而且后端数据一直在变化。用户在 maps 中浏览、放大缩小的状态都不会记录。有了 BITE 的支持，负责安排优先级的产品经理欣喜若狂地把它推广到更大的 GEO 团队，现在，随便哪个 Googler 提交的 bug 的水平都可与专业的 maps 测试人员相匹敌了。这加速了 bug triage 过程，更多的 bug 可以重现和调试了，之前它们可能会被标记为"不可重现"。

2. 使用 BITE 查看 bug

当测试人员探索一个应用或运行回归测试的时候，页面相关的 bug 会自动浮现出来。这有助于测试人员判断 bug 是否重复，或者已经发现了哪些 bug，从而了解应用的这一部分质量如何。

BITE 会显示内部 bug 数据库和 chromium.org issue tracker 来的所有 bug，外部开发者、测试人员和用户都可以给 Chrome 报告 bug。

浏览器上 BITE 图标旁边的数字表示可能与当前网页有关的 bug 的数量。从 BITE 提交的 bug 附有很多数据，包括有问题的网页区域，因此很容易把这些 bug 统计在内。对那些用老的方式提交的 bug，包括 issue tracker 和 Buganizer，我们有一个爬虫程序检查每个 bug，寻找可以用来做页面匹配的 URL，按照匹配程度排序。例如，完全匹配的排在最前面，然后是匹配路径的，最后是只匹配 URL 域的。原理很简单，但十分有效。

图 3.39 显示了一个叠加了 BITE bug 数据的地图页面的外观。点击 bug IDs 可以打开 Buganizer 或 issue tracker 中的完整的 bug 报告页面。图 3.40 显示了 YouTube 上的一个 bug 叠加显示。

3. 使用 BITE 进行录制和回放

SET 和 TE 的大量时间花费在开发大型的、端到端的回归测试用例的自动化上。这些测试非常重要，因为它们用来确保最终用户可以正常地使用产品的各项功能。绝大多数是用 Java 编写的，使用 Selenium 来驱动浏览器和表示测试用例逻辑。但这个方法有一些弱点。

测试逻辑是用与所测试的应用不同的语言来编写的（Java vs. JavaScript）。这是 Google 的开发和测试一直抱怨的一个共同问题。它拖慢了调试，而且不是每个工程师都想学习所有语言的。

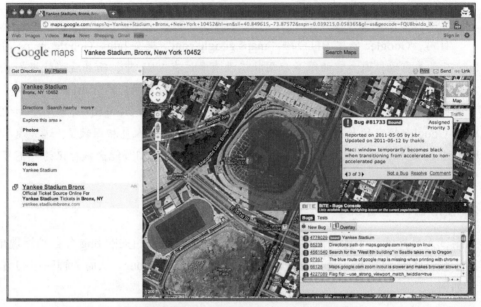

▲图 3.39　BITE：maps.google.com 相关 bug 的叠加显示

▲图 3.40　BITE：YouTube 主页上的 bug 叠加显示

　　测试代码存在于浏览器之外，因此需要进行编译和二进制代码的部署。Matrix 测试自动化平台可以集中管理这些事情，但并不能完全的解决问题。

　　你需要在浏览器和本地应用之外，另行安装一套 IDE 并为要测试的项目做好配置。

TE 花费了大量时间在应用的 DOM 和 Eclipse IDE 之间跳来跳去。他们先确定相关元素的 XPaths，再把它写入 Java 代码里。编译、运行、看结果。这耗时费力，令人厌倦。

Google 的 Web 应用频繁地更改 DOM。这意味着测试用例随着元素在页面中的移动和属性的变化而不断失败。过不了多久，测试团队就得花不少时间来维护现有的测试。这些误报会导致开发和测试最终失去耐心，干脆忽略测试结果，并把它们标记为异常以便不会妨碍代码的提交。

作为回应，我们实现了一个称为 Record and Playback framework（RPF）的纯 Web 的解决方案，是用纯 JavaScript 实现的，并将测试用例脚本保存在云端。RPF 甚至可以在不支持 Selenium 和 WebDriver 测试用例执行的 Chrome OS 上运行。

录制一个测试，只要简单的点击 BITE 浏览器菜单中的 Record and Playback，一个新的录制对话框就会出现。当按下录制按钮时，这个对话框就开始记录浏览器主视窗中的所有点击动作。鼠标右击任意元素开启验证模式，测试人员可以验证某个特定字符串、图像或元素的值。验证还可以是某个元素的存在及其在页面上的相对位置。相对位置对 YouTube 团队很有用，因为他们不总是知道哪个视频应该出现在主页上，但他们可以确定总的页面布局是什么样的。

RPF 方法的一个核心设计理念，是旨在避免查看应用的 DOM 和在发生变化时重新计算元素的 XPaths 的痛苦。我们精心实现了能停止测试的代码。如果它在回放时无法找到某个元素，它就会暂停，允许 TE 简单地选择新的元素，然后自动地更新脚本并继续执行。团队还实现了我们称之为"放松式执行（relaxed execution）"的功能。简单地说，RPF 不是严格地判断某个元素是否与期望的 XPath 匹配，而是去检查此 HTML 元素的所有属性及其父、子元素。在回放的时候，RPF 首先查找精确匹配，在找不到的情况下查找近似匹配。也许 ID 属性改变了，但其余都是相同的。回放可以设置为任意程度的匹配精度，如果匹配在容差之内，测试就继续到下一步并简单地记录一条警告日志。我们希望这个工作可以节省工程师大量的时间。

我们首先在 Chrome Web Store 测试团队试用了 RPF，大约 90% 的测试场景都运行正常，主要的例外是文件上传对话框（浏览器之外的本地 OS 文件对话框）和 Google Checkout 的一些功能（出于安全原因，某些涉及钱的场景无法通过 web API 自动化）。我们最有趣的发现是 TE 并不怎么关心那个拉风的放松匹配或 pause-and-fix 特性，因为重新录制测试反而更快。在这次试用中，我们开发了两套测试用例，一个是 WebDriver 的，一个是 RPF 的。RPF 的方案生成和维护测试的效率比 Selenium 和 WebDriver 高出 7 倍。具体数字可能有出入，但这是一个不错的开始。

RPF 还可用于支持 BITE 中的 bug 提交场景。对于某些站点来说，BITE 会自动启动录制工程师的活动。当工程师发现一个 bug 并使用 BITE 来提交的时候，BITE 会附加一个指向生成的重现脚本的链接。例如，在 Maps 上，它会录制所有的搜索和缩放活动。查看 bug 的开发者可以点击回放，看到用户在遇到这个 bug 的时候做了哪些事情。如果在探索式测试或在正常的使用中没有提交 bug，那么录制的脚本会被直接丢弃掉。

带 RPF 的 BITE 的起源（作者：Jason Barbon）

在早期的 Chrome OS 测试中，我们意识到其核心特性"安全"将会增加测试的难度。可测试性和安全经常是互相矛盾的，Chrome OS 又是极端地重视安全。

在早期版本，部分地支持 Java 虚拟机，但是对网络和其他核心库的支持都比较弱。因为关键的用户体验是基于 Web 浏览的，我们实现了一些核心的 Selenium 测试来验证 Chrome OS 上基本的浏览器功能，以为只要把所有已知的 Selenium 测试移植过来进行回归运行就可以了。

基本的测试完成并运行起来，但很快就遇到了 Chrome 对 Selenium 和 WebDriver 支持不够的问题。假期归来，我们发现 Java 被从底层的 Linux OS 删除了，以进一步减少 Chrome OS 的安全风险。这导致基于 Java 的测试无法运行，我们只好安装了一个 Java 的定制版本，但这也并非长久之计。

Google 有句名言"资源越少，目标越明了（scarcity brings clarity）"，这在测试领域非常的明显，尤其适用于我们目前这个情况。我们对现状加以评估，意识到这个方法不够好。我们构建包含 Java 的 Chrome OS、测试件（jar 文件）和一些本来禁用的安全特性，然后运行测试。然而，这与交付给客户的真实生产环境的配置是不同的。图 3.41 所示为早期 Chrome OS 测试自动化实验室的一张照片。

我们很快就想起了 Po Hu（译注：BITE 团队的一名 googler）的一个旨在通过 chrome 扩展使用 JavaScript 进行网页自动化的工作，这也许是一个解决方案。以前有一套纯 JavaScript 的类似 WebDriver 的 API，称为 puppet，但由于跨站点限制，它必须与被测试的 web 应用部署到一起。也许我们可以把这个 puppet 脚本放到 Chrome 扩展里去来解决跨站点的问题。如果我们安装了这个扩展，并把所有测试都保存到云端而非本地文件系统，不就可以在 Chrome OS 上执行浏览器测试了吗？甚至是在从商店买回来的 Chromebook 上。从时间安排上看，Chrome OS version 1 赶不上了，但工具会在后续版本测试前完成。

▲图 3.41 早期的 Chrome OS 测试实验室

透露一点花絮，BITE 差点命名为 Web Test Framework，简称 WTF。RPF 原名 Flux Capacitor，因为它可以将你带到未来（译注：Flux Capacitor 是科幻电影里时光机的组成部件）。

4. 使用 BITE 执行手工和探索式测试

在一次测试中多个测试人员的分工上，Google 尝试了很多种方法：通过 TestScribe 难用的 UI，以及更常见的电子表格的形式（手工建立人员和所负责的测试用例的对应关系）。

BITE 支持测试人员订阅 Google Test Case Manager（GTCM）中多个产品的测试集。测试主管在安排测试时，只需要在 BITE 服务器上点击一个按钮，就可以把测试用例通过 BITE 的 UX 推送到各个测试人员。每个测试都有一个关联的 URL。用户接受任务之后，BITE 会打开该 URL 并显示要在当前页面执行的测试步骤和验证。运行结束时，单击标记 PASS，系统自动打开下一个要测试的 URL。如果测试失败，系统就做 FAIL 标记并启动 BITE 的 bug 报告界面。

这个做法已经成功地用于众包测试，外包测试人员在安装了 BITE 的浏览器中执行测试，测试任务的分发通过 BITE 进行。这减轻了管理大量测试人员和固定式的分配测试任务的负担。测得快的测试人员会自动地收到更多的测试任务；中间休息或需要停止的测试人员，之前被分配的任务在超时之后会被推送给其他人。BITE 也已经被用于驱动探索式测试，每个高层级的漫游被定义为一个测试用例并分配出去，测试人员在漫游产品时直接通过 BITE 提交 bug。

5. BITE 的分层化设计

跟所有软件项目一样，我们也考虑了可扩展性。BITE 具有接受任意脚本并注入被测试页面的能力。若干分层业已形成。例如，其中一个扩展允许开发人员在页面中有规律地剥离元素以便定位问题，还有一个扩展引入安全团队脚本的工作正在进行中。这些可以在一个小控制台中打开和关闭。我们还在探索哪些层次是工程师所需要的。

BITE 努力满足所有测试人员的各种需求。起初这些特性都是各自独立的扩展，但是在意识到整体要大于部分之和以后，我们着手进行整合，把这些特性都集中于 BITE 之中。

跟其他实验一样，我们希望能在不久之后将这些特性开放给更大的测试社区。

BITE 项目已经开源（见附件 C）。Alexis O. Torres 是前技术主管；Jason Stredwick 是现任技术主管，成员包括 Joe Muharsky、Po Hu、Danielle Drew、Julie Ralph 和 Richard Bustamante。他们在工作之余一起完成 BITE 项目。到本书写作之时，有几个公司已经将 BITE 移植到他们自己的平台之上，同时 FireFox 和 IE 的移植也在进行中。

3.2.10　Google Test Analytics

如前文所述，风险分析极端的重要，但却经常用各种私制的电子表格来实现，或者更糟，仅凭拍脑袋决定。电子表格方式存在以下几个缺点。

- 各种私制的电子表格格式不统一，无法汇总数据，难以跨项目分析和比较。

- 一些简单但却重要的东西如 ACC 中的 4 分制的评价机制和命名方式，在这些电子表格中有时会被裁剪掉。

- 不同团队之间的工作透明性十分有限，因为不存在一个中心库，大家只是按照需知原则进行临时性的分享。

- 实现风险分析到产品指标的关联所需的工作量很大，一般不会被电子表格支持。

Google Test Analytics (GTA)尝试解决这些问题。GTA 是一个方便数据输入和风险可视化的 web 应用。GTA 的 UI 设计结合了 ACC 的最佳实践。通过统一数据格式，经理和总监们可以在一个视图中看到各种产品的风险，易于定位高风险领域并分配资源。

　　GTA 支持基于 ACC 模型的风险分析。特质和组件通过快易表单输入并生成一个表格（见图 3.42 和图 3.43）。测试计划者可以在表格的交叉点添加能力（见图 3.44）。对各能力点，只需要从下拉列表中选择频率和影响值即可完成风险输入。这些数据会被汇总到风险视图。简单的，各领域的总风险（见图 3.45）是各能力点风险的平均值（是的，一个高风险的能力会被许多其他很低风险的能力掩盖住。这并不经常发生，但 GTA 秉承了简单的设计理念，它不会代替常识和审慎分析）。

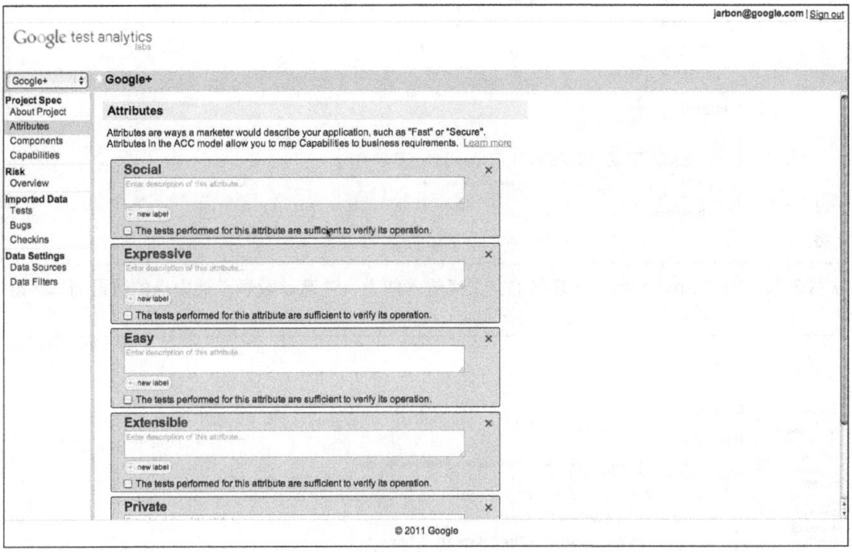

▲图 3.42　Test Analytics：输入 Google+的特质

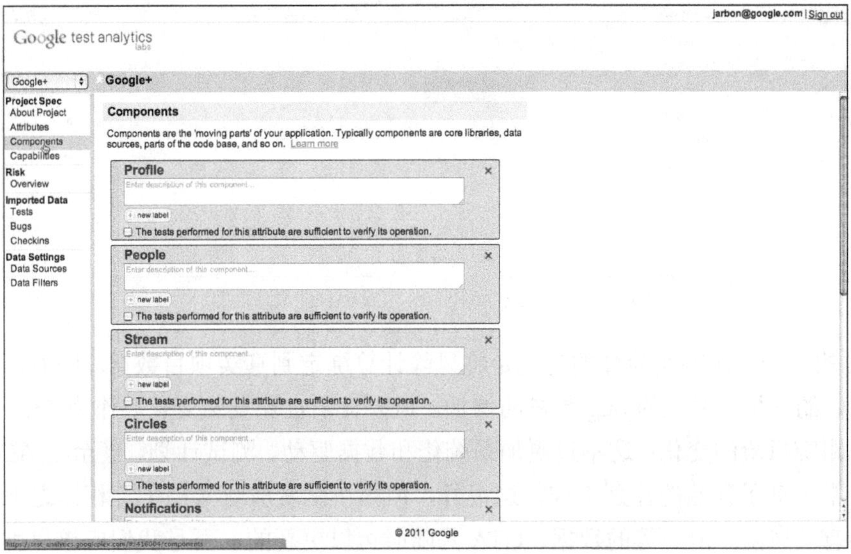

▲图 3.43　Test Analytics：输入 Google+的组件

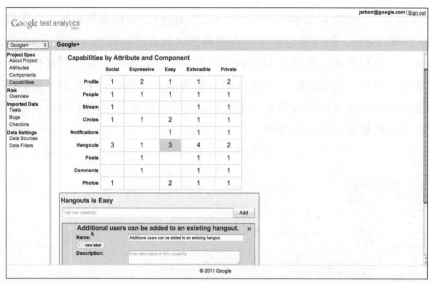

▲图 3.44 Test Analytics：在表格的交叉点输入能力，注意计数表示能力点的数量而非风险

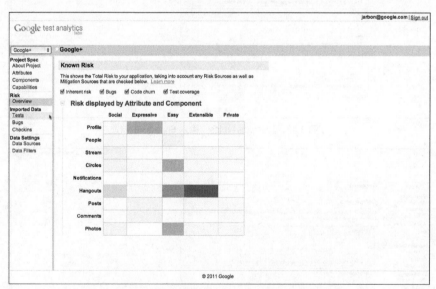

▲图 3.45 Test Analytics：Google+的风险热图

　　GTA 的一个可选的实验性的功能是将风险计算绑定到真实项目数据。随着测试用例的增加、代码的增加、发现的 bug 数量的增加，风险评估也在发生变化。作为 TE，我们总是在脑子里跟踪风险的变化；这不过更加系统化和数据驱动。测试计划，甚至是 ACC/基于风险的，经常推动了开始的计划工作，这很好，但很快就变成死文档了。相比之下，随着你得到更多有关风险、能力等的数据，GTA 是随时可以更新的，而且我们应该尽可能地去自动更新。

GTA 目前只支持内部数据库的绑定，通用化的工作正在进行中。在 GTA 中，测试人员可以输入各能力点的 bug 数据库、代码树和测试用例的位置或查询。在 Google，大家都使用相同的数据库，使得这件事简单易行。随着这些指标的变化，通过简单的线性代数来更新风险级别。目前，这个功能正在几个应用团队试用。

我们使用的公式随时会发生变化，因此就不在这里公布了。它大致是对风险分析时间点之后 bug 的数量、代码行的变化、测试用例的运行结果的度量。风险的各个变量可以按照项目差异进行调整，因为一些团队会提交更细粒度的 bug 或容忍更高的代码复杂度。图 3.46、图 3.47 和图 3.48 以 Google Sites 为例进行了展示。

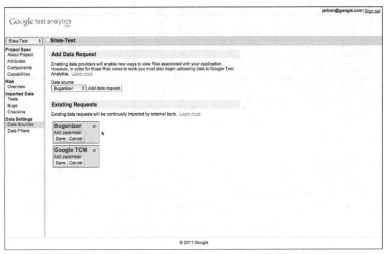

▲图 3.46　Test Analytics：链接数据源到风险

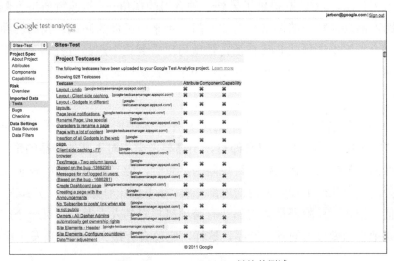

▲图 3.47　Test Analytics：链接的测试

　　GTA 有一个容易被忽视但却非常重要的特性：测试人员可以很快地把能力列表变成一次测试执行。这是各团队要求的最多的一个功能。能力包括了一个简单的概要测试用例列表，在软件发布之前应当被运行。对于那些较小的或探索式测试为主的团队，例如 Google Docs，这个列表作为一个测试用例数据库完全够用了。

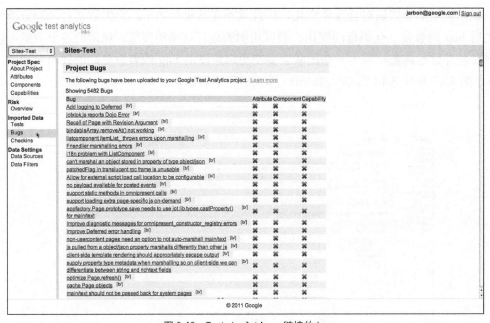

▲图 3.48　Test Analytics：链接的 bug

　　TE 可以使用 GTA 中这些测试执行背后的 ACC 矩阵来分配测试人员。测试人员传统上按照组件领域来分派，ACC 则提供了另外一种有用的视角——按照特质进行测试。安排人手负责某个跨产品功能特质的测试，而非专门负责某个组件的测试，我们已经获得了一些成功。如果一个人被安排测试 Fast 特质，他就可以看到这个产品所有相关的组件在这次测试中性能如何。这种视角有助于我们发现那些在单独测试时被认为足够快，但整体看却相对慢的组件。

　　如何汇总跨项目的风险值得一说。GTA 还不具备该能力，但各个项目应该有自己的 ACC 分析，风险的评价只要考虑自身即可，不需要考虑相对于其他产品的重要性。然后，具有跨多个产品视野的人，在做跨项目风险的汇总时，应当使用不同的权重系数。你的项目是一个小型的只有几个工程师使用的内部工具，并不意味着你不可以在 ACC 评估时给出最大的风险值。把相对风险评估留给那些有跨项目视野的人去做。当对一个产品进行风险分析时，不妨把它当做公司的唯一产品，这样，它总会有最大影响或高发生率的可能。

我们期望能公开 GTA，并在不久后开源。目前，GTA 在其他大公司还处于实地测试阶段。开源的目的，是其他测试团队可以在 Google App Engine 上运行他们自己的实例，或者移植到他们自己运营的不同的技术平台上。

GTA 旨在使风险分析足够的简单和实用，以便人们能够真正的用起来。Jim Reardon 实现了 GTA 并负责维护开源代码（见附件 C）。到此文写作时，其他大型的云测试公司正在考虑将这种风险分析方法集成到他们的核心流程和工具中（Salesforce 是其中之一，Salesforce.com 的 Phil Waligora 正在考虑将此集成到它的内部工具体系中），多达 200 名外部人士已经报名使用托管版本的 GTA。

3.2.11　零成本测试流程

Google 竭尽全力地压缩每一毫秒响应时间，使系统尽可能地高效以适合规模化。Google 同样希望免费提供产品。TE 对于工具和流程的态度亦然。Google 要求我们高瞻远瞩，为什么不挑战一下将测试成本缩减到近乎为零的理想呢？

如果我们可以使测试零成本化，小公司就会进行更多的测试，而创业型公司也至少会做一点测试。零成本的测试意味着更好的互联网，而更好的互联网对用户、对 Google 来说都更美好。

下面是关于免费测试特征的一些想法。

- 成本几乎为零。

- 瞬间可得的测试结果。

- 极少或者无需人工干预。

- 非常灵活，因为没有万灵丹。

我们将此志向限制在 Web 领域，以使问题更易驾驭、更有意义，并与 Google 的绝大多数项目一致。我们的想法是，如果可以先把 Web 测试的问题解决掉，到成功之日，世界将进入云的世界，我们就可以忽略掉那些类似驱动和 COM 的先天性痛苦了。我们知道，如果设定了免费的目标，即使结果并不完美，也会收获一些有趣的果实。

我们现有的免费模型，极大地减小了测试成本。我们开始在自己的实验室和工程项目中受益了，如图 3.49 所示。这种测试流程的要点如下。

（1）**通过 GTA 进行测试计划**：基于风险的、快速的、可以自动化更新的。

（2）**测试覆盖度**：每当一个产品部署了新版本，bot 就会连续抓取网站、索引内容、扫描差异。bot 可能不会区分回归和新特性，但它们可以发现所有变化并交给人工去做筛选。

（3）**bug 评审**：当产品的差别被发现时，它们会被自动的转给人工去做快速判断。是回归还是新特性？在进行差别检查时，BITE 可以提供现有的 bug 和丰富的测试上下文信息。

（4）**探索式测试**：频繁的探索式测试由外包测试人员和早期用户执行。这会捕捉到与配置、上下文相关的 bug，以及其他各种各样非常难以发现和报告的 bug。

（5）**bug 提交**：只需要点击几次鼠标就可以提交 bug，并且大量相关数据被自动附上，包括问题的精确位置、截屏和调试信息。

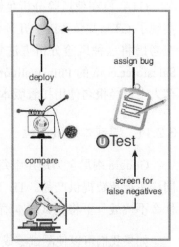

▲图 3.49　端到端的免费测试流程

（6）**Bug triage 和调试**：开发或者测试经理能看到近乎实时的 bug 趋势图、需要用来分析失败原因的丰富的 bug 数据，甚至是 bug 发现过程的一键重放。

（7）**部署新的版本并回到第一步**。重复上述步骤。

Web 测试的平台和流程正变得越来越自动化和搜索化。前述测试方法的核心价值在于，测试人员无需为了发现少数几个可能发生回归的特性变化，而去手工执行成百上千的回归测试。这些 bot 可以 7×24 小时的运行，几分钟内就能完成一个测试周期，而不是几小时或几天，因此，它可以更频繁的运行，更早的发现回归。

bot 流程最强大的一点，是从产品新版本的部署到 bug 的发现之间的间隔很短。bot 可以 7×24 小时运行，众包人员 7×24 小时可用，因此开发在部署产品以后，很快就能得到代码变更效果的反馈。有了持续的构建和部署，确定导致 bug 的少数变更简直是小菜一碟，而且这些变更开发还记得很清楚。

基本流程对于 Web 页面非常有效，但也应该可以应用到纯数据应用、客户端的 UX 项目、或者平台产品。考虑同时部署产品或系统的不同版本，考虑抓取和索引的对应手段。相似的模式对这些测试问题也可能有效，但这超出了本书的范围。

测试创新和实验（作者：Jason Arbon）

Google 支持实验性项目的文化带来了很多创新，同时也堆积了不少失败的实验。即使好的解决方案已经存在，工程师们还是可以重新思考测试、计划和分析的整套方法——这正是他们的职责所在，不会受到阻拦。

James Whittaker 加入 Google 后，最先做的事情之一就是主办内部技术讨论，宣传他对软件测试未来的看法。他说，软件测试应该像电子游戏——就像第一人称视角的射手那样，通过在被测试应用之上的叠加，展示掌握所有上下文信息。我们不会想到他在 GTAC 的演讲（James Whittaker 关于测试的未来的 GTAC 演讲可以在 YouTube 上找到）将会启蒙未来几年的工作。这听起来是一个好点子（理论上），但他的幻灯片给出了客户端应用上的真实案例。当然，要实现通用化支持所有客户端应用，困难还是比较大的。

在 James 的演讲过程中，一开始，我对他那激进的想法持怀疑态度，但是后来突然意识到，通过新的 Chrome 扩展 API，很快就能实现一个在浏览器里运行测试的 Web 应用工具。我为这个想法兴奋不已，接下来的一周着手实现了一个原型。我停掉了日常工作，甚至整个周末都坐在星巴克写程序。星巴克的员工问我是不是在上网找工作，让我有点担心这是不是某种前兆。

很快我就完成了一个演示版，前端是 Chrome 插件，与 Python App Engine 的后端（App Engine 是 Google 托管网站或服务的云服务平台。今天，测试人员经常使用 App Engine 开发工具和平台，因为它支持快速的应用搭建，并且可以免费享受到 Google 的规模化优势。见 appengine 网站。目前支持 Java、Python 和 Go 语言。）通信，并模拟了到 bug 数据库的调用。这个工具能够演示以下几点。

- 将 bug 信息叠加到一个页面，甚至是特定的元素上。

- 将测试用例信息叠加到被测试的页面上，并显示一个 Pass/Fail 按钮用于记录测试结果（见图 3.50）。

- 显示其他测试人员的足迹和使用的数据值的热图（见图 3.51）。

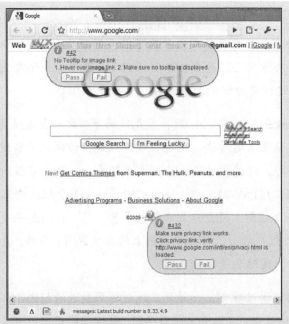

▲图 3.50　测试执行 UX

▲图 3.51　测试覆盖度热图

　　我先在"google.com"上试用，然后开始尝试其他的站点也没有问题。我找到 James，给他做了演示并征求他的意见。James 和我变得非常兴奋，我们的讨论写满了整个白板，这很快就成为前述实验的蓝图。我给 Pat Copeland 和 James 发送了一个简短的电子邮件，告诉他们我正在做的事情，并将转到 James 团队。没有任何问题被提出来——这个变化通过一次电子邮件就完成了。

每个子实验以类似的方式运行——每个工程师各有任务和设计，并与其他同事自由合作。最主要的管理是确保大家的工作是可复用的、可共享的，避免局限性。即使在他们实现单一特性的时候，也要求他们想得更全面一些。

Google 的分享文化——支持自底向上的实验，以及组织上的灵活性提供了测试创新的肥沃土壤。除非付诸实现和应用到真实问题，你永远都不会知道结果是成还是败。Google 允许工程师尝试新鲜的想法，只要他们知道如何衡量成功。

3.2.12 外部供应商

尽管 Google 拥有优秀的测试人才，但我们仍然意识到自己的能力还是有限的。在 Google，崭新的、雄心勃勃的项目在不断涌现，经常需要专门的测试技能。我们并不总是有时间提高测试技能或招聘新人，因为这些都不一定能赶得上项目的进展。现在，Google 存在着从设备、固件、操作系统到支付系统的各种类型的项目，任务范围从修改操作系统的内核到修改远程驱动的富 UI、到设备在各种电视上能否正常工作。

我们意识到自己的能力有限，所以就诉诸于专家的帮助，包括外部供应商代理。Chrome OS 是一个好例子。我们预先认识到 Wi-Fi 和 3G 连接是最大的风险。操作系统的这一部分和物理设备在不同制造商之间变化很大，而一个没有 Internet 链接的云设备就不怎么有用了。另外，安全更新和软件补丁都是通过网络传送的，而网络掉线会损害这些重要的特性。当时，有一家公司正遭受 3G "传导链接性问题" 的困扰。因此，我们绝不能把这些功能的测试交给好心好意但却不够专业的人。

因为刚进入消费电子领域，Google 内部没有任何人拥有物理测试设备，即使有也没人会用。那时的测试是这个样子的：机架上放着 20 台左右的商用 Wi-Fi 路由器，测试人员坐在旁边的工位上，试着手工完成路由器的切换。几周之内，我们就收到了供应商的报告，指出如果用户居住在有多个路由器同时覆盖的公寓大楼，会发生切换路由器的问题以及吞吐率的降低（来自 Allion Test Labs 的 Ryan Hoppes 和 Thomas Flynn 在帮助我们完成硬件和网络测试和认证过程中发挥了非常重要的作用）。还有其他一些问题与使用原型硬件和板卡相关。随即我们就得到了如图 3.52 和图 3.53 所示的严重的吞吐率的下降。这完全是意料之外的事情。参考这个数据，开发人员得以在内部使用阶段就完成了问题的修复。

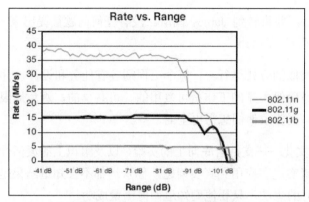

▲图 3.52　rate vs. range 的预期曲线

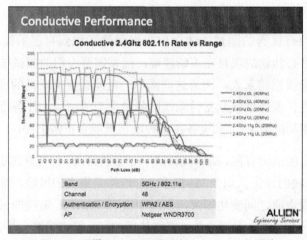

▲图 3.53　早期 Chrome OS 原型的 rate vs. range 曲线

　　有意思的是，在 Google，甚至较低层级的工程师也可以联络外部供应商。快速行动才能快速交付。现在，我们自己拥有了这类测量设施并继续倚助供应商的专长。在 Chrome OS 推向世界之际，善用外部供应商、快速开展工作的能力，对于保证真实环境下稳定的网络连通性发挥了关键性的作用。

　　与外部供应商的这种伙伴关系，还带来了一个意料之外的好处。我们请他们评审一个硬件合格性测试（Hardware Qualification Tests）列表。这些测试是我们要求硬件厂商在将他们的设备送到 Google 来做进一步测试之前要运行的，以减少硬件来回运送的麻烦。通过评审，他们不但发现了一些遗漏区，还好心地修改了所有测试用例的格式，使之与他们之前看到的其他硬件合格性测试相一致。这确保了我们交给大 PC 制造商的第一批测试具有良好的可读性并且是完整的。以谦虚的态度寻求外部专家的帮助，这会带来回报。

3.3 与 Google Docs 测试工程师林赛·韦伯斯特（Lindsay Webster）的访谈

Lindsay Webster 是 Google Docs 的 TE，工作地点在纽约。Lindsay 是一名严肃的工程师，在公司内部的名气很大，是那种"有困难就找她"的测试专家（go-to tester）。她有能力影响开发团队去提高他们的测试水准。她的工作方式、影响团队和产品质量的方式堪称 Google TE 的楷模。

本书作者最近与 Lindsay 进行了一次访谈，了解她对测试的看法。

HGTS：你如何参与一个新项目呢？你首先会提出哪些问题、做哪些事情？

Lindsay：对于一个新项目，我首先要站在用户的角度了解这个产品。有可能的话，我会作为一个用户，以自己的账户和个人数据去使用产品。我努力使自己经历完整的用户体验。一旦有自己的真实数据在里面，你对一个产品的期待会彻底改变。在具备了用户心态之后，我会做下面的一些事情。

● 从头到尾的理解产品。不管是整体的设计文档，还是主要功能的设计文档，我都会去看。只要有文档，我就看。

● 在消化了这些文档之后，我开始关注项目的状态，特别是质量状态。我会去了解 bug 数量、问题的分组方式、已经报告的 bug 类型、最长时间未处理的 bug、最近一些 bug 的类型等，我还会看一下发现—修复比例。

HGTS：是按照每个开发人员还是整个团队？

Lindsay：都有！不夸张地说，只有熟悉了团队的全貌，才能真正有效的展开工作。

我还会去检查应用的代码库。对每一个大一点的类，我会寻找关联的单元测试，并且运行这些测试查看是否能够通过。这些测试用例是否有效？是否完整？有集成或端到端的测试用例吗？它们仍然通过吗？历史的通过率是多少？这些测试用例只是基本场景，还是也覆盖到了边界情况？代码库的哪些包变化最多？哪些已经很长时间没有变更了？开发人员在测试方面的文档工作是否非常随意。

我还会评审所有自动化测试。有自动化测试吗？是否还在运行且能运行通过？不管怎样，我都要去检查测试代码，理解每个测试步骤，看它们是否完整，看相关的假设、通过和失败点是否正确、是否有效。有时，自动化只覆盖了简单的测试；有时，自动化测试集包含了复杂的用户场景（这是一个非常好的迹象）。

在看完所有文档之后，接下来是团队。我会了解他们沟通的方式和对测试人员的期望。如果他们使用电子邮件列表，我会全部加入；如果有团队 IRC 或其他的实时通讯方式，我也会加入。

询问他们对测试的期望，会帮助发现开发团队没有测试过的内容。

HGTS：仅仅是想一下这些工作我都已经感到疲惫不堪了，真的非常感谢像你这样的测试人员！一旦熟悉了这些文档和人事，就只剩下实施了，对吧？

Lindsay：是的！侦查结束，就该开始干正事了。第一件事是把应用分解为合理的功能模块，有一点重叠没有关系。分解不能太细，以免纠缠于细节；但也不能太粗，必须细致到可以罗列子模块和功能。

有了功能模块，就可以排列测试的优先级了。风险最大的是哪部分呢？

到这里，我会再次检查 bug 库。这次是按模块对 bug 进行分组。这将加快已有 bug 的查找，减少重复的 bug，更容易暴露不断重现的问题。

接下来，我会按照优先级顺序更加细致地遍历所有模块，创建用户故事（译注：user story）。对于那些需要详细的步骤说明才能决定 pass/fail 的特性，通常会编写测试用例并链接到相应模块的用户故事。针对比较奇怪的 bug，尽量附加上屏幕截图、视频、快速参考，或者指向现存 bug 的链接。

有了测试集合，我接下来会通过再次检查 bug 和应用来寻找覆盖度上的不足。测试人员做的很多事情是周期性的。此时，我会查看不同类型的测试，检查覆盖情况：安全、兼容性、集成、探索式的、回归、性能、负载等。

有了这些基础材料，我的工作通常只是维护和更新：更新测试用例，增加新特性的文档，更新变化了的模块的截屏或视频。最后，观察哪些 bug 遗漏到了生产环境，会告诉我们测试覆盖上的不足。

HGTS：身为 TE，在你的工作中如何代表用户呢？

Lindsay：我把自己变成用户，就这么简单。我认为，除非能以某种方式将自己置于用户的视角，否则就不可能真正有效地对一个应用进行测试。这就是为什么测试远比检查一个版本是否可用要复杂得多的原因；它包括应用的直观性、行业标准等各方面的反馈。换句话说，测试要清楚地指出当做之事。

HGTS：对于你的工作，开发是怎么看待的？如果他们不认可测试的价值，那你又该怎么办？

Lindsay：开发经常会低估我的工作，直到我们在一起工作了几个月之后，他们才会改变想法。我在完成了上述工作之后，将邀请整个团队开会，介绍一下我设定的测试流程。这种面对面的交流真的很重要，我可以利用这个机会让他们看到我是多么认真严肃地看待他们的应用。结果是一大堆的问题和意见交换。我得到了好的反馈，而他们确信自己有了得力帮手。

在我介绍了整个流程，以及我所做的变化、更新和改进之后，所有对测试价值的怀疑通常就会烟消云散了。

另外一个现象可能显得有点反常：当我坦诚地指出某些组件或领域的测试不应该由我负责，而应该由他们自己负责的时候，开发反而更加看重我的工作了。很多测试人员试图避免自我宣传，避免公开讨论他们不会测试的东西，担心这样做会使人轻看测试的价值。但在我的经验里，事实却恰恰相反，开发会因此而尊敬你。

HGTS：谈一谈 Google Sites 的测试吧。你是怎么开始这个项目的？产出了哪些文档、是什么格式的？如何与开发沟通你的发现和成果？

Lindsay：Google Sites 的测试曾是一个巨大的挑战。因为它的用户数量很大，并且来自一个被收购的公司，所以持续时间比很多其他项目的时间长得多。

通过亲自使用 Sites 建立网站、熟悉大概功能，我加强了对这个产品的了解。我还联系了有经验的用户。例如，几个月之前，我的房管协会将我们的社区网站搬到了 Google Sites 上。因此，我找到几个协会成员，咨询了他们的使用情况。这个团队的设计文档和规格文档的更新不是很好。因此，我先把产品分解成了一些可以理解的小块儿，然后再逐个编写模块和子模块的文档。

Google 与其他公司的做事方式不同，Google Sites 的代码结构与我的习惯不一致，这也减缓了工作进度。另外，创业型公司不怎么写测试——单元的、端到端的或自动化的。因此，JotSpot 转来的 Google Sites 项目只能边走边完善，有些地方使用了不同的风格和方法。这些都是身为测试人员要学着面对的东西。

项目已经存在很长时间了，几年下来不但累积了很多 bug，而且 bug 库难以理清、结构不好，并且没有详细的子模块来支持问题分类。我们花了很长时间才将 bug 按照模块结构整理完毕。

　　我建立了一个网站（当然是使用 Google Sites）用于集中 Site 测试的所有文档：用户故事、测试环境信息、测试团队信息、各条发布线的测试等。我用电子表格（不怎么时髦）按照测试优先级列出了所有模块和子模块，管理各个发布的测试。

　　所有这些大修整结束之后，我给开发团队做了一次报告，介绍了完整的测试流程。这对于开发团队理解测试的范围和挑战起了很大的作用。在此之后，我确实感到自己的努力受到了更高的赞赏。

　　HGTS：你能讲一个特别的 bug 及其发现过程吗？

　　Lindsay：对我而言，对日期字段的应用进行的"日期"测试一直很有意思。我喜欢测试未来的日期和很久以前的日期，通常总会发现一些很奇怪的错误行为，甚至是一些很有趣的计算错误。有一个查找 bug 是这样，当在生日字段填写一个未来的日期时，年龄计算就会出现混乱。我觉得查找 bug 真的很有趣！

　　HGTS：怎样评价自己的影响力？

　　Lindsay：遗漏到客户的 bug 是一项重要指标，我希望这个数字接近 0。另外，我还认真关注所负责项目的声誉。如果项目以 bug 或糟糕的 UI 闻名，如在用户论坛里（要密切关注用户论坛），这是项目有待改进、影响也有待提高的信号。一个项目还会困扰于 bug 债务，即一直没有被修复的陈旧 bug。因此，我还会用仍在影响用户的陈旧 bug 的数量来衡量我的作用。我努力向上反馈这些问题，并用 bug 寿命等事实来说服开发提高优先级。

　　HGTS：你如何判断测试可以结束了？

　　Lindsay：不太好说。在测试一个新的发布时，这通常由发布日期决定，而不是根据我的判断。此外，由于新的浏览器版本和访问 Web 应用的新设备的出现，即使是一个开发已经不太活跃的 Web 应用也需要进行测试。我认为测试的退出标准应该是：你有足够的信心，剩下的 bug 都属于那些使用率较低、出问题之后对用户影响也较低的模块（或功能特性、浏览器、设备等）。这就是为什么要按照一定的优先级处理应用的各种功能和环境支持。

　　HGTS：如何推动 bug 得到修复？

　　Lindsay：推动 bug 得到解决是 TE 的一件重要工作。我必须不断地跟新特性开发抢时间，要求开发人员去修复 bug。用户反馈是一种很有力的论据。一个 bug 带来的用户抱怨越多，我就越能证明修复问题而非开发新特性的时间不会白费。在 Google，像 Sites 这样的企业产品有专门的客户服务代表，我会与这些团队保持密切联系，时刻关注来自客户的频发性的问题。

HGTS：如果神能满足你一个愿望，帮你解决工作中的一个问题，那会是什么呢？

Lindsay：哇，"一个"（one aspect）可以是"全部"（everything）吗？好吧，如果可以的话，我希望是基本的、框架性的测试用例，或者用户场景无需编写、自动到位。CRUD 操作（译注：create、read、update、delete）适用于所有对象，因此没有必要每个特性都去详细描述。通过使用抽象程度高的用户故事来代替预定义的测试用例模型，可以有效的避免此类麻烦，但我仍然希望这个问题完全消失。

HGTS：你的工作如何影响一个产品的发布决定呢？

Lindsay：我会从对用户产生的影响的角度来说明为什么一个功能不能上线或整个发布都不能上线。值得感谢的是，我的团队通常会同意。除非存在严重的问题，我不会阻挡一个发布。重要的是，要维护团队的这份信任——如果我强烈感到发布时机未到，那么这可能也是他们希望的。

HGTS：关于 TE 这个角色，你最喜欢的和最不喜欢的是哪一点？

Lindsay：我真的喜欢这种技能带来的灵活性。这个角色是技术性的，但同时也是面向用户的。有什么项目不需要我这样的人呢？我可以给这么多不同类型的项目带来价值。团队在推出一个产品或新功能时难免感到提心吊胆，而我能带给他们镇定和信心，这使我感到自己是一种正面、有益的力量。

HGTS：Google 和其他公司的测试有何不同？

Lindsay：自主性。在选择全时工作的项目和 20%的项目上，我有很大的自由度。20% 的时间是 Google 的一种制度，我们可以每周拿出一天时间，或者说一周工作时间的 20%来做自己选择的项目。这使我得以参加了各种不同的项目，提升了技能，同时激发和保持了我的工作热情。否则，我可能会经常感到又是一个土拨鼠日（译注：典故来自偷天情缘 Groundhog Day 这部电影。在传统的土拨鼠日这一天，主人公陷入了一个偷天陷阱，每当他第二天醒来，都是相同的一天。这里形容毫无新意、重复性劳动造成的日复一日、时间停止的感觉）。

HGTS：SET 怎么看待你的工作？

Lindsay：SET 可能会忽视人工跟踪 bug 库和每个发布的测试的重要性，直到他们受益并注意到产品由此产生的变化。即使他们认为自动化覆盖了所有的测试场景（的确如此），如果没有人做探索式测试，就没人去设计开发新的、发现更多问题的测试用例。此外，没有人跟进自动化发现的所有 bug，就没有人把这些 bug 与其他 bug 和用户反馈关联起来，或者提升其重要性，督促问题得到及时解决。我会把这些事情都讲清楚，所以同我合作过的 SET 通常会真心实意地肯定我带给项目的变化。当然，还是有一些不那么尊敬我的工作的 SET，但他们就像有类似想法的开发人员一样，不曾与我或其他 TE 一起工作过。一旦发生了合作，他们的态度通常会迅速的转变。

HGTS：你是怎样与 SET 互动的呢？

Lindsay：我负责组织包括 SET 在内的整个团队的测试战略。当 SET 不清楚从何处开始实现测试或者工具时，我会展示最需要测试的地方并以 bug 数据做支持。我还能用真实数据说明他们的方案在预防 bug 方面的有效性如何。因此，我们的互动主要是围绕组织和反馈进行的。

3.4　与 YouTube 测试工程师安普·周（Apple Chow）的访谈

Apple Chow 是 Google Offers 的 TE。在此之前，他是 Google 旧金山分部 YouTube 的测试主管。Apple 喜欢新挑战，不断寻找可供利用的最新的测试工具和技术。

最近，作者与 Apple 就 YouTube 测试进行了交流。

HGTS：Apple，是什么吸引你加入 Google 的？有一个这样的名字，你肯定考虑过其他公司的职位吧？

Apple：呵呵，apple@apple.com 的确很诱人！我加入 Google 的原因是其产品的广度和能与绝顶聪明、知识渊博的人合作的机会。我喜欢变换项目，热爱各种挑战，Google 是一个适合我的地方。在这里，我有机会参与能对成百上千万的用户产生影响的众多产品。每天都是一个新的挑战，我从未感到厌倦。当然，免费的按摩绝对是一个加分项。

HGTS：你觉得 TE 和 SET 的面试流程怎么样？

Apple：Google 的目标是发现有能力学习、成长、解决各种不同问题的多面手。我认为这适用于 TE、SET 和 SWE。在很多其他公司，针对不同的角色有指定的面试团队，面试你的人是你将要一起工作的人。但在 Google，面试却不是这样的。面试官来自不同的团队，这样候选人可以得到多个角度的不同评价。总而言之，我觉得这种流程的设计是为了招聘到几乎能在 Google 的所有团队工作的人。这一点也很重要，因为它方便了 Google 的内部转岗，你总可以选择新产品领域和新团队。在这种结构下，成为多面手非常重要。

HGTS：你有多家技术公司的工作经历。来到 Google 之后，这里的软件测试最令你惊讶的是哪一点？

Apple：差别太大了。也许由于深爱 Google 而使我的观点有失偏颇，但我觉得这里的 TE 和 SET 比其他绝大多数的公司都更加技术化。我经历的其他公司有专门的自动化团队和手工测试团队，而 Google 的 SET 必须写代码，这是他们的工作。这里也很难找到不会写代码的 TE。具备编程能力有助于我们在项目早期就发挥影响力，因为在项目初期主流测试技术通常都是单元测试方面的，这个时候真正的端到端测试还都无法运行。在 Google，我认为技术能力是测试人员得以发挥影响力的关键因素。

Google 测试的另外一个独特之处是大量的自动化。绝大多数的自动化测试在手工测试人员拿到产品之前就已经执行了。这样，到人工测试开始的时候，代码质量已经相当高了。

与其他公司相比，工具也是另外一个不同之处。通常，Google 不使用商业性工具。Google 有着高度重视工具的文化，20%时间保证每一个人都能抽空为 Google 的内部工具做出贡献。工具帮助我们越过困难的、重复性的测试，将宝贵的人力劳动集中在真正需要人的地方。

接下来，当然要说一下开发负责质量（developer-owns-quality）和以测试为中心的 SWE 文化了。质量是大家的共同责任，没人置身事外。任何工程师可以测试任何机器上的任何代码，这就是我们的敏捷之道。

HGTS：Google 的测试与其他公司的相同之处呢？

Apple：在测试上难以自动化的软件，很难成为好的软件。有时为了某个功能的匆忙上线，会导致代码的测试不够充分。哪里都没有完美的公司，也没有完美的产品。

HGTS：作为 YouTube 的 TE，你负责哪些功能的测试？

Apple：我参与了很多项目，帮助完成了很多产品功能的上线。其中新 Watch 页面值得一提，它是 YouTube 视频页面上一个全新的设计，是整个 Internet 最火的页面之一。另外一个难忘的项目是与 Vevo 的合作。Vevo 是由 Google、索尼音乐和环球音乐成立的合资公司。它使用了 YouTube 的视频托管和流引擎，提供优质的音乐内容。2009 年 12 月 8 日发布当天，有超过 14 000 个视频上线，接下来的三个月内，VEVO 优质视频的访问量达到了 14 000 000。我还负责了 YouTube 基于 Flash 的视频播放器从 ActionScript2 升级到 ActionScript3 的重写的测试工作，以及 Channel and Branded Partner 的新页面的发布。

HGTS：那么，Google 的主管是什么样子的呢？

Apple：主管是一种整个产品或团队范围内、或者跨多个产品的协调性角色。例如，Vevo

项目中，我们得关注 YouTube 播放器、branded watch 模块、频道体系、流量分配、摄取（ingestion）、报表等。可以确定的是，主管还需要具备全局性思维。

HGTS：你是如何在 YouTube 中应用探索式测试思想的呢？

Apple：对 YouTube 这样一个人性化和视觉体验型的产品而言，探索式测试是非常重要的。我们尽可能地多做探索式测试。

HGTS：YouTube 的测试人员是怎样接受探索式测试这一方法的？

Apple：这是一个巨大的精神鼓舞！测试人员喜欢测试，也喜欢发现 bug。探索式测试开阔了测试的活动空间、增加了测试的趣味性。测试人员需要像旅行者一样思考，从不同的角度出发，创造出不同的测试模式来破坏软件。这使测试变得更加有意思、更加有效，因为这种方式的测试可以暴露有趣的、隐秘的、用其他手段或传统重复的过程难以发现的 bug。

HGTS：你提到了旅游。James 让你们看他的书了吗（译注：指 James A. Whittaker 的《探索式软件测试》一书）？

Apple：当 James 加入 Google 的时候，那本书刚刚出版，他做了几次分享，跟我们开过几次会。但是他在西雅图，而我们在加利福尼亚，所以并没有多少见面的机会。我们是从他的书开始学习运用探索式测试的。一些漫游方式起作用了，也有一些并没有效果，我们很快就搞清楚了哪些探索式测试的模式适用于我们的产品。

HGTS：哪些模式有效果呢？介意列举一下吗？

Apple："money tour"（侧重于金钱相关的特性；对 YouTube 而言是与广告或合作伙伴相关的特性）得到很大关注，对于各个发布都很重要。"landmark tour"（侧重于重要的系统功能和特性）和"bad neighborhood tour"（侧重于先前的重灾区和基于最近出现的 bug 确定的问题突出领域）在发现最严重的 bug 方面最为有效。观摩团队其他人提交的 bug、讨论发现策略，对每个人来说都是一种极好的学习体验。旅游的概念对我们解释和分享探索式测试的策略非常有用。我们还饶有兴趣的拿一些漫游模式开玩笑，例如"antisocial tour"（一有机会就输入最不可能的输入）、"obsessive compulsive tour"（重复同一动作）和"couch potato tour"（只给最小输入、接受一切默认值）。探索式测试不仅指导了我们的测试，还提高了团队的凝聚力。

HGTS：我们知道你正在 YouTube 团队推动 Selenium 测试。关于使用 Selenium 实现测试自动化，你最喜欢的和最不喜欢的分别是什么？

Apple：最喜欢的是简单的 API，你可以使用自己喜欢的编程语言写测试代码，如 Python、Java 和 Ruby。你可以从应用里直接调用 JavaScript 代码这种了不起的特性非常有用。

最不喜欢的依旧是浏览器测试。运行速度较慢，还需要 API 回调，测试离被测的对象很远。它有助于通过自动化那些人工验证极端困难的场景来保证产品质量，如对广告系统后端的调用。我们有一些测试用于加载不同的视频，然后使用 Banana Proxy（一个内部开发的 Web 应用安全审计工具，可以记录 HTTP 请求和应答）拦截广告调用。这样，浏览器请求经过 Banana Proxy（日志）的中转到达 Selenium，再到达 Web。由此，我们可以检查向外发送的请求是否包含了正确的 URL 参数，接收到的响应是否包含了期望的内容。总的来说，UI 测试的执行比较慢，非常脆弱，维护成本也很高。一个教训是，只保留少数几个用来验证端到端的集成场景的高级别冒烟测试，除此之外尽可能编写底层的测试用例。

HGTS：Flash 占据了 YouTube 内容和 UI 的一大部分，它怎样测试的呢？你们是否有某种通过 Selenium 测试 Flash 的秘籍？

Apple：不幸的是，没有。有的只是大量的艰苦劳动。Selenium 在某些方面有帮助，因为我们的 JavaScript API 是暴露的，可以利用 Selenium 来进行调用测试。我们使用了一个图像比较工具 pdiff 来测试缩略图、最后一屏（end of screen）的渲染。我们还使用了大量的 HTTP 流代理来监听流量，这样就可以了解页面变化的更多信息。我们使用 As3Unit 和 FlexUnit 来加载播放器来播放不同的视频，以及触发播放器事件。关于验证，我们可以使用这些框架来验证软件的各种状态、完成图像对比。我想说这就像变戏法一样，但实际上是大量代码铺就的。

HGTS：你或团队曾经发现过的、避免用户遇到的最大的 bug 是什么？

Apple：最大的 bug 通常不那么有趣。然而，我记得曾经有一个导致 IE 浏览器崩溃的 CSS 问题。这是我们第一次遇见 CSS 搞垮浏览器的情形。

一个难忘、微妙的 bug 发生在 2010 年新 Watch 页面上线期间。我们发现，在 IE7 中，当用户将鼠标指针移动到播放器区域之外时，播放器会在一段时间后失去响应。这个问题值得关注，因为当用户在长时间的观看一个视频并四处移动鼠标时就会中招。一切操作都会慢下来，直到浏览器彻底失去响应。最后发现原因是未释放的事件指针和资源一直在反复执行同样的计算。如果你正在看短片或不移动鼠标，就不会发生这个问题。

HGTS：你认为 YouTube 测试最成功的一点是什么，最不成功的是什么？

Apple：最成功的是一个获取并检查问题 URL 的工具。尽管这个测试很简单，但对快速捕捉到关键的 bug 真的很有效。我们增加了一个功能，它提供的堆栈跟踪（stack traces）可供工程师用来跟踪和修复问题，这使问题更容易得到调试和解决。这个工具很快就成为部署期间测试的第一道防线，节省了大量的测试时间。我们还花少许精力进行了扩展，使之可以覆盖到通过日志确定的最流行的 URL 以及一个人工挑选出来的列表。这件事非常成功。

最不成功的大概要算每周上线过程对人工测试的持久的依赖了。我们只有非常小的时间窗口用于测试（冻结代码的当天就要上线），但是却有大量的非常难以自动化的 UI 变动，这就导致手工测试在每周的发布流程中变得非常关键。这个问题很困扰，我希望能有更好的答案。

HGTS：YouTube 是一个由数据驱动的网站，因为很多内容都是由算法来决定的。你们如何验证正确的视频在正确的时间和位置被显示了呢？你的团队验证视频的质量吗？如果验证的话该怎么做呢？

Apple：我们度量视频被观看的频率、它们之间的相互关系，以及一大堆的其他参数变量。我们分析缓冲区内容滞后（buffer under-runs）和高速缓存未命中（cache misses）的数量，并基于这些数据优化全球的服务架构。

我们有视频质量级别的单元测试，以确保达到适当的质量。有一个团队实现了一个对此进行更为深入测试的工具，且已经开源（AS3 播放器助手的源代码见 code.google 网站）。它的原理是使用 FlexUnit 测试用例（基于内置的 YouTube 播放器）播放各种测试视频并检查播放器状态和属性。这些测试视频具有大型的条码来标记帧和时间轴，使之在压缩失真和质量损失的情况下仍可以很容易识别。度量状态还包括抓取和分析视频帧的快照。我们会检查正确的长宽比或裁剪、变形、色偏、空帧、白屏、同步等，还加入了对 bug 报告发现的问题的检查。

HGTS：关于 Web、Flash 以及数据驱动的 Web 服务，你对其他测试人员有哪些建议？

Apple：不管是测试框架还是测试用例都以简单为要，随着项目的开展再迭代的设计。不要试图事先解决所有问题。要敢于扔掉过时的东西。如果测试或者自动化过于难以维护，不如放弃它并试着去实现更有韧性、更好的东西。密切关注一段时间维护和排错的成本。遵守 70-20-10 法则：小型的用来验证单个类或功能的单元测试占 70%，中型的用来验证一个或多个应用模块之间集成的测试占 20%，大型的高级别的用来验证完整应用的测试（一般称为系统测试和端到端测试）占 10%。

除此之外，安排好优先级，寻找小成本大回报的自动化项目。一定要记住自动化并不能解决所有问题，尤其是前端项目和设备测试。你总会需要聪明的、探索式的测试并跟踪测试数据。

　　HGTS：那么告诉我们真相吧。YouTube 测试一定很热闹吧？比如看一整天搞笑的猫咪视频。

　　Apple：好吧，有一个愚人节我们颠倒了所有视频的标题。我不说谎，是的，测试 YouTube 很好玩。我发现了很多有趣的内容，这不正是我的工作嘛！即使这样，我还是会在看猫咪视频时大笑不止。

第 4 章　测试工程经理

测试工程师（TE）和测试开发工程师（SET）分别致力于支持用户和开发工程师。另外还有一个角可以把这两者联系起来，那就是测试工程经理（Test Engineering Manager, TEM）。测试工程经理是作为独立贡献者的一个技术岗位，负责所有的支持团队（开发、产品管理、产品发布、文档等）之间的联络。这可能是在 Google 最具挑战性的一个职位，不仅需要同时具备 TE 和 SET 的技能，还需要拥有足够的管理技能来负责直接下属的职业发展。

4.1　测试工程经理的工作

Google 的测试项目不仅仅依赖于本书前面已经提到过的测试工程师 TE 和测试开发工程师 SET 完成他们的工作，还依赖于测试工程经理 TEM 这个角色的领导力和协调能力。测试工程师和测试开发工程师都汇报给测试工程经理。测试工程经理通常直接汇报给测试总监（译注：写作本书时，Google 拥有六位测试总监。向每位总监直接汇报的测试工程经理用一只手就能数过来。独立贡献者一般向测试工程经理汇报，而资深工程师和技术负责人一般直接汇报给他们的总监。这种扁平的结构是为了能更好地协同工作，并降低沉重的管理负担。绝大多数总监也都会分出一部分时间，让自己作为独立贡献者工作）。所有的测试总监都汇报给 Patrick Copeland。

测试工程经理需要拥有技术能力、领导能力和协调能力。他们通常都是成长于 Google 的内部团队，而不是从外部空降的。空降的员工通常（但不是全部）都作为独立贡献者。即便是 James Whittaker 受聘为测试总监，也有将近三个月的时间完全没有任何员工直接向他汇报。

目前的测试工程经理中，有超过半数之前都曾做过 TE 的角色。这并不奇怪，因为 TE

本来就关注测试项目的各个方面，进而管理整个项目的人员也只是向前迈进了一步。TE 对于其测试的应用程序的功能特性了解得非常全面，而且在项目中与一般的 SET 相比会更多地接触各种工程师。然而，成功的 TE 或 SET 并不一定就是成功的测试工程经理。在 Google，成功需要多方面的因素，我们努力选择合适的经理人选，并努力帮助他们成功。

想成为优秀的测试工程经理，第一条建议就是去**了解你的产品**。对于与被测产品相关的任何使用问题，测试工程经理都应该是专家。假如你是 Chrome 浏览器的测试工程经理，你应该知道如何安装扩展程序、更换浏览器的外观、设置同步关系、更改代理服务器设置、查看 DOM、查找 cookie 的存放位置、如何以及何时进行版本更新等。这些问题的答案，测试工程经理都应该能脱口而出。从用户界面到后台数据中心实现，测试工程经理都应该对自己负责的产品做到了如指掌。

我记得我曾经问 Gmail 的测试工程经理，为什么我的邮件的读取速度很慢。他向我解释了 Gmail 服务器是如何工作的，以及远程数据中心在那个周末发生的一个问题所带来的后果。我本来没想要了解这么多细节。但是很明显那家伙知道 Gmail 是如何工作的，而且了解影响其性能的最新信息。在 Google，这就是我们对测试工程经理的期望：相关项目中最强的产品专家。

与之相关的第二条建议是**知人善用**。在 Google，测试工程经理是产品专家并理解要有哪些工作需要完成，不过他作为经理，在实际完成这些工作的过程中仅起到少量的作用。真正完成工作的人是向他汇报的 TE 和 SET。了解这些人以及他们的能力，这对能否快速高效地完成工作至关重要。

Google 的工程师都很聪明，但是数量上并不充裕。我们从 Google 之外招来的测试工程经理都反映他们项目缺少人手。我们的回应只是报以微笑。我们知道这不是问题。如果能够知人善用，经理可以让一个小团队发挥出像大团队一样的作用。

资源紧缺能够促使项目的参与者职责明确。想象一下一大群人带小孩的情形：一个人喂奶，一个人换尿布，一个人逗孩子乐，等等。这些人中没有一个能和操劳的单亲家长相比更投入地照顾孩子。正是由于孩子的养育资源的不足，这才使得照看孩子的过程更明确有效。资源不足的时候，你只能被迫做得更好。你能更快地发现流程中的缺陷从而避免重复犯错。你会制定一个喂奶时间表并按时执行，你会把纸尿裤放在各种随手可得的地方。

这种方式也会用在 Google 的软件测试项目中。问题不能简单地通过增加人手来解决，就需要使用工具并使其流水线化。没用的自动化测试会被弃用。不能发现回归问题的测试根本不会被编写。如果是开发人员要求测试人员做这样的事，他们自己也必须要参与其中。不允许不必要的工作存在，也不需要不产生价值的改进。

　　测试工程经理有职责优化整个过程。测试工程经理如果对产品有深入的理解，就能清楚地找到最高优先级的工作，对相关模块进行合理的覆盖。测试工程经理如果对他的团队成员足够了解，就能根据具体的测试问题安排具有最适合测试技能的员工。很显然，有些工作可能由于资源问题而无法完成。但是，如果测试工程经理处理得当，这些工作会是那那些最低优先级的部分，或者可以直接外包出去或交给众包用户和内部试用用户完成。

　　当然，测试工程经理很可能犯错误，但是由于他的角色太重要了，这些错误可能代价很大。好在测试工程经理一般都相互认识而且关系密切（资源紧缺的另一个好处，就是人数少到他们不但能相互认识，还可以定期交流一下），经常相互交流经验共同提高。

4.2　获得项目和人员

　　Google 的工程师有一个特点，其所负责的项目是流动的。一般来说，Google 员工每隔 18 个月就可以自由选择一个不同的项目。当然，这不是必须的。让一位热爱移动操作系统的工程师去做 YouTube 也是不明智的。项目的流动性，给员工提供了体验各种不同项目的机会。很多人选择多年从事一个项目甚至整个职业生涯都致力于此，但也有不少人热衷于对 Google 做的各种事情都能有所了解。

　　测试工程经理可以从这种氛围里获得很多机会，如随时都可以找到具有各种经验的 Google 员工。想象一下，作为 Google 地图的测试工程经理，你可以选择 Chrome 和 Google Docs 的工程师资源。你的团队可以随时补充大量具有相关经验或者全新视野的工程师。

　　当然，负面因素是有经验的员工也可能转到其他团队。这对测试工程经理提出的要求是不能过于依赖于某些成员。不能仅仅依赖于某位明星测试人员。那些促成这位测试人员成为明星的东西，必须要沉淀成可用的工具，或者总结成一套方法，这样可以帮助其他人也能走上这条成为明星的道路。

　　在 Google，测试工程经理管理着一套称为资源配置的流程。资源配置通过一个 Web 应用支持，测试工程经理可以在上面发布职位空缺消息，而 TE 和 SET 可以在上面寻找新的工作机会。工程师只要在当前的项目工作了 18 个月以上就可以自由离开，而不需要事先获得现在的经理或者未来的经理的许可。当然，这种转岗应该保证产品发布日期或者项目的重要里程碑不受影响，但实际中我们从未看到有什么争议（注：我们之前解释过的 20% 自由时间在这里也有贡献。工程师从项目 A 转岗到项目 B，他通常会在开始的一个季度里用 20% 的时间为新项目 B 工作，而在下个季度时翻转这个比例，花 80% 的时间在项目 B，20% 的时间在原来的项目 A）。

Noogler（Google 的新员工）也在同样的 Web 应用上被分配。测试工程经理审阅新员工的简历和面试得分，并在系统里给一个"出价"。在入职高峰期间，每个项目都有多名候选人，而每名候选人也可能被提名到多个项目。竞争是常态，测试工程经理经常需要在资源配置会议上，针对项目或人员进行争辩，最终由测试总监组成的仲裁委员会和 Patrick Copeland，或者由他任命的某人做出最终的决定。分配一般会遵照以下优先级进行。

- 新员工的技能与项目所需技能的匹配程度。我们希望为员工创造通向成功的环境。

- 新员工的个人意愿。如果工程师能得到他所期待的工作，他才可能更快乐地工作。

- 项目需要。战略性的或盈利性的项目有时候会被优先考虑。

- 过往的分配记录。如果一个项目一直没能获得所需的人手，那它就会过期。项目分配其实不是一件烦人的事情。测试经理如果某一次没能获得所需的新员工，他下一次还有机会。另一方面，新员工万一被分配到不适合的项目中，这也不是什么大不了的事，因为转岗也很容易。

获取新项目也是测试工程经理必须要做的事情。随着测试工程经理的经验和声望不断提升，他可以管理更多更大规模的项目。除了工程师以外，其他一些资历尚浅的测试经理也可以直接向他汇报。

这个过程通常是：开发团队组织一个会议邀请一位可以信赖的测试工程经理，向他介绍自己的项目，希望他能够为这个项目而组建一支测试团队。当然，Patrick Copland 作为最高的测试总监，可以直接指派某些极为重要的项目。

这种让测试工程经理来选择项目的办法，主要是为了避免产生糟糕的项目。那些不重视质量的团队，只能自己完成测试工作。那些不愿意编写小型测试用例、不进行良好单元测试覆盖的团队将会不被理睬，自生自灭。

那些"宠物"项目（就是那些不太可能成功或开发可以自己测试的简单项目）都会被测试经理弃之不理。无论从 Google 的角度、用户的角度，还是测试经理职业发展的角度，都不值得为这样的项目安排人力。

4.3 影响力

Google 与其他软件公司不同的一点就是特别强调影响力。在 Google，你随时可以听到"影响力"这个词。工程师需要在团队里发挥影响力，他的工作需要能够影响到整个产品。

测试团队整体上也要有影响力。团队的整体贡献应该非常出众，而且整个团队和产品都应该持续不断地提高。

每位工程师的个人目标都应该是建立影响力。测试团队的目标也应该是建立影响力。有责任确保测试团队影响力的那个人就是测试工程经理。

晋升取决于员工对项目产生的影响力。年度评审时，经理需要通过员工对项目产生的总体影响来描述他的贡献。工程师的级别越高，对他产生的影响力的期望也就越高。测试工程经理管理团队，负责团队成员的成长，也就是让他们可以衡量自己发挥的影响力。

测试工程经理需要管理团队中测试工程师和测试开发工程师所发挥的影响。

我们组建测试团队的目的就是让他们发挥影响力。我们没有要求测试工程经理和他的团队来保证产品的质量。我们没有要求他们保证产品的按时发布。我们不会由于产品不成功或用户不喜欢而怪罪测试团队。在 Google，根本没有任何一个团队会为这些事情负责。但是，每个团队都有责任理解项目的目标和计划，并保证团队成员各司其职来正面影响这些事情。在 Google，对工程师最好的褒奖就是称赞他的影响力。而对于测试工程经理来说，就是建立一支有影响力的团队。

年度评审和晋升决议中，影响力是一个非常重要的因素。年轻的工程师需要完成他自己的工作，而高级工程师需要在团队层面和产品层面体现影响力，到了更高级别以后，还需要在整个 Google 都能发挥影响力（这点后面还会讲到）。

测试工程经理要让团队具有这样的影响力，并根据每位工程师的职位级别和具备的能力帮助他们发挥相应的影响力。Google 的经理不会对测试过程的每个细节一一过问。他们不会全程参与项目 ACC 模型的制定。他们不会逐行审查测试架构代码。他们会确保这些测试模型、代码、工具都交由确实通晓这些的工程师完成，并得到正确地使用，开发团队可以理解它们的目的并认真对待其结果。测试工程经理组建团队，并把工作分配给他认为合适的人，然后就退居二线不再干扰工程师完成他们的工作。测试工程经理应该保证每项工作都具有一定的影响力。

想象一个测试团队中每位工程师都有能力完成极具影响力的工作，测试过程中的每个单元都有明确的目的和明显的效果。开发团队非常理解测试工作并一起参与，直到最终完成目标。这就是测试工程经理要做的事——把这个设想变为现实。

测试工程经理还有一项工作就是处理跨团队的沟通。优秀的测试工程经理，特别是那些经验丰富的人，绝不会把自己限制在自己的产品范围之内。Google 有着几十个同时开发、测试、使用的产品。每个产品都有一个或多个测试工程经理（取决于产品的大小和复杂度），每个经理都尽力让自己的团队具有影响力。作为自己团队的代表，测试工程经理必须努力发现团队里的好方法、好工具，并分享给其他团队。好的方法和工具，只有在更多的产品中成功应用，才能体现出更大的影响力。

Google 以创新而闻名，它的测试团队也不例外。大量在 Google 内部创造和使用的测试工具和方法（其中很多也已经对外发布）体现了这种创新精神，也支持了我们的测试团队。Google 并没有强迫测试工程经理在沟通方面做些什么，他们的日程表上也没有每月一次的定期交流会。他们不断地交流，是因为不想错过使用其他团队那些了不起的创新工具和方法的机会。谁不愿意用这些具有影响力的新工具呢？谁不愿意把工作完成得更漂亮呢？

当然，交流对于创新的输出同样有价值。当你发现某些创新在你的团队和产品上效果很好，能让它们在其他团队也用起来会感觉更好，尤其是当越来越多的团队使用甚至成为公司里测试的必备要素的时候，那真是棒极了。跨团队的交流必须建立在创新的基础之上，否则就是浪费时间。

4.4　Gmail 测试工程经理 Ankit Mehta 的访谈

Ankit Mehta 在成为测试工程经理之前是一名测试工程师（TE）。在最初的几年，Ankit Mehta 一直在和测试自动化代码打交道。他作为技术经理的第一个大项目正是 Gmail。

Gmail 是个巨大挑战。它非常庞大，涉及很多快速发展的部分。Gmail 整合了很多 Google 的产品，如 Buzz、Docs、Calendar 等。它需要处理那些已经站稳脚跟的竞争对手所支持的邮件格式。Gmail 有非常庞大的后台系统。要知道 Gmail 是一个云服务，用户可以通过任意一种主流浏览器进行访问。有数亿用户在使用 Gmail，他们希望打开浏览器后 Gmail 就能工作，这从某种意义上也增加了复杂性。用户需要快速、可靠、安全的服务，并且还能包括自动处理垃圾邮件。增加新特性必须保证之前的功能持续可用，这使得测试任务变得非常复杂。一旦 Gmail 出现问题，全世界的人就会在第一时间发现。因此，测试工程经理责任重大。

我们对 Ankit 进行了采访，了解 Gmail 是如何测试的。

HGTS：告诉我们你是怎么接手一个新测试项目的吧。你首先会做什么事，问哪些问题？

Ankit：加入一个新项目的头几个星期，我主要用来倾听而不是发表意见。深入理解团队非常重要，要学习产品的架构，了解团队的最新动态。我不能接受一位医生在观察我不到五分钟的时间就给我开具抗生素类的药品。同样地，我也不期望一个测试团队可以接受我一开始就提出的什么解决方案。在进行诊断之前你必须先要学习。

HGTS：我们和你一起工作过，你可不是那种安静的类型啊。我估计你是不开口则已，一开口就会滔滔不绝，如黄河泛滥般一发而不可收拾！

Ankit：噢，是的！不过我也不会什么都说。多年来，通过不断地聆听，我发现最有力的问题就是"为什么"。为什么你会进行这些测试？为什么你会想到这个用例？为什么你选择把这个任务自动化而不是那个任务？为什么我们要投入做这个工具？

我感觉人们有时候做事只是因为看到别人这么做，或者他们测试某个特性的时候只是做那些他们知道怎么做的东西。如果你不问他们为什么，他们自己也不会费心思考这事儿，因为他们已经把那些作为了一种习惯。

HGTS：那什么样的答案算好答案呢？

Ankit：第一，因为它能够提高产品的质量；第二，因为它能提高工程师开发产品的效率。其他答案都没这些重要。

HGTS：Gmail 团队注重生产效率是出了名的，所以我理解你会这么说。不过除了质量和效率之外，你对测试工程经理还有什么建议来建立一个健康的工作氛围呢？

Ankit：团队的气氛非常重要。我深信优秀的产品和优秀的测试团队紧密相关。你必须要有拥有合适技能的人，正确的工作态度，并做正确的事情。特别是团队中资深的人，因为团队的文化和氛围很大程度上来源于这些人。拿 Gmail 来说，我花了三到六个月来建立团队，让团队具有凝聚力，每个人都能理解其他人的角色。当你有了一个好团队，就不会由于一两个人的不适应而出现问题。测试团队和开发团队的关系也是一种非常重要的气氛。当我刚加入的时候，这种气氛并不好。测试团队自顾自的工作，而开发团队也不认可测试团队，这是非常不好的。

HGTS：你肯定把这个问题解决了，能具体谈谈你是怎么处理的吗？

Ankit：我刚加入 Gmail 的时候，测试团队只是专注于执行一系列 WebDriver 的测试，每个版本执行一次。每次执行测试结果都会由绿（成功）变红（失败），然后再花大力气修复这些测试，让他们能够再变绿。开发团队没有过多质疑这种做法，由于这些测试通常还是能发现一些重要问题的，因此这种做法就一直延续下来了。但是曾经有好几回代码变化很大，测试代码根本来不及修改。整个过程非常脆弱，不能适应 Gmail 的变化。这是一种过度投入，因为要让它最终发挥作用所需的工作太多了。

可能是因为我新加入的这个项目，所以能发现一些其他人不能发现的事情。在我看来处理延迟是 Gmail 最大的问题。严格来说，从用户的角度来说，Gmail 最大的特性就是它的速度。我料想如果我们为开发团队解决了这个问题，我们就能赢得他们的尊重并开始建立平等的关系。

这是个难题。我们必须测试 Gmail 老版本和新版本速度上的差异，当新版本的速度下降时及时发现。然后我们需要检查所有新版本里改动的代码，并找到速度变慢的原因，从而修复这个问题。这是一个痛苦的过程，非常耗时，并伴随大量的尝试和失败。

我曾经和一位测试开发工程师一起想办法，想让 Gmail 的速度变慢，以便于我们能更好地观察前端和后台数据中心的通讯，从而发现造成性能下降的原因。我们最后到处找了些旧机器，弄了一大堆 512M 内存、40GB 硬盘和低速 CPU 的机器。Gmail 在这些机器上运行速度慢了很多，我们可以把所需的信号分辨出来，然后开始运行长时间的压力测试。头几个月特别艰苦，我们有几次误报。我们花费了大量的精力搭建基础设施，可没有什么产出。但是后来，回归测试的需求滚滚而来。我们可以测量到毫秒级的性能损耗并把数据记录下来。开发工程师能在几小时内就发现产生延迟的问题，而不是以前的几个星期。这样就可以趁问题刚出现的时候就开始调试，而不像以前得在几个星期以后才能开始。这件事立即为测试团队赢得了尊重，以至于在我们着手开展接下来的重要任务（修复端到端的测试和搭建高效的负载测试平台）时，开发工程师实际上还自发地帮助我们。整个团队发现了高效测试带来的价值。Gmail 的发布周期从每三个月缩短到每周，再到每天都能向我们的部分用户发布新的版本。

HGTS：所以经验就是解决掉一些难题来赢得尊重。我喜欢这点。不过做完这些之后你还做了什么？

Ankit：其实，难题永远也解决不完！不过你说的对，基本思路就是关注最重要的事。我们确定 Gmail 最紧要的问题，然后一起解决它们。通过团队配合，你会发现这些问题并不那么困难。当然，我还是坚信只应该关注最重要的事情。每当我发现团队打算做太多的东西的时候，就好像你要同时做五件事情，但是每件只能完成 80% 的时候，我就会要求他们退回来重新安排优先级。把你需要做的事情减少到两到三件，但都能完成到 100%。这样团队才能获得真正的成就感，而不是好多事情在他们手里没有完成。如果这些工作最后都能积极地影响到产品质量，那么我也会感到特别高兴。

HGTS：大家都知道 Google 的每个经理都有很多直接下属，而且经理自己还需要从技术上有所贡献。你怎么平衡这些事情？能告诉我们你自己是怎么完成那些技术工作的吗？

Ankit：管理下属和与其他人沟通确实是一种干扰。我其实总结了两个办法来让自己能保持技术敏锐度并像工程师一样参与其中。

第一，在与开发工程师和测试开发工程师团队沟通的过程中，有好多事情可以做，我可以选择留下一部分自己来完成。我在设计阶段会积极地参与，持续地跟进项目并且自己也编写测试。

第二，其实这才是关键的部分。如果你想做一些技术工作，就必须尽量排除管理方面带来的干扰。起先，我每周都花一两天的时间做我自己的工作。我有一个项目是把 Google Feedback 整合到 Gmail 里，这个工作让我能从开发的角度来看待测试。当我碰到一个脆弱的测试，或者测试架构的某些部分拖慢了我的测试进度时，我就能够理解那些全职的开发工程师怎么看待我们的测试工作了。尽管如此，只要我在 Google 总部的办公室，人们总能想办法找到我，所以我就跑到苏黎世 Gmail 团队的办公室去。虽然在那儿有九个小时的时差，但是环境就安静多了，我在那里也不是谁的经理。我可以混进一个技术团队而不怎么引人注目。我在苏黎世干了好多活儿！

HGTS：你对测试项目的人员配备有什么建议吗？开发测试比是多少会比较好？SET 和 TE 的比例呢？

Ankit：人员的问题其实很简单，那就是绝不妥协。选用不合适的人来填充名额永远要比等待合适的人员要糟糕。只选用最好的人，不能动摇。Google 不让公布人员比例数据，不过以前我们团队中测试人员的比例比正常水平高很多。自从我们解决了很多最初的问题，并得到开发工程师的支持以后，我们的比例就降到和 Google 的标准水平差不多了。从技能分配的角度来说，Gmail 的经验是用 20%的测试人员进行探索式测试。任何关注用户体验的产品都需要探索式测试。还有 30%的测试工程师关注于产品的整体性测试，他们和测试开发工程师一起来保证测试的效果。另外 50%的工作，是测试开发工程师开发相关的自动化测试和工具，以保持代码库的健壮和提高开发人员的工作效率。我不敢说我在下一个项目还会按照这样的比例分配，但是这个比例对 Gmail 来说是有效的。

HGTS：我知道你现在开始负责 Google+的测试了。在新项目中你发现哪些在 Gmail 的经验是最有价值的？

Ankit：首先，不要把你所有的精力都放到前端。Gmail 拥有最庞大的分布式后台系统，那里还有很多的测试问题我们尚未解决。除此之外，还有很多经验教训值得吸取。

- 使用与应用程序开发语言相同的编程语言来编写测试。

- 让负责开发新特性的人同时负责相应测试的执行，他需要对漏掉的测试负责。

- 关注测试基础设施的建设，让测试的编写和执行非常容易，甚至比忽略它们还要容易。

- 20%的用例覆盖了 80%的使用场景（可能会有些出入）。把这 20%自动化而别管剩下的。把那些测试通过手工完成。

- 这里是 Google，速度才是王道。如果用户只在乎一件事，那就是速度。确保我们的产品足够快。进行性能分析以便于可以证明给所有人看。

- 与开发团队的沟通至关重要。如果这点做的不好，你就会疲于应付，那可不是什么好事。

- Google 的 DNA 里富含着创新精神。测试团队也应该被看做创新者。发现重要的问题并能创造性地提出解决方案。

HGTS：你有发现技术团队可能遇到哪些陷阱吗？

Ankit：有的。假设我们知道用户的需求，然后进行了大规模的改动或编写了大量的代码提供新特性，却没有进行小规模的试验。如果用户不喜欢这些改动，麻烦就大了，而针对这些特性构造的测试框架再好也是浪费。因此，要先为少量用户放出一个版本，获得必要的反馈，然后再为大量的自动化测试进行投资。

另外，试图构造完美的解决方案可能花费太长的时间，到时候市场的发展早已超出你的想象了。应该快速迭代，展现阶段性成果。

最后，就像开车一样，你必须找到测试的离合点。过早编写测试，有可能由于架构的变化导致全部工作作废。若等待太久，则又可能错失测试良机而导致没有充分测试。测试驱动开发是不错的方法。

HGTS：对于个人来说有什么陷阱吗？年轻的测试工程师和测试开发工程师在新项目里会犯哪些错误？

Ankit：是的。他们可能一上来就开始干，不明所以。他们写了很多测试，但忘记思考为什么要写这些测试，怎么让这些测试为整体目标服务。编写测试的时候，他们往往没有意识到他们还要负责维护这些测试。测试开发工程师应该牢记测试应该是开发人员的工作而他们自己应该专心让测试成为开发人员工作中的一环。我们通过编写工具帮助开发人员做到这点，而且应该让开发人员在维护开发代码的同时也负责维护测试代码。这样一来，测试开发工程师才能集中精力让测试执行得更快，更容易分析。

测试工程师有时候会迷失方向，做起测试开发工程师的工作。我们希望测试工程师更全局地看待整个系统，全面地掌控整个产品。他们的重点应该是从最终用户角度考虑的测试，帮助测试开发工程师和开发工程师确保所有的测试和底层测试框架都被正确有效地使用。测试工程师编写的工具和对问题的诊断应该能够影响整个产品。

HGTS：除了你前面提到的性能方面的自动化测试以外，还有什么测试方面的工作让 Gmail 获得了巨大的收益吗？

Ankit：JavaScript 自动化测试。我们为 Gmail 本身加入了一个用于自动化测试的 servlet。通过它，开发人员就可以使用与前端开发一致的编程语言编写端到端的测试（译注：端到端的测试是指涉及整个应用系统环境，在现实世界使用时的情形模拟的测试。）。因为它使用很多相同的函数和程序库，开发人员对于如何编写测试代码很熟悉，没有学习曲线。他们可以很容易地写出一些测试，来检验他们的新代码是否影响了 Gmail 的正常功能，也能够更好地保护他们开发的特性不被其他开发人员破坏。现在，Gmail 的每个新特性都至少会有一个通过这个 servlet 编写的测试。最棒的是，在我现在负责的社交产品里面我也在用这个方法。我们已经有了大约两万个自动化测试！

还有压力测试。在 Google 你不做压力测试不可能蒙混过关，因为我们的所有应用都有大量的用户，后台数据中心的负载会非常大。我们基本上必须复制一份线上环境并引入真实用户流量。我们花费了几个月的时间分析线上系统的使用情况，构建了一个代表用户的使用模型。接下来，为了数据更为真实，我们使用和真实的 Gmail 数据中心一样的机器来运行我们的压力测试。然后，我们观察测试环境和被监控的真实环境上的结果差异。我们发现了很多性能退化的问题，并帮助开发人员细化和定位了这些问题。

最后，我们更专注于预防 bug 而不是检测 bug，这为我们带来了巨大收益。我们推动自动化测试在代码提交之前更早地执行，避免了大量质量不佳的代码污染项目。这让测试团队随时保持在最前沿，支持项目产出高质量的版本。这也给我们的探索式测试人员提出了更大的挑战。

HGTS：在选用人才方面你已经很有经验了。你现在转到社交产品项目上，你的测试团队需要找什么样的人呢？

Ankit：我需要寻找那些不会沉迷于系统的复杂性、遇到困难的问题时能够分解为可执行的步骤并能最终解决的人。我需要有执行力的人，他们会被紧迫感激发而不是吓跑。我需要能够在创新和质量中掌握平衡的人，他们不应该只满足于发现更多的 bug。但最重要的是，我需要能看到他们的激情。我需要那些真正想做测试的人。

HGTS：这也是我们最后一个问题。在测试领域什么东西会引发你的激情呢？

Ankit：我喜欢由快速迭代和高质量带来的挑战。这两者相互矛盾但又都很重要。这个经典的矛盾迫使我为这两个目标不断优化，而又不会伤害我自己或我的团队。创建一个产品不难，但要快速创建一个高质量的产品会有相当大的难度，而这正是使我的工作——富于挑战又充满乐趣。

4.5　Android 测试工程经理 Hung Dang 的访谈

Hung Dang 是 Google 的一位技术经理，专门领导 Android 测试团队。在加入 Google 之前，他曾在 Apple 和 Tivo 公司做工程师。

Android 的战略重要性不用多说了。从很多方面来说，它和我们的搜索和广告业务一样巨大，是 Google 的另一项重要资产。因此，它特别受高层的关注，也吸引了一大批一流人才。它的代码库增长非常快，每天的版本里新增数百项改进是很正常的事。Android 是一个操作系统，一个平台，有数百万的应用运行其上，拥有一个蓬勃发展的开发者生态环境。运行 Android 系统的设备增长迅速，涵盖了众多厂商的手机和平板电脑。设备兼容性测试、电源管理测试、应用程序测试等的方方面面都由 Hung 和他的团队承担。

本书作者 Hung 坐在一起探讨 Android 到底是如何测试的。

HGTS：告诉我们一些 Android 测试最初的故事吧。那时候还没有那么多设备运行 Android 系统，它的测试应该比现在要容易很多吧！

Hung：很不幸，事情真不是那样。当我开始领导 Android 的时候，这个团队很新，而且很多成员没有测试过移动设备上的操作系统。我的第一件任务就是建设我们的团队和建立测试的基础框架。测试项目最初的一段时间是最困难的。而当你建立好了合适的团队，建设好正确的基础框架和测试流程，无论产品最终变得多么复杂和多样化，测试起来对你来说也不是什么难事。一切都没发生的时候才真正是最困难的阶段。

HGTS：那我们好好聊聊这件事吧，因为好多测试经理也正在与项目初始阶段的困难斗争。你能讲讲你在 Android 初期的经历吗？

Hung：那些日子是巨大的挑战。我们做的第一件事就是让大家熟悉产品。我要求我的所有测试人员都成为产品专家。团队里的每个人都必须了解产品系列的每个方面，没有商量的余地。当你了解到了那种程度，你就能了解测试中的困难是什么，然后你就可以根据这些需求来建设你的团队了。聘请那些能够理解这些测试难题的人（在 Google 这也包括从其他团队拉人）。Android 的产品系列涉及很多层面，从硬件到操作系统，再到框架，再到应用模型，再到市场推广。很多部分需要专业的测试技能。我首先做的事情就是分析清楚，然后建设团队处理这些问题。

团队建立好以后，我给他们定下了基调：创造价值！最好还能找到可复制的创造价值的方法。从开发到产品管理，测试都应该是一股推动的力量，否则你就是在阻碍发展。早期的日子里，创造价值就是帮助产品成功发布。那时候我们做的事情已经超出了测试的范围，但都是为能发布优秀的产品出力。我们促成了每日的构建，并让整个团队都同步使用同一个版本。大家都拧成一股绳，团队的工作模式也建立了起来。团队的每个成员都被培训使用统一的风格来报告、分析和管理 bug。这就是一群正确的人在一起合作做正确的事。

HGTS：好吧，这听起来很困难啊，团队是怎么做到的？

Hung：其实，老团队里的很多人都离开了，大约有 80% 的人都离开了。不过留下的人成了技术负责人，带领新来的人。不是每个人都适合每个项目，在 Google 这么大的公司，如果 Android 项目不适合你，很可能在其他地方可以找到合适的项目。Google 把大量的项目组合成了一个非常健康的测试生态环境。

HGTS：那好处是什么？

Hung：好处就是这样能够关注价值。我们做的每件事都有明确的目的。我们质疑所有的事情：测试用例、每项自动化测试。其实我们正在做的很多事情就通不过这种审视。如果自动化不能带来明确的价值，我们就废弃它。所有的事情都是价值驱动的，这才能成就团队。如果要我给新晋测试经理什么建议，我会告诉他们：你们做的每一件事都要创造价值，并且能够持续地创造价值。

HGTS：虽然你讲得轻松，但很明显这件事做起来并不容易！还是讲一下你所描述的团队的一些细节吧。我们有 bug 的报告流程，但是很显然这其中还有很多其他的东西。你是怎么组织这些工作的？

Hung：我喜欢把 Android 用术语"主线（pillar）"来描述。我知道你们测试 Chrome OS 的时候用不同的术语，不过我还是喜欢主线这个概念，我们所有的测试人员都通过一个主线来明确。对 Android 来说，我们有四大主线：系统主线（内核、媒体等）、框架主线、应用主线和市场主线。我们每个测试人员都对其中的一个主线进行测试。

HGTS：这容易理解。我喜欢把测试人员按照需要不同技能的主线来组织的方式。这样，你的团队既有人熟知底层的东西，也有人了解上层的东西，而主线的划分突出了这些能力，真不错！那么自动化测试呢？你又是怎么利用它的？

Hung：我学会了对自动化测试保持怀疑的态度。测试人员可以对产品的自动化测试的一个远大目标投入巨大的热情，花费数个月的时间编写自动化测试，然而产品或平台的一次变化就可能让这些努力都付之一炬。投入人力编写那些不能经受时间检验的自动化测试是最大的一种浪费。我认为，自动化测试需要能够快速编写、快速执行、解决特定的问题。如果你不能立即理解一个自动化测试用例的目的，那就说明这个用例太复杂了。你需要让自动化测试足够简单，有确定的范围，最重要的是要产生价值。比如，我们有一系列自动化测试来检验一个构建版本，以确定它是不是足够可靠，可以从金丝雀发布版本转向 Droid 发布版本。

HGTS：等一下！什么是 Droid 发布版本？

Hung：喔，对不起。就像我刚开始说的，我们 Android 团队做事总有些特别。我们的发布版本和你们在 Chrome 中用的不一样。我们有金丝雀（Canary）、安卓货（Droid-food）（类似于 dogfood，但仅限于 Android 团队）、试验货（Experimental）、Google 货（Google-food），大街货（Street-food）这几个发布版本。最后的大街货也就是对外发布的版本。其他团队也有类似的概念，只不过他们会用其他的名字。

HGTS：好吧，所以你们有一个自动化测试集来检验金丝雀版本的 bug，通过后才能变成 Dev 版本。我了解了，小而灵。你们有专职的测试开发工程师负责这些自动化吗？

Hung：一辈子也不会有。我的测试人员全都是通才。具体来说，每个人都能做手工测试，真的是每个人都能。探索式测试是深入学习理解一个产品的最佳途径。我永远不会让一个测试开发工程师成为一个框架开发者。我希望他们深入产品并了解如何使用它。每个测试人员都必须强调用户。他们必须是专家级的用户，通晓整个产品的每个细节。在我的团队，我们把如稳定性测试、电源管理、性能测试、压力测试和第三方应用程序的快速检查都留给自动化测试完成。举个例子，没有人能够手动发现相机的内存泄露或在各个平台上验证一个单一特性的功能——这些都需要自动化。大量重复性的工作不适合手工测试，或者一些需要机器才能达到的高精度测试就必须通过自动化测试来完成。

HGTS：所以你们的测试工程师的数量要比测试开发工程师多不少？

Hung：不是，恰恰相反。我们团队的测试开发工程师大概是测试工程师的两倍。只不过测试开发工程师和测试工程师的界限并不那么明显，有时候可能会从事对方的工作。我不太在意他们的职称，只要能创造价值就行。

HGTS：好的，咱们谈谈手工测试吧。你显然很认真地对待对手工测试（我为此佩服你）。

Hung：我是手工测试坚定不移的支持者。坐下来自己钻研整个产品不是明智之举。我们需要仔细观察要进行测试的每日构建版本，分析里面有些什么。哪些是变化了的？有多少行新增或修改的代码？有多少新的或更改过的功能我们需要处理？提交代码更新的是哪些程序员？与昨天的版本相比，变化的代码分布有多广？这些问题都能帮助我们抓住重点，而不是自顾自地探索整个产品。针对每日构建的版本，我们可以把重点放在发生改变的地方，来让自己的工作更有效率。

这也意味着团队之间的沟通非常重要。我要求每个人都要进行探索式的测试，因此减少大家的重复工作很重要。我们有每日沟通会，来确定哪些东西是重要的、需要测试的，保证大家可以一起来完成它们。手工测试对我来说就是抓重点和做沟通。有了这两点我就认可所付出的努力就是值得的、有价值的。

HGTS：你会为手工测试创建文档吗？还是纯粹的探索式测试？

Hung：是探索式的，但也为它创建文档。在两种情况下，我们会为手工测试创建文档。第一种情况是，当我们有一个通用的用例，它可以被每次的构建版本使用而且也是主要的测试路径。我们把这些用例记录下来放到 GTCM 中，这样所有的测试人员或测试外包都能获取和使用这些文档。第二种情况是，我们为每个功能点记录测试指导方案。每个功能点都有自己的特性。手工测试人员把这些特性作为一些指导原则记录下来，一般后来的测试人员能够在后续的版本里很快接手这个功能点的测试。总的来说，我们会花时间为系统级的用例和特定于功能点的指导方针创建文档。

HGTS：谈谈你们对开发人员的要求吧。你会要求他们提供规格说明书吗？会要求他们使用测试驱动开发吗？单元测试呢？

Hung：在理想世界里，我猜想在写每行代码之前都能为之写好测试用例，而每个测试用例又来源于规格说明书。也许这样的理想世界真的存在。我不知道。不过在这个快速发展并充满革新的世界，你只会得到你能得到的东西。如果你写了规格说明那么非常感谢，我会好好利用它。但现实是，你必须遵循一些现有的东西。要求提供规格说明书并不会奏效。坚持要求单元测试也不会让那些单元测试更有价值。规格说明书或单元测试用例并不会（除了一些明显的回归错误）帮助我们更好地发现真实用户会遇到的问题。这就是我们的世界，测试人员的世界。你只有手上的这些东西，还要利用好这些东西为产品、为团队增加价值。

我的经验是，所有的工程师出发点都是好的。没有谁想让产品错误不断。但是创新不可能被计划得那么恰到好处。时间计划和竞争压力也不会因为我对产品质量的抱怨而发生改变。我可以继续抱怨或者开始做点儿什么产生价值，我选择了后者。

我的现实情况是每天都有成百上千行的代码更新，对，我是说每天。有杰出的、富于创造力的开发人员，就应该有同样数量的杰出的、富于创造力的测试人员与之相配。没有时间抱怨，也不能要求别人去做什么，而是要自己努力创造价值。

HGTS：Hung，真高兴你在我们这边儿！好，现在我要问几个可以快速回答的问题，准备好了吗？如果你有多余的一天来测试 Android 的发布版本，你会做什么？

Hung：要是真有多出来的一天，就会再多出一个构建版本！但是不可能有多出来的一天，这种事不可能发生！

HGTS：讲得好！好吧，有什么遗憾吗？你能讲一个在发布版本里没能发现的 bug，而导致了用户不快的事吗？

Hung：首先，地球上所有的测试人员都经历过这个。没有任何软件发布以后没有 bug。这是不可避免的。对我自己来说，每当这事儿发生都令我痛苦。

HGTS：好了，没这么容易过关！说一个！

Hung：好吧。几个版本以前，有一个动态壁纸的 bug。在某种情况下，壁纸在启动时就会崩溃。这个问题很好修复，我们很快就改了，没什么用户受到影响。不过这还是不应该发生的。当时我们是做了测试的，相信我，当时我们已经做了测试的！

4.6　Chrome 测试工程经理 Joel Hynoski 的访谈

Joel Hynoski 是一名资深的测试工程经理，在 Google 成立之初就在西雅图—柯特兰的办公室工作，多年来他负责了各种各样的项目。他现在负责包括 Chrome 和 Chrome OS 在内的所有的客户端产品。在办公室大家都知道他的外号是"古怪的澳洲人"，平静的时候表现出测试人员的特质，争吵起来又像个愤怒的经理。

本书作者最近和 Joel 一起座谈他的测试理念和在 Chrome 和 Chrome OS 中的经验。

HGTS：快点儿，告诉我们你用是的什么电脑！

Joel：（举起他的笔记本电脑）Chromebook 宝贝儿！

HGTS：能让我们看看你背包里面还有什么好玩意儿吗？

Joel：哈！我兜里有个手机，附近还有个平板电脑，不过我自己一直在用我正在测试的东西。我用这台 Chromebook 做所有的事情，当我发现有什么干不了的时候，我就报个 bug。

HGTS：作为测试工程经理，你管理着工具条、安装器、Chrome 浏览器、Chrome OS，以及所有其他我们开发的客户端操作系统和上面运行的应用。这真会涉及一大堆开发团队啊。你是怎么平衡这么多事情的？

Joel：其实测试本身就是一种平衡的艺术。一方面，我们必须能让产品发布，对每个发布版本做所需的检查以保证没有问题。另一方面，我们必须开发优秀的自动化测试，并为自动化投入开发自己的框架和基础设施。再有，我们需要围绕"开发—构建—测试—发布"的流程模式计划和安排我们的工作。还有，测试专家们不断向世界展示他们进行测试的最新方法，如果你不试验这些新东西，你会觉得自己是在原地踏步。

HGTS：你是变戏法儿的还是有三头六臂？说正经的，你们怎么把这些事情有条理地组织起来？

Joel：这要从实践中来。我如果有个软件要发布，其他事情可能就都会为它让步。这里面总是有个权衡。我们是敏捷团队，但也会进行最后的回归验证。我们做探索式测试，但我们也需要跟踪多个发布版本和各种平台。我不相信绝对的事物。

真实的情况是，没有一种单一的模型适用于所有团队。即使在同一个公司，也有多样性。举例来说：我的 Chrome 团队和我的 Chrome OS 就用两套不同的流程，而他们其实还都坐在同一幢楼里呢！你能说其中一种就比另一种好吗？这个就要依情况而论了，我能做的就是帮助两个团队相互交流哪些东西是成功的，哪些东西对测试团队来说能够有效。关键是我的测试团队必须做好一切准备，知晓哪些能行，哪些不行，对不行的事儿随时抛弃。除非将来什么时候我真能把所有东西都能理顺，目前我还是倾向于使用一种综合的方式，混合使用开发自测、脚本化测试、探索式测试、基于风险的测试、自动化功能测试等多种方法。

HGTS：哎呀，听起来另一本关于 Google 测试的书就要诞生了。

Joel：是呀，给我一年的时间（把它写出来），我们就可以一拼销量或者比比在亚马逊书店上的评分了。或者，嗨，我们是 Google 呀，我们可以比较搜索结果的相关性排名！

HGTS：行，给我们讲讲 Chrome 和 Chrome OS 的测试吧。我们在这本书里用很大篇幅讨论了 Google 中 Web 应用团队使用的测试基础设施的话题。不过对于你的客户端领域来说，那些都不适用了，是吗？

Joel：的确，这是一个巨大的挑战。客户端在 Google 不是主流。我们是一家互联网公司，我们了解的是如何开发和测试 Web 应用。因此，对我们所有的客户端产品来说，我们必须把这些经验和工具转移回客户端上。Google 储备的基础设施用不上，这是一个实实在在的挑战。

Chrome 本身是由一个小的试验产品发展而来的；就是几个开发工程师在一起决定他们能开发一个更好的浏览器，然后他们让全世界能够使用它（而且它是开源的，还有人在修改它）。早期的时候，测试是开发人员自己完成的，然后一些核心测试人员尝试使用。不过当用户数量超过千万的时候，它必须有一流的测试团队才行。

HGTS：我们认识那些家伙，他们确实很棒。那你现在有了团队了，面临的最大的挑战是什么？

Joel：是互联网！说真的，互联网不断地变化，而 Chrome 浏览器必须跟上。插件、扩展、应用、新的 HTML 版本、Flash 等都在不断地出现和变化。变化的组合超出想象，但是每种组合都不能出错。如果我们发布的浏览器不能显示你喜欢的网站，或者导致你喜欢的网络应用不能运行，你想都不想就会选择其他的浏览器了。的确，我们还支持大量不同的操作系统，不过相比之下数量就少多了，而且可以更简单地通过我们的虚拟化平台来进行测试。因此，最让我头疼的还是变化多端的互联网。

HGTS：多样性的问题确实是测试人员的痛点。我们知道你也要写本自己的书，所以不能把你的风头全抢了，但还是讲两项你用来驯服不听话的互联网的技术或方法吧！

Joel：两项？唔，好吧。我来谈谈应用程序的兼容性和 UI 自动化吧，因为它们都挺成功的。其他的东西我都留在下本书里讲，嘿嘿，更棒的东西。

应用程序的兼容性问题对浏览器来说相当重要。我们需要回答这样的问题，"Chrome 浏览器能兼容互联网的站点和应用程序吗？"换句话说，Chrome 能正确显示页面和运行 web 应用吗？很显然我们不可能进行完完全全的验证，因为那么多网页和应用我们没法一一试过。即便我们能一个一个试验，我们又可以用什么东西来对比结果呢？我们解决这个问题的办法是测试那些最流行的站点（我们是 Google，我们很容易知道是哪些站点），然后和 Chrome 的参照版本，甚至其他浏览器进行比对。我们的自动化程序会渲染数千个站点然后逐点来比对显示结果。我们每天的开发版本都会做这样的测试，所以很快能找到回归的问题。渲染测试结果任何不一致的地方，都会有人工来检验哪里出了问题。

不过结果检查只是一部分工作。我们还需要能驱动浏览器来访问站点和应用。我们是通过 UI 自动化来做到这点的。你可以用 Chrome 的一个叫做自动化代理的 API 来启动浏览器，跳转到一个 URL，查询浏览器状态，获取窗口和标签页的信息，等等。我们为它提供了一套 Python 接口，这样你就能用 Python（大多数 Google 的测试人员都非常精通 Python）编写脚本来驱动浏览器了。通过它能开发出强大的功能自动化测试。我们的开发人员和测试人员共同开发了一个庞大的测试库"PyAuto（可以在 chromium 网站获取关于 PyAuto 的信息）"。

HGTS：好，你搞定了 Chrome 浏览器，而 Chrome OS 就是把 Chrome 装进笔记本电脑，所以测试起来应该不费力了，对吧？

Joel：就像我测完了 Safari 浏览器，Mac OS 系统也测完了，测完了 IE 浏览器，Windows 就没问题了吗？对，没错！不过别忘了由于有了 Chrome OS，意味着 Chrome 测试起来就更麻烦了，因为我的应用兼容性自动化测试还得多增加一个平台！

不过我告诉你：我们掌控整条产品线，这是件好事。Google 可以控制整个系统，从板载模块一直往上到用户界面。从用户界面往下，所有东西看起来都不错——和 Chrome 测试是重合的。我用 PyAuto 来开发非常棒的自动化用例集，可以大量复用 Chrome 团队的测试例。另外，还有固件、内核、GPU、网络适配器、无线模块、3G……我们现在能在这么小的盒子里塞进这么多东西！这都是自动化测试难以企及的地方。这些测试都要耗费大量的人力，根本不符合 Google 超高的开发测试比。我们的系统从原型阶段向前推进，我们需要把电路板插到纸板盒子里。

我们之前的测试工具在这里都不能用了。Chrome OS 是开源的，处于一般的 Google 开发系统之外。基本上不夸张地说，我们必须把很多测试工具完全重新开发一遍，重新定义这些工具使用的流程，再把工具贡献给外部开发人员使用。我们每六个星期就要发行三个发布版本（开发版本、beta 版本、稳定版本）来支持五种不同平台的操作系统平台。幸亏我是个澳洲人，要不然我早就疯了！

因此我们必须有创造力。什么地方我们能推动开发人员去编写工具？我们能要求合作伙伴和制造商帮我们做多少测试？我们怎么让测试团队学会有效地测试硬件？我们能制造什么工具和装备来降低手工测试的负担？怎么让设计好的测试能在真实的设备上运行？

HGTS：我们担心你列出这么多问题，其实是在卖关子，为了让我们等着读你的书来找到答案！

Joel：事实上你只能等，因为我还没完全找到答案，而我的工作就是这个！我们还在准备第一次发布，我们必须找到有效的办法，把手工测试和自动化测试结合起来。Autotest（译注：关于 Autotest 的信息可以在 autotest.kernel 网站找到）是一个开源测试工具，最初是为了测试 Linux 内核而开发的，我们把它改造成能够驱动在真实 Chrome OS 硬件上执行完整自动化测试的工具。我们团队为其做了大量扩展工作，让它能够处理硬件平台的问题。这些扩展代码都贡献回了开源社区。Autotest 用于我们的预发测试、冒烟测试、版本验证测试，可以同时支持虚拟机和真实硬件。当然，我们也大量使用 PyAuto 在 Chrome OS 系统上通过驱动 Chrome 浏览器来执行自动化测试。

HGTS：你和 James 在 Google 很有名，你们都是招聘测试人员方面的专家。当招聘中的候选人不清楚是不是想在 Google 做测试的时候，你们俩都能说服他们。你们有什么魔法吗？

Joel：James 和我共用一个办公室很长时间，我们俩都对测试这个行当充满了热情。所以我们俩合起伙来干这事再合适不过了。只不过 James 是个大嗓门，会议发言人那种类型，所有人都认识他。他能说服那些人是因为他的名声。而我能做到这一点是因为我能让他们对测试产生热情。我们的方法完全不同，知道吗，他靠的是运气，我靠的是技术！

我开玩笑呢。不过我真的非常喜欢测试，这也包括喜欢招聘适合 Google 测试的工程师。Chrome 团队的招聘挺有难度的，因为它天然有一种为了解决问题而不断加人的倾向。例如，怎么解决在一周之内为三个发布版本在 CR-48、三星 Chromebook，以及新的实验硬件等多个平台进行验证的问题？嘿，抓上 30 个外包工程师去干！怎么在 24 小时之内验证 Chrome OS 的稳定版本？要是有 18 个手工测试人员，那也是小菜一碟！

可我不想管理一个只会闭着眼执行测试脚本的测试团队。那太无聊了。我想管理的团队应该能够做开拓性的测试开发，创造新的工具，在他们日常工作中发挥各种创造力。所以我给团队加人的时候，我要让团队保持一个很高的技术水平。这就是招聘的难度。你怎么找到有足够技术水准的人加入 Google，还能帮助他们从内心热爱测试工作？James 认识很多这种人，但是总有一天他的资源会用光。我采用一种综合的方法来挖掘是什么东西让测试真的非常有意思并且充满挑战。有时候你自己都会感到奇怪，很多人一心想成为开发人员，但是当他们认识到测试是怎么一回事儿的时候，他们非常愿意在测试领域一试身手。当他们发现测试中的挑战，体会到其中的乐趣以后，你就真的找到一位相当棒的测试人员了。

HGTS：来宣传一下，为什么选择测试这个职业？

Joel：测试是开发过程里工程师能涉及的最远的地方。我们已经解决了很多关于如何高效开发软件的问题，但是测试方面还有很大的空间可以探索。那么多技术任务如何组织？如何高效地进行自动化测试？以及如何保持敏捷但又不操之过急？测试是当前软件工程领域最有意思的部分，而且有非常好的职业发展的机会。你不再只能管软件中的一小块代码，你能测试 HTML5 站点的 GPU 加速能力，你能验证是不是为多核 CPU 做了足够的优化以达到最佳的性能，你能确保沙盒是真正安全的。对我来说，这些东西能让我非常兴奋，热血沸腾，而且我很高兴能在 Google 的测试部门工作，为解决最具挑战性的问题而努力。

4.7 测试总监

Google 测试总监的自由度非常高。很难用一段文字来描述测试总监的工作内容，因为他们每个人都有很大的自治权利，而且方法各不相同。他们只有很少的一些共同点：都向 Patrick Copeland 汇报，使用共同的 Google 基础设施，每周在一起开个会交流各自领域的问题。不过和前面一部分讲述的技术经理（技术经理向总监汇报）不同，总监可以用任何他们认为合适的方式来指导他们的各种产品团队。

总监负责批准招聘和转岗，全面掌控测试团队人事方面的各种问题。他们有大量的预算用于提升士气，外出活动等，也可以用来购买"schwag"（带有 Google 标志的物品、背包、T 恤、夹克之类的）。他们经常攀比着为测试团队订购最酷的东西；让每个人都能得到它们。在公司里，测试团队是一个非常强大的品牌，而这些 schwag 也在证明这一点。真的，有时候这些 schwag 都有点儿像病毒了。James Whittaker 的团队曾经订购了一批 T 恤，印着犀利的标语"The Web Works (you're welcome)"（互联网能用啦(不客气)），这些 T 恤太流行了，甚至在 Google 园区经常能看到开发人员也穿着它。

公司没有试图在各个团队推行什么统一的东西，包括 schwag 在内。公司也没有试图让各个领域间的重复工作降到最低。在各个团队都鼓励创新，大家都攀比着开发能让自己更强的自动化测试和各种工具。但如果能把相关的工作融合起来或者共同开发，公司也会给特别奖励，以促进相互之间的交流。另外，测试人员的 20% 自由时间，也会经常用于参与其他总监下面的团队的工作。实际上，20% 自由时间的制度经常被总监们用来管理那些想转到新团队的测试人员：先用 20% 的时间为新团队工作几周，然后再反过来花 20% 的时间为原来的团队工作几周来完成这种转换。

Google 就是靠这种自由转岗的机制，来保证在公司层面的合作精神，而不至于被人性中自然的竞争意识所分裂。Google 鼓励工程师大约每 18 个月就转岗一次。注意是鼓励而不是强制。总监们必须和其他总监保持良好的关系，因为大家都共享所有的工程师资源。工程师在团队间的自由流动最终会使所有人受益。

总监的工作就是发挥领导才能。他们必须建设强大的团队，让他们专注于发布高质量的、实用的、能够改变世界的软件产品。他们必须有足够的技术素养来赢得工程师的尊重，具备创新意识来跟上 Google 高速的工作方式，良好的掌握管理艺术来激发员工的生产力。他们必须对 Google 的各项工具和基础架构了如指掌，这样才不会浪费宝贵的时间，努力争取每天都能进行发布。

怎么才能做到这些而成为一名优秀的测试总监呢？回答这个问题最好的方式就是听听那些真正做到这些的人怎么说。

4.8　搜索和地理信息测试总监 Shelton Mar 的访谈

Shelton Mar 是测试总监，和很多其他公司一样，这个职位和副总裁级别相当。他是 Google 最早的测试人员之一，那时候 Patrick Copeland 都还没来，工程生产力（Engineering Productivity）部门那时候还叫做测试服务部门。Shelton 从小团队的测试经理一路晋升到负责管理搜索、基础架构和地图服务的测试总监。Shelton 现在是测试行政主管，负责被 Google 称为本地商务的产品线，涵盖包括 Google Earth 和 Google Map 在内的所有与位置相关的产品。

本书作者请到 Shelton 来谈谈 Google 测试的内幕，和他最近是如何管理 Google 搜索的测试的。

HGTS：Shelton，你很早就来 Google 了，了解 Patrick 在本书序言里提到的测试服务部门时代的事情。跟我们讲讲在那段岁月里测试是什么样子的吧！

Shelton：那时候当然与现在有很大不同。很多事变化很快，但是有一件事永远是不变如一的：Google 总能保持非常快速的发展。不过早期的时候我们还比较幸运。互联网比现在简单很多，我们的应用也比较小，一堆聪明人一起努力就可以了。我们经历了很多次"十万火急"的危险时刻，但是那时候还能够有少数几个英雄力挽狂澜。各个产品在底层都相互关联，端到端的测试既有脚本化的，也有手工执行的。随着我们越来越大，这么多的依赖带来了很多问题。

我不是说这种测试有什么不对；保证整合的系统能够正常工作是必要的，但是过度依赖于最后阶段的测试过程，这会导致发现问题以后的排查过程会非常困难。

Pat 到来之前我们正在这些问题中痛苦地挣扎。

HGTS：我估计当时对于后端系统来说问题更加严重，因为更难确定"端到端"的测试。

Shelton：的确如此！我们经常由于太难保证后台系统的质量而不能按时发布。后台系统不能出现差错，因为它会影响太多产品线了。例如，BigTable 要是出了问题，很多应用程序都会受到影响。在后台系统中如果仅仅使用端到端测试，要是不能发现问题，就会导致连锁反应。

HGTS：因此，你从端到端的测试转向了验证后台服务基础架构的核心模块。讲讲你是怎么做的吧。

Shelton：我们开始改变团队的人员组成。我们重新定义了测试开发工程师的角色，开始着重招聘技术超群的候选人。当有了足够的技能保障以后，我们就开始开发一套更好的后台测试解决方案。我们重点进行模块级别的自动化测试。这样一群具有开发和测试能力的优秀工程师一起来搞我们的后台基础设施，你可以预见最终的结果。

HGTS：有没有什么是成功的关键？

Shelton：是的，能够获取开发工程师的支持是特别重要的。我们的测试开发工程师和他们的开发伙伴（注意我用的词是"伙伴"，因为成功需要真正的合作，而不是测试自己就能达成的）一起在软件开发的不同层次进行测试。这种伙伴关系使我们的能力被大大加强了。很多时候那些我们认为不可能在组件级别解决的问题，我们可以和他们一起在代码单元级别解决。这种合作变成了团队的一种氛围，整个项目团队（开发+测试）共同对组件级别的产品质量负责，而测试可以集中精力来改进流程、框架、工具集和集成测试。

HGTS：你做了一些很艰难的抉择，比如招聘和开发工程师一样水平的人做测试。你是怎么想的？后悔吗？这对测试文化有什么影响？

Shelton：这大概是我们在 Google 做出的最重要的一次转型。我们意识到在 Google 必须要尽早做出一些改变：把测试推向上游，让整个团队（开发+测试）为交付的质量负责。

测试技术必须融入到项目团队。因此，我们需要非常强的工程师，他们能理解相关技术和问题，让测试更加科学化和技术化。

没有足够多能够真正理解测试的（或者至少愿意学的）优秀的软件工程师，你根本不可能完成这些事情。当我们从另一个角度看待这个困难的时候，我们意识到可以吸引最好的工程师来解决测试中的难题。事实证明我们借此建立了强大的团队，他们都很喜爱这个工作。

HGTS：你在 Google 的任期里经历了很多产品，包括搜索，这是 Google 的支柱产品。测试搜索产品最难的部分是什么？

Shelton：决定要关注哪些问题是最难的！当工程师开始测试搜索产品的时候，他们经常讲 Google 对某些搜索串返回了什么结果。那当然是需要看的地方，但是搜索质量的要求远远不止于此。搜索是一套非常复杂精密的分布式软件系统，为用户提供统一、稳定、快速的响应。我们要验证整个系统是否可靠，你必须理解索引和搜索算法。你必须理解整套系统是如何搭建和运作的，才能验证各部分是否能正常工作。从一开始我们就非常关注这些事情。现实中，我们把搜索质量和检验系统的正常运作区分开来。我们更关注于后者而把搜索结果的质量评估留给产品团队的搜索质量专家。我们检验基础架构和处理 Google 搜索结果、更新和展现的各个系统，而这些系统保证了 Google 能产生最好的搜索结果。

HGTS：当接手一个新项目的时候，你通常会怎么做？你：会先做哪些事：是从团队建设的角度入手，还是从基础技术框架的角度入手，还是从测试流程的角度入手？

Shelton：一般来说，我首先会让我的团队思考，"对被测系统来说，什么是最为重要的东西？"对搜索来说是性能，对新闻来说是时效性，对地图来说是综合性和完整性。每个应用都有其最重要的属性。类似的，对系统基础架构来说，数据完整性对存储最为重要，可扩展性对网络系统最为重要，利用率对任务管理系统最为关键。当你分清了你要测试的特定产品的关键因素以后，就要把你的大部分精力集中在检验系统的核心能力是不是能够满足这些关键属性要求上。

当这些重要的事情搞定以后，再去关心那些简单的事情（用户界面这些锦上添花的东西）。还要关注那些核心的不容易改动的方面（如性能设计），而不对那些很容易修改的方面花费太多精力。如果你过早报告关于字体的 bug，我就会担心你是不是没有搞清楚事情的优先次序。

HGTS：在有关手工测试和自动化测试之间的拉锯战中，Google 似乎从大量的手工测试偏向了大量的自动化测试。你现在是怎么看的？怎样分配才是合理的？你怎么知道是不是过于偏向哪一边了？

Shelton：我认为你应该能自动化多少就自动化多少。手工测试会妨碍我们持续构建的理念。定时执行的组件级别的验证和集成测试，在其中扮演了手工测试不能完成的角色。然而，自动化测试不容易更新，需要长期的维护。技术是不断向前发展的，必然会带来快速的变化，我们必须不断重新开发自动化测试才能跟上这个脚步。可以这么说，有些事情是手工测试可以做但是自动化测试不能做的。举例来说，移动应用的测试涉及大量不同的硬件设备、显示屏幕、外形尺寸、驱动程序等，不同的因素组合是爆炸性的。这种情况下，我们就应该用一些手工测试来完成验证工作。关键是还要把能够自动完成的流程自动化。让机器完成 90% 的工作，剩下 10% 的验证留给人力来做（我们把这称为"最后一英里"）。自动化可以完成诸如抓取所有设备上的屏幕显示，通过对比算法找出差异，然后快速完成人工参照比对。人力资源非常宝贵，我们不应该将其浪费在一些可以由计算机完成的工作上，应该用在最适合用人来判断的场合而非重复性的任务。

HGTS：说一个你们在产品发布以后令你沮丧的测试遗漏的 bug 吧。

Shelton：喔，你之前问过这个问题吧？我怀疑是不是有谁能真的曾经发布过一个完美的产品？反正我不能，真遗憾！我最后悔的 bug 是由于我们没能详尽的测试数据中心的各种配置变化引起的。有一次，新版本上线却没经过任何测试。那次配置变化使得最终用户看到的搜索结果变差。通过这个教训，我们学习到配置变化对搜索质量有多么重要。从那以后，我们把配置变更也纳入质量流程中，我们开发了一套自动化测试，每次数据和配置变更时都要执行。

HGTS：你们怎么制定这些自动化配置测试呢？

Shelton：要非常小心！每当我们发现某项配置让搜索结果变差时，我们就编写一些测试检验那些配置和类似可能引起问题的变化。不久我们就生成了一套从问题环境中总结出来的测试用例集。然后我们自动化生成各种数据来测试我们的环境。到现在这种 bug 已经少很多了。绝对是这些自动化测试的功劳，让我们对线上系统进行配置修改的时候更有信心了。

4.9　工程工具总监 Ashish Kumar 的访谈

Google 的工具关系到这个公司的存亡，负责这些工具的人就是 Ashish Kumar。他负责从开发人员使用的集成开发环境到代码审查系统、构建系统、源码控制、静态检查、通用测试框架，等等。Selenium 和 WebDriver 团队也最终向他汇报。

本书作者最近与 Ashish 聊到了他在 Google 所从事的这项神奇的工作。

HGTS：Google 的自动化测试是个神秘的话题，一直在 GTAC 大会上被热议，而你正是 Google 自动化背后的那个人。能谈谈你们的工具集都为 Google 的工程师提供了哪些功能吗？

Ashish：我的团队被称作工程工具团队。开发人员日常工作中需要使用的 90%的工具都由我们负责开发，这些工具支持他们在 Google 完成高质量的软件编写、构建和发布。90%是因为我们还不支持一些开源产品的团队，不过我们计划也开始支持他们。Google 特别强调为我们的开发工程师提供强大（并具可伸缩性）的基础设施。公司外的人都知道 Google 工程师经常使用的技术，例如 MapReduce 和 BigTable，而我们的工具基础框架也是非常重要的一部分。

HGTS：能描述一些细节吗？

Ashish：好，你既然问了，那我可就说了！整个工具集包括下面这些。

● **源码工具**：一系列用于简化创建工作环境、提交代码变更、代码风格检查的工具。我们可以用工具浏览数亿行代码，发现并预防重复的代码。还有用于建立大规模索引和代码重构的工具。

● **开发工具**：集成开发环境的一些插件，让其他各种工具适应 Google 的代码并连接后端的云服务。代码审查工具，通过在审查阶段嵌入相关的信号，来快速完成和高质量的代码审查。

● **构建框架**：我们需要把代码构建的版本分发到各种语言开发的项目，需要用到数万颗 CPU，数不清的内存和存储器。虽然这些想起来都头疼，但是我们的构建系统可以轻松对付。这个构建系统既支持自动方式，也支持交互方式，在很多情况下还可以把原本需要数小时的任务缩短到数秒。

● **测试基础架构**：规模化的持续集成。这意味着每个开发人员的每次代码提交都会引发自动测试，每天要运行数百万测试用例集。我们的目标是为开发者提供立即反馈（或者尽量即时）。另一方面是规模化的 Web 测试。每个 Google 的产品每天都会启动数十万个浏览器会话，对各种不同的浏览器平台组合进行测试。

● **本地化工具**：对开发人员提供的文本进行持续地翻译，以达到我们的产品的本地化语言版本可以和英文版产品同时完成。

● **度量、可视化和报表**：管理所有 Google 产品的 bug，跟踪所有研发活动（编码、测试和发布）中工程师的各项指标，把这些数据集中存储，并向团队提供可操作的反馈意见进行改进。

HGTS：这可真够细致的。很显然要达到你们今天这样的成就一定经历了大量的创新工作。可是你们怎么平衡并维护这些工具和进行新工具开发之间的关系呢？毕竟你的团队也不是那么大啊！

Ashish：简单来说就是这些工作我们不能全都做。我的团队是核心性的工程工具团队，为整个 Google 公司服务。很多时候，产品团队会针对他们自己的特殊需求打造自己的工具。有时候这些工具变得更为通用，我们会对它们进行评估看看是否有必要使之集中化（这样就能让整个 Google 公司都能用起来）。还有些时候，我团队里的工程师可能想到了一个自认为很酷的点子，Google 极为保护这类自发性的创始项目。我们收纳一个工具到中央工具库里的标准有两方面：一方面是它必须对生产力有极大的提升作用，另一方面是它必须对大部分 Google 工程师来说都是适用的。毕竟，我们是核心工具团队，发展广泛适用的、有巨大影响力的工具才是我们的意义所在。如果一个工具只对一个产品团队有用，那这个产品团队就该负责这个工具。当然，我们也会进行大量的实验。为了我们的持续成功，我们用一两人的小团队来进行一些开发实验。很多这种实验来自于员工的 20%自由时间。我对在 20%时间范畴里的任何事情都不会说不，这 20%的时间，由员工自己支配而不是我来指派。有些尝试会失败，但是成功的那些完全弥补了所有失败的损失。敢想敢干、快速试错、不断进取！有些工具项目充当了催化剂的作用，所以很难直接量化衡量它们对生产力的影响，但所有的工具项目都需要为 Google 的生产力作出贡献。

HGTS：有没有什么工具想法是你一开始不看好但最后成功的？

Ashish：有！大规模的持续集成。这个问题太大了，以至于从表面上来看根本不可行。我们曾经循环使用数千台机器进行持续集成。团队里有人提出建立一个集中的持续集成基础框架，为 Google 的所有项目提供持续集成服务。这个框架可以从源码控制系统里获取代码变更通知，在内存里管理一个庞大的跨语言的代码依赖图谱，完成代码的自动构建并运行相关的测试。除我之外也还有不少人质疑它的规模过于庞大，而且大量资源的使用会让我们的服务器吃不消。这些疑虑都是对的，资源消耗确实非常大。但是我们的工程师攻克了一项一项的技术壁垒，现在这个系统已经运行而且实现了设计的目标。和其他项目一样，我们对待这个项目的态度也是：从小做起，不断证明其价值，然后当项目体现价值以后扩大规模。

HGTS：那有没有你一开始看好，但是最后却没能成功的工具呢？

Ashish：也有！远程结对编程。Google 的研发团队分布在各个地方；很多团队都遵循结对编程等敏捷开发技术。很多情况下你正在编辑的代码，原本是其他办公区的工程师编写的，而当你有个问题想快速得到答案的时候，常常会因为距离而不能如愿，影响效率。我们进行的一项尝试是为我们的集成开发环境（IDE）加入一个"远程结对编程的"插件。目标是紧密集成 Google Talk（以及视频），以便于在工程师修改代码过程中产生问题的时候可以和代码的原作者通过开发环境的内嵌功能直接对话，代码的原作者可以看到这位工程师的工程环境并像结对编程那样编辑代码，整个过程双方都可以通过视频交流。没有体味儿困扰的结对编程！可惜的是，我们发布了预览版本（只提供了协作编辑而没有集成 Google Talk）以后，并没有从内部试用者那里得到我们期望的结果，因此我们终止了这个尝试。开发工程师似乎对这个工具并不感兴趣。我们可能并没有真正找到他们的痛点。

HGTS：你对那些准备构建自动化流水线的公司有什么建议？从哪些工具开始？

Ashish：特别重要的一件事，是要关注团队里新来的开发工程师必须使用到的开发环境。要让代码的获取、编辑、测试、运行、调试和部署都非常简单。消除开发人员这些环节的痛苦会大大提高生产力，而且能帮助团队按时交付高质量的软件。要想达到这一点，清楚地定义依赖关系非常重要。建立一套持续集成的系统，让它能够稳定运行，能够快速的向开发工程师提供反馈。如果信息反馈超过了几分钟，那就需要加入更多的机器。CPU的运行时间可要比程序员在事务间进行切换或等待要便宜多了。让执行和调试代码像输入一条命令那么简单，部署也许能够做到这一点。如果是互联网公司，还要能够支持简单的灰度发布。

HGTS：你的团队会找什么样的工程师？好像不是什么样的开发工程师都能成为一名工具开发者。

Ashish：工具开发需要对计算机学科的基础有着特别的热爱，诸如语言开发、编译器、系统编程等，还要乐于见到自己的工作能支持其他优秀的程序员，为公司创造更大的价值。其实我是在寻找能把工程师当做自己的客户的人。

HGTS：说到客户，你们怎么说服人们开始使用你们的工具呢？

Ashish：Googler 是一个非常独特的群体。他们通常不需要太多的推销。我们每周主持一次被称为工程生产力工具播报的活动，展示我们的工具。工程师会来参加，他们会问问题，如果某个工具能为他们解决实际的问题，他们就会拿去尝试。总体来说，能解决实际问题的工具就会得到更多的应用，不能解决实际问题的工具就不行。这里的秘诀就是避免后面那种情况，或者至少发现那些不能发挥作用的项目而尽早终止它们。

HGTS：你见到过有的工具陷入这样的境地，或者甚至产生的负面影响大于功效的情况吗？

Ashish：有的，但是我不会坐视不管。对这些项目我们都会很快终止投入的。创建工具的目的是让流程自动化并使其简单。有时候工具项目可能自动化了一些不好的行为。如果开发工程师的手工操作本来就是错误的，为什么还要实现一个工具让这些错误更易犯呢？工具开发者应该回过头来想想是不是可以使用一些其他的方法，而不是一味地自动化人们现有的工作方式。

HGTS：你现在关注哪些东西？你们团队目前在做什么工具？

Ashish：首先，我必须强调有很多工具维护的工作需要完成。Web 变化相当快，所以我们的围绕 Web 技术的工具也处于持续发展的状态。这种变化有时候迫使我们重写工具，有时候需要添加全新的功能。这是一种持续的挑战，也是机会。我们做的很多工具是供内部使用的，我在这里不便多说，不过如果你考虑的是规模、规模、还是规模的话，就差不多了！

4.10 印度 Google 测试总监 SujaySahni 访谈

Google 测试文化中很重要的一个方面就是通过建立各种区域性和全球化的工作中心吸引各种人才的加入。印度海得拉巴（Hyderabad）是 Google 设立的第一个全球测试工程中心，以吸引来自印度的人才。这里的工程师为一些重要的 Google 产品工作，把原来以人工测试（或测试服务）为核心的方向转移到测试工程化的方向上来。SujaySahni 是这里的测试总监，他组建并掌管着印度的 Engineering Productivity 团队。

HGTS：印度距离 Google 总部非常遥远，你是怎么在那里建立工程生产力（Engineering Productivity）部门的，又是怎样参与到那些关键项目中去的？

Sujay：工程生产力（Engineering Productivity）团队跟 Google 其他的工程师团队的模式一样，都是在世界各地建立研发中心，找到当地合适的人才。在印度设立研发中心并不是基于成本上的考虑，完全是因为我们在这里能找到尖端人才。我们在印度建立了足够大的团队可以承担重要的大型项目。印度作为区域性研发中心，是为数不多的同时拥有开发人员和测试人员在一处工作的中心。这样的研发中心包括伦敦、纽约、柯特兰、班加罗尔研发中心和其他一些小一些的办公区。

我们设有一些大区研发中心，会支持像欧洲这样的特定区域。欧洲区研发中心设在苏黎世，亚太区研发中心设在海得拉巴，美国东海岸大区研发中心设在纽约。这些研发中心，负责将所在大区的各小型研发中心的技术力量联系起来，并和其他大区研发中心进行合作。这样的组织更容易进行时间和人才的管理。不过，海得拉巴也是 Google 的全球研发枢纽，为整个 Google 公司提供人才资源和输出测试团队的技术解决方案。在 Google 开展软件测试的早期，海得拉巴是最大的软件测试工程师人才基地，做了很多重要的战略性项目。这个研发中心的工程师为一些关键的 Google 产品工作，推动和促进了从测试服务部门向工程生产力部门的演变。

HGTS：印度在 Google 测试发展方面扮演了什么样的角色？

Sujay：海得拉巴（*Hyderabad*）中心，我们一般简称其为 HYD，是 Google 建立的第一个区域性研发中心。我们在班加罗尔也建立了一个研发中心，以便更好地获得当地的工程师资源，但是海得拉巴很快已经成为了全球测试工程团队的中心。研发中心初步建立，HYD 中心的工程师混合了测试工程师、测试开发工程师和很多临时员工和外包人员。他们为很多重要的和知名的 Google 产品工作（如搜索、广告、移动产品、Gmail 和工具条就包括其中），在不同的角色上贡献力量。这些工程师主要开发了一些非常关键的测试基础设施和框架，支持工程师团队能够自动化他们的测试，更快地发布产品。2006 年～2007 年，HYD 拥有整个 Google 大约一半的测试开发工程师。当时有个有趣的传闻：据说测试开发工程师（SET）这个职位就是由 HYD 招聘的第一位测试工程师努力推动设立的！不管我们是不是真有这么大作用，但是我们至少间接地为从测试服务部门到工程生产力部门的转变铺平了道路。

到 2007 年下半年，我们领导层决定转变目标，发展团队进入新的重要的领域，减少条块分割，建设更大的高级人才库，引导大量加入的年轻工程师。到 2008 年，我们逐步成为区域中心的角色，让各地的工程团队拥有自己本地的（或相距不远的）测试团队。这样，HYD 就有可能集中精力关注那些 Google 测试团队还未成熟的领域，比如先进的延迟检测工具；后台、云性能和稳定性工具；回归检测机制；客户端测试工具等。这一阶段的另一个变化是对云测试以及工程化工具基础架构的投入。这其中很多工作，如云端代码覆盖度框架、开发 IDE 工具、可扩展云测试架构、Google 工具箱，还有一些实验性的工作，最终都成为了产品化的工具。

我们团队提供的很多重要的工具和服务不仅支持 Google 全球的工程团队，同时也作为核心基础设施共享给开源社区的开发者们。HYD 的工程师为开源社区贡献了很多代码，包括 App Engine，Selenium，Eclipse 和 IntelliJ 插件等项目。

HGTS：这都是一些非常重要而且很棒的项目。你能讲一个 HYD 独立开发的项目吗？

Sujay：好的。Google 诊断工具，是完全由海得拉巴工程生产力团队开发的。这个工具可以帮助我们的客户支持团队与客户一起诊断他们在使用 Google 产品时遇到的问题，帮助获取他们的计算机系统的技术规格和配置信息。还有其他的工具。HYD 工程生产力团队主要开发整个 Google 使用的基础框架、工具和测试代码。这些工具包括像 IDE 这样的开发工具，部署在云中的代码编译核心基础框架，开发人员自测工具，代码复杂度、覆盖率检测工具，以及各种静态分析工具。在测试工具方面，HYD 团队负责为 Google 很多云应用产品开发用于压力测试和性能分析的测试基础设施，为很多核心产品如搜索、企业服务、Gmail、广告等开发测试工具和完成测试工作。

HGTS：好的，我想继续了解一下这些工具，因为光听名字就够吸引人的了。你能谈谈你提到的代码覆盖度工具吗？代码覆盖度的话题在 Google 测试博客上一直被广泛关注。

Sujay：代码覆盖度是一个被广泛接受的衡量测试效果的指标。传统的做法是，每个团队分配一些专门的资源（工程师、硬件、软件）来度量项目的代码集合。然而，Google 在印度有一个专门团队来保证整个 Google 研发工作的代码无缝地获得覆盖度指标。为了达到这一点，大家需要遵守一些简单的步骤来启动这个功能，只需要一次性投入不到五分钟时间。这一步做完以后，就可以得到他们项目构建版本的覆盖度指标，集中显示报表结果用于查看和分析。覆盖度统计已经支持了上千个项目，支持所有的主要编程语言，统计了数百万代码文件。覆盖度框架紧密集成在 Google 的云架构之上，编译和构建代码，支持持续大规模的代码变更（每分钟度量一次），每天处理数万次构建。它就是为 Google 快速增长的代码数量而设计的。我们还有支持性的框架，用智能的方式提供测试优先级的建议，根据特定的代码变化指出需要被执行的测试用例。我们这样就有了更有效的测试覆盖、更可信的代码质量和快速反馈，为 Google 节省了大量的工程资源。

HGTS：听起来代码覆盖度做的不错。那下面讲讲你提到的诊断工具吧。

Sujay：诊断工具是海得拉巴的工程生产力部门的测试开发工程师，通过 20% 自由时间创建和开发的。它弥补了在调试用户问题的时候，Google 开发人员所需的技术数据和普通电脑用户的技术知识之间的鸿沟。有时候要了解 Google 用户提交的问题报告，获取 Google 软件产品状态的技术数据是必须的。这可能包括像操作系统、语言设置等简单的信息，也可能包括复杂的细节数据，例如应用程序的版本信息和配置等。用一种简单快捷的方式获取这些信息并不容易，因为用户可能对这些细节根本不了解。诊断工具会简化这个过程。现在如果有个问题报告需要更多的细节数据，我们的支持工程师就简单地在这个工具中创建一个新的配置，描述哪些特定信息需要被收集，然后通过邮件联系用户，或者给用户提供一个 "google.com" 下的唯一链接，用户可以从那里下载一个很小（小于 300KB）的带有 Google 签名的执行文件。这个执行文件可以分析用户的机器，并收集被配置需要的数据显示给用户进行预览，然后用户可以决定是否可以发送给 Google。当然在执行完毕以后退出时，这个执行文件就会把自己删除。我们非常注意保护用户的隐私信息，用户在提交之前会检查这些数据，而且只有在用户同意的情况下才会提交。在我们内部，这些数据被发送给合适的开发人员来加快问题的解决。这个工具被 Google 客户支持团队使用，对 Google Chrome，Google Toolbar，以及其他客户端应用特别有用。而且，它让我们的用户更容易的从 Google 获得帮助。

HGTS：你也几次提到性能和压力测试，这里有什么故事吗？我知道你们在 Gmail 的性能测试方面介入很深。

Sujay：Google 的 Web 应用产品范围非常广泛。保证低延迟的用户体验是非常重要的目标。因此，性能测试（重点是 JavaScript 的执行和页面渲染的速度）是任何产品发布前的一项关键检查。以前，性能延迟问题往往需要几天甚至几个星期的时间来定位和解决。印度工程生产力团队开发了 Gmail 的前端性能测试框架来覆盖重要的用户行为，保证对用户最频繁执行的操作进行细致的性能测试。性能测试使用一个定制的服务器，测试在受控的环境中部署运行，利于保持环境稳定，便于定位回归问题。这个解决方案有三个部分。

- 提交队列：允许工程师在提交代码变更之前执行测试（和收集性能延时数据）。开发人员就能更快得到反馈，避免把缺陷引入代码库。

- 持续构建：把测试服务器同步成最新的代码并持续执行相关测试，发现并阻止回归问题。这使团队可以把用于检测回归问题的时间，从几天或几星期缩减到小时或分钟级别。

- 产品性能延迟检测：用于定位特定代码变更导致的产品性能延迟回归问题。我们对变化范围进行切分，在多个检查点分段运行测试。

这个方法在我们的产品发布前帮助定位了很多关键缺陷，并推动了测试前移，因为开发人员自己就可以非常容易地启动这些测试。

HGTS：你们都有哪些创新（技术上的和非技术的）的工作？你们从中获得了怎样的经验？

Sujay：我们正在进行的一些实验性的工作包括反馈驱动的开发工具，用于收集合适的指标数据并反馈给我们的工程团队来提高他们的生产效率。还包括代码可视化工具、代码复杂度度量工具和其他一些东西。另外一个领域是先进的开发环境，帮助工程团队更好地使用 IDE 和度量数据来提高代码质量、加快版本发布的速度。其他正在开发的工具还包括在整个公司范围使用的经验回顾工具，使产品的发布数据变得统一和可操作。

HGTS：你们在印度为一个分布在全球各地的软件公司提供测试工程支持，有什么经验可以分享吗？

Sujay：这很难，但我们证明了其可行性。我的主要经验有以下两点。

- 如果你选择了合适的团队和项目，使用"跟随太阳"的模式就能工作得很好。作为一个全球分布的团队，我们克服了很多困难，但也走过弯路。有一个良好的工作模式，能够让不同时区的团队良好合作非常关键。还有，要仔细挑选你的项目和团队。你需要对开发的产品充满激情的人和非常善于合作的人。

- 众包测试是另一个对我们很有用的方式。我们利用了印度测试社区里庞大的人才池，也利用了众包模式中资源的时区差异，这些都很好。

最重要的是要雇佣优秀的人才，让他们为关键的项目工作。Google 并不是在追逐低成本，因为还有比印度更便宜的国家。我们雇佣了高质量的人才，让他们在 Google 能获得非常好的机会。我们对 Google 做出了相当大的贡献，而我们的 TE 和 SET 都拥有光明的职业前景。我们都能够成功。

4.11 工程经理 Brad Green 访谈

"不穿鞋的" Brad Green 在 Google 做过很多产品的测试经理，包括 Gmail、Google Docs 和 Google+。他现在是 Google Feedback 的开发经理，并在一个名为 Angular 的项目中尝试 Web 开发框架。在工作中他是被公认的有伟大想法的人，而且他不穿鞋！

HGTS：你拥有在苹果公司的开发背景，什么促使你来到 Google，并转做工程生产力方向呢？

Brad：我是被 Linus Upson 介绍加入的。他曾和我在 NeXT 公司共事，他当时就对 Google 很感兴趣。在我长达六个月的面试过程中，是 Patrick Copland 说服我最终加入工程生产力部门。这对我来说是件好事，我在这个职位上学到了很多东西。现在我重新做回了开发经理，我能够做得更好。也许每个开发人员都应该在测试的职位上走一遭！

HGTS：你加入 Google 之后，在测试文化中什么是最令你感到意外的？

Brad：那还是 2007 年，Patrick 在前言里提到的转型还没有真正完成。令我意外的是这里已经有了相当多关于怎么做测试的积累。每当我接触一个新团队的时候，总能有一些测试专家令我吃惊。但是当时的问题是这些专业积累的分布极度不均。这跟爱斯基摩人有数百种词汇表达"雪"一样，在 Google 也有数不清的测试术语。我感觉每当我学习另一个团队的经验时，必须学习一套新的测试术语。有些团队使用很严格的术语，有些则不是。很明显我们需要改变。

HGTS：自从你加入 Google 以来，关于测试的改变最大的是什么？

Brad：有两个。第一，开发人员更多地介入测试过程，并编写自动化测试。他们了解单元测试、API 测试、集成测试和系统测试。如果在持续构建版本中发现遗漏的问题，他们会本能地创建更多的测试。绝大多数情况下，你根本不需要提醒他们！这种做法带来的是代码在提交时就拥有很高的质量，也使得产品发布能够更快。第二，我们能够吸引数百名一流工程师加入测试岗位。我认为这两点是相关的。这是一种文化，测试很有价值而做测试也能够使你获得认可。

HGTS：我们谈谈在 Google 做经理的经历吧。在 Google 作为一名经理，最难、最简单和最有意思的方面分别都是哪些？

Brad：Google 聘用的都是有极端自我驱动力的家伙。"按我说的做"可能奏效一次，但要是用多了，这群聪明的家伙就会不理你而去做那些他们觉得最该做的事情。我的成功经验就是要让他们能够做他们最想做的事情，为他们创造条件，提供建议，进行指导。我觉得如果我直接下命令，就会让他们丧失自己做出正确决断的能力。我的职称虽然是经理，但是我尽量少做管理上的事情。这其实是一个引领者的角色，需要能够带领一群极其聪明、极具激情的工程师。经理们都清楚这一点。

HGTS：你的团队做了很多关于开发和测试度量方面的工作。什么指标是有效的？你们跟踪了什么数据？这些数据是如何影响质量的？

Brad：说实话，我们做了很多东西，但取得的进展很有限。在这个领域我已经失败了四年，所以我觉得我学了很多东西！我说失败，是因为我们倾注了大量的精力来寻找衡量代码和测试质量的指标，让团队可以用作权威的指导。但是指标很难被通用化，因为相关环境的影响非常重要。是的，测试越多越好，但如果它们非常慢或者并不可靠的时候就是例外。是的，小型测试要比大型测试好，但如果你真的需要系统测试来验证所有部分都正确关联的时候就是例外。一些度量指标很有用，但是测试的实现千差万别，跟应用程序本身的代码一样，更像一种艺术形态。我发现测试中关于沟通交流的方面要比科学技术的方面要难得多。所有人都知道要有好的测试，但我们中大部分人又很难让我们的团队真的来编写这些测试。我所知道的最好的工具就是竞争。你想要更多的小型测试？把自己的团队和其他团队比较。瞧瞧他们团队；他们有 84% 的单元测试覆盖率而且他们的整个测试集 5 分钟就能执行完！我们可不能被他们打败了！虽然需要监控各种指标，但是首先要信任你的团队。当然，你还必须保持谨慎的态度，毕竟无论你之前完成了多少测试，你还是要发布给最终用户，而最终用户的环境里有很多东西是你没法预测或复现的。

HGTS：这就是为什么你要去做 Google Feedback 的原因！你能给我们讲讲 Google Feedback 的目的吗？它要解决什么问题？

Brad：Feedback 允许最终用户报告他们正在使用的 Google 产品中的问题。你可能会说，这个简单。不就是在页面上放个表单，让用户填些信息然后提交么？其实，很多团队都尝试过这种方法，最后发现他们根本处理不了大量的用户反馈报告——很多情况下，每天有数千件之多。他们还发现很难跟踪分析这些问题，因为用户提交的信息通常不全，有时甚至还是错的。这些都是 Feedback 要解决的问题。

HGTS：Google Feedback 是怎么做的呢？

Brad：Feedback 一开始会从用户那里收集它可能收集到的所有东西，并且要保护他们的隐私信息。浏览器、操作系统、插件及其他环境信息都是很容易获得的信息，而且对于跟踪解决问题来说至关重要。真正麻烦的问题是获取用户屏幕的快照。由于安全性的原因，浏览器本身不能截取它正在显示内容的快照。我们用一种安全的方式用 JavaScript 重新实现了浏览器的展现引擎。我们截取屏幕快照，然后请用户在页面中把他们发现问题的区域选择出来突出显示，我们还要求用户用文字描述发现的问题。训练最终用户提交优质的 bug 报告是不现实的，而多次反复以后，这些屏幕快照会使一些模糊的问题描述变得清晰。

HGTS：但是有那么多用户，你们会不会对同一个问题一次又一次的收到重复的问题报告？这好像是一个数据规模的问题。

Brad：为了解决数据量的问题，我们会做自动聚类，把相似的报告分组。如果数千用户都报告了同一个问题，我们把它放进同一个桶中。人工发现这数千个问题并把它们分组是非常困难的。之后，我们根据报告的数据量对这些问题组进行排序，找到对用户影响最大的问题。这样就能知道我们最迫切需要解决的是什么问题。

HGTS：Google Feedback 团队有多少人？

Brad：这个团队有 12 名开发人员和 3 名项目经理。Feedback 团队中项目经理的数量比一般 Google 团队都要多，但为了要完成很多跨产品的横向合作，这还是必要的。

HGTS：发布 Google Feedback 的过程中遇到的最大挑战是什么？技术上的或是其他的？

Brad：技术方面来说，创建快照绝对是最大的挑战。很多人都觉得我们试图这么做简直是疯了。现在这个功能运行的出奇的好。自动问题聚类也是一个挑战，而且到现在也还没有完全解决。我们在处理不同语言的问题报告方面做得相当不错，但也有很长的路要走。

HGTS：Google Feedback 的未来会怎么发展？将来有机会为非 Google 的站点开放使用吗？

Brad：我们的目标是给我们的最终用户提供一种方式与我们对话，交流他们在我们的产品中发现的问题。目前，这种交流还是单向的。我认为将来我们要做的是完成这个对话回路。我们目前还没有向外部产品开放的计划，不过我觉得这也是一个好主意。

HGTS：概括来说，你觉得软件测试领域的下一次飞跃会是什么？

Brad：我希望看到测试能在开发环境中成为"一等公民"，而不是留到以后才考虑的问题。要是各种编程语言、库、框架和工具等都"清楚"你开发的功能代码必须要进行测试，并且能帮助你编写这些测试，那肯定很棒。因为现在的情况是，我们必须综合不同的测试框架，测试代码很难编写，很难维护，运行也很不稳定。我想如果我们能把"测试"放到最底层来完成，一定能获得很多益处。

HGTS：你有没有关于 James Whittaker 博士的爆料可以让大家知道的？

Brad：除了那次他在 Little Bo Peep 发生的小意外之外，还是让那些在我们管理层内部发生的事儿只在有限的范围内流传吧！

4.12　James Whittaker 访谈

在 James 的办公室里我们调转桌子对他本人进行了采访。James 在巨大的锣鼓声中加入了 Google 并成为极受认可的测试名人。他的文章主宰了我们的测试博客，他在 GTAC 上的出现吸引了大批的人群，他为 Google 带来了专业性的指导和巡回演讲。他强大的个人魅力在西雅图和科特兰办公室，甚至整个公司几乎无人能出其右，如果说除了谁的话，那人也只能是 Patrick Copeland 了。Pat 是老板，但是要说谁是 Google 在测试领域的精神领袖，那人就是 James。

HGTS：你在 2009 年离开微软加入了 Google，当年你在微软的博客上宣布这一决定却没有指明你要加入的公司名称。你能讲讲为什么吗？是为了制造神秘感吗？

James：上来就给我出难题啊？同志们！讲好了只问简单问题的！

HGTS：你答应有问必答的，所以回答问题吧！

James：好吧，我主要想通过 MSDN 上的博客及时向人们通告我将离开的消息。在从微软公司离职这件事上，我有点儿信心不足，当时大家还都不怎么上 Twitter，所以我决定在最大众化的论坛上广而告之。我想把这个消息能一次性地告诉尽可能多的人，而不必参加一连串的那种面对面的"我要离职了"的会议。事实上，当时很多微软同事都阅读我的博客，而不是看我的邮件！所以在当时那是发出这个消息的最佳方案。人们得知我要离开以后花了很大力气劝我留下来。要决定离开一家你乐于为其工作的公司，离开共事多年的朋友并不容易。我喜欢微软也非常尊重在那里工作的工程师，从那里离开对我来说挺艰难，但我也不想再质疑自己的决定。说实话，如果再让更多的人有机会来游说我，我真有可能就动摇了。我真的很想到 Google 来工作，所以，我不能给他们阻止我的机会。

HGTS：为什么呢？Google 哪些地方吸引了你？

James：其实说来挺神奇的。早年间我曾做过大学教授，还开创了自己的公司，我做过除了为大公司工作以外的所有事。当我鼓起勇气为大公司工作的时候，我决定找一间真正大的大公司，越大越好，我的工作能影响到的用户越多越好。我想让自己在工业界的事业获得成功，那为什么不选择顶尖的公司呢？这正是多年以前微软吸引我的地方，也是后来 Google 吸引我的地方。我要去大公司。我还要在世界上最好的大公司工作。不过真正打动我的是 Google 逐渐成为最棒的软件测试公司。长时间以来一直是微软占据着这个位置，我认为是 Patrick Copeland 从微软那里夺走了这一头衔。Google 看起来是对一个测试者来说最棒的地方。最后是我参加的那些面试帮我做了来 Google 工作的决定。Patrick Copeland、Alberto Savoia、Brad Green、Shelton Mar、Mark Striebeck（还有好多其他人）都面试过我，那些谈话简直棒极了。我和 Alberto 在我的"面试"过程中把整个白板都写满了。他后来甚至回忆说当时竟然忘了问我任何问题。

Shelton 和我在很多问题上看法不一致，不过他对我的观点态度很开放。虽然观点存在分歧，但也令我印象深刻。与当时面试的时候相比，我们现在达成一致的观点多了很多！Brad 呢，他特别酷。我是说他在面试的时候竟然没穿鞋（当时是二月份），而他的看法也有点儿属于那种不穿鞋的类型。Mark 几乎把全部的面试时间都用来说服我加入 Google 工作。在这些面试中，各种思想的火花激荡碰撞，荡气回肠，恍如隔世。面试完成之后，我都累极了。我回想那时钻进出租车里想自己找到了一家最好的公司，又有点儿担心自己是否能有足够的能量到这里工作。我的确担心自己是不是能作出贡献，这太有挑战了，超出了我习惯的舒适地带。不过我喜欢接受挑战，而且我相信成功绝不会来得那么容易。毕竟，又有谁只满足于那些轻松的工作呢？

HGTS：那 Google 有没有辜负你的这份期望？

James：噢，是呀，这可真不是一份轻松的工作！不过我估计你是指激情的部分。我实话实说，在微软也有大量优秀的测试人员和对测试的热情。Google 的不同在于这种激情更容易被传播。Alberto 和我从来没有在同一个团队共过事，但是我们可以通过那 20%的自由时间在一起工作。Brad 和我在 IDE 和诸如自动报告 bug（Brad 通过 Google Feedback 而我通过 BITE）方面都还有合作。Google 很懂得为这种合作提供空间，并使它作为日常工作的一部分被认可。

HGTS：我们在科特兰和你一起工作过，我们见识了团队士气上的巨大变化，整个团队能高效地完成工作。你有什么秘诀？

James：我承认我加入以后科特兰确实提高了不少，不过我不想沾沾自喜，止步不前。变化一定程度上来自于足够大的团队。我的到来引发了一波巨大的入职潮，很多非常有才华的人也加入了 Google。开始的几个月里，我们的测试团队增长超过了四倍。我可以组建更大的团队，让不同产品线上的团队在类似的事情上进行合作。与原来紧跟开发的孤立测试团队不同，我们有了很多测试团队能够坐在一起，互补互助，共同提高。这对士气和生产效率都有巨大的提升作用。更多的人手也允许我能够把像你们两位这样资深的人才从现有的项目中解放出来，赋予更富挑战的工作。Jeff 原来为 Google Toolbar 编写预提交的代码。嘿，这多浪费你的才华啊！Jason，你原来在测试 Google Desktop。我告诉你们作一个优秀经理的秘诀就是能让人发挥所长，做到这点你的工作就差不多完成了。下属会更开心，项目也做的更好。但我们需要更多人手才能走到这一步。

充足的人手还可以让我们有足够的空间，自由支配 20% 的时间来做一些探索性的工作。我可以启动一些更具风险的实验性项目。我们开始做一些不受软件发布压力制约的工具项目，这些项目更多地源自于我们的热情。我发现没有比开发工具更能激发测试人员的创造性和提升测试团队士气了。坦白说，我觉得这才是测试工作最令人满意的部分。也许我从内心里更倾向于自己是个工具开发者而不是测试者。

HGTS：对于 Google 的组织结构最令你满意的地方是什么？

James：这个问题容易回答！实际上我会向那些候选人这样推销 Google：测试人员向测试人员汇报，测试人员自己决定自己的发展。这就是我对 Google 最满意的两件事。测试人员不再附属于任何人。测试有自己的招聘委员会，自己的评估委员会，自己的晋升委员会。这感觉就像联合国承认测试作为一个独立国家一样！我们的文化里没有任何从属的部分。如果还要找出别的原因，就是测试角色的稀缺性。开发团队必须通过切身努力提高质量才能赢得测试的人力支持。测试人员必须非常聪明。我们的资源很紧张，所以必须特别善于安排优先顺序，必须善于自动化开发，必须善于和开发人员谈判。稀缺性带来的是资源优化。Pat 做了很多正确的事，但是我认为，资源稀缺这一点促成了很多文化上的变化。

HGTS：微软没有集中的测试组织结构，你花了多长时间来适应 Google 的这种文化？

James：我刚来的时候 Pat Copeland 给了我两条建议。第一条，是先花一些时间来观察学习。这点很重要。在大公司要多花一些时间学习，在微软高效工作和在 Google 高效工作所需的技能是不同的。开始的几个月我按照 Pat 所建议的——聆听而不是直接发言，询问而不是直接尝试，诸如此类。我非常接受他的这条建议，实际上我甚至还多延续了几个星期！

HGTS：你刚才说是两条建议……

James：噢，是啊，对不起，我糊涂了。有时候 Pat 会说些睿智的话，我刚才私吞了一条！他的第二条建议，我当时并不喜欢，不过后来证明这条建议比前面那条更棒。他当时把我拉到一边，然后说，"兄弟，我知道你在来 Google 之前已富盛名，但是在这个公司里，你还什么成就也没做出来呢。"Pat 很少绕弯子；你不必费尽心思从他那里体会什么不便言明的深意。他的话通常都直接了当，这次他想说的就是 Google 并不会关心我以前做了什么。

我必须在 Google 内部获得成功，否则其他事情都免谈。在 Google 想要成功不能只是到处晃晃。他建议我选择发布一些重大的产品，可能的话，做出些与众不同的东西来。我选择了 Chrome 和 Chrome OS，按他说的完成了。我是 Chrome OS 的第一任测试经理，然后当它发布以后，我把这个位置交给了我的一位下属。Pat 是对的，当你真正完成了一些重大的事情以后，其他事情也就容易了。我之前的经历让我能够加入这里，但在 Google 内部获取成功是非常关键的事情。正是由于我做到了这一点，为人们关心的产品作出了贡献，才获得了人们的尊重。如果我再换工作的话，还会使用这样的公式：先虚心学习，再在一线作出成绩，然后开始寻求创新的方法。

HGTS：除了产品测试，Pat 还要求你关注哪些方面？

James：是的，他让我管理测试工程师（TE）的规范化。测试开发工程师（SET）角色已经存在很久了，大家都很清楚这个职位的职业成长阶梯，我们非常了解对 SET 的期望以及如何对其进行业绩评估和晋升。不过这点对 TE 来说，我们还处于探索的过程中。Pat 希望我的到来能让测试工程师这个角色重获关注。他其实早就想好了让我做这件事。我猜想他觉得平衡的天枰已经向 SET 的角色倾斜太多了，需要让 TE 的角色重获新生。告诉你们，他从来没告诉过我这些，这只是我自己的感觉。

HGTS：那你怎么处理测试工程师角色的问题的？

James：Pat 和我启动了一个测试工程师的工作组，这个组织现在仍然存在。我们每两周见一次面，开始是两个小时，后来减少到每月一小时。Pat 参加了几次，然后就交给我来运作了。这个工作组由大约 12 名测试工程师组成，他们全都是 Pat 亲自挑选的。我以前也都不认识他们。第一次会议上，我们列了两个列表：分别列出测试工程师这个角色令人兴奋和感觉不爽的地方。光列出这两个列表的时候就有一泻千里的感觉，大家认同的好的方面和抱怨的坏得方面基本都一样。我很惊讶大家能当着 Pat 的面还毫无顾忌，没人试图粉饰任何事情。我在职业生涯里见过太多的会议，人们都等着屋子里最重要的那个人发言，之后再跟着他讲。在 Google 根本不会这样，没人在意 Pat 是怎么想的，因为这个会议是关于他们自己的。如果 Pat 不能接受这一点，那也是 Pat 自己的问题。这真是与众不同。这个工作组做了大量的工作来定义测试工程师这个职位，重塑了测试工程师的职业发展阶梯。测试工程师的晋升，都会由整个测试工程师团队开放式投票完成，这种方式是得到认可的。这项工作非常酷，我带领整个工作组来庆祝。这完全是一次草根的胜利。我们还制定了一些面试原则，帮助测试开发工程师和软件开发工程师学习如何面试到合适的测试人员。我觉得现在可以说测试工程师已经和测试开发工程师的角色具有同样清晰的定义了。

HGTS：你已经在 Google 摸爬滚打挺长时间了，能给我们总结一下 Google 的秘诀吗？

我们在测试方面都有哪些"秘方"？

James：那就是测试人员所拥有的技术能力（包括计算机科学的专业文凭）、测试资源的稀缺从而获得开发人员帮助和不断进行测试优化、优先考虑自动化（这样才能让人去做那些计算机做不好的事情），以及快速迭代、集成和获得用户反馈的能力。其他公司要想效仿 Google 的做法，应该从这四个方面做起：技能、稀缺性、自动化和迭代集成。这就是Google 测试的"秘方"，照方抓药吧！

HGTS：你还有要打算写的书吗？再来一本测试方面的书怎么样？

James：我不知道。我的书都不是事先计划好的。我的第一本书，源自于我在佛罗里达理工学院教授软件测试的课程教案。我原来并没有计划把它出版成书，但后来我在 STAR 演讲的时候，有位女士问我是不是有意把它做成书。她是一位出版商，这就是《How to Break Software》的由来。我独立编写了那本书的每个字句，那可真是件累人的工作。我的后两本书都是有共同作者的。Hugh Thompson 写作了《How to Break Software Security》，我在其中提供一些帮助。Mike Andrews 写作了《How to Break Web Software》，我的角色还是提供帮助。这两本书其实是他们的书。我作为作者、思考者和管理者帮助完成写作。我热爱写作，Hugh 和 Mike 都没有嫉妒我比他们写的好。你们两位会吗？我想也不会。要不是因为有我，他们谁也写不成那两本书（尽管后来 Hugh 又写了另外一本书，但我的说法还是成立的）。最终，我的职业生涯写成了书，而我身边的人成了共同作者。你们敢否认这一点吗？

HGTS：嗯，好吧，读者其实可以通过手中的书证明这一点！我们放弃这次否认的权利！

James：我也不是完全不能独立写一本书，《Exploratory Testing》就是另外一本我想自己完成的书。这本书也脱胎于我在会议上的演讲。我从教材和资料里抽取部分，积累起来，直到可以成书。我不确定如果没有你们俩的帮助，这本书还能不能完成。不过这是一次完全真正的合作，我想我们三个人的贡献是相当的。

HGTS：我们俩个人都很高兴能参与其中。我们可能比你更能写代码，但必须承认你在语言可读性上的造诣！你自己最喜欢这本书的什么部分？

James：整本书我都喜欢。写作这本书真的很有意思。倒不是因为准备写作的材料，它们都已经是现成的了，我们需要做的就是把它们记录下来。如果一定要挑一个特别喜欢的部分的话，我会选其中的访谈部分。采访那些人并记录下来很有趣。我希望自己刚来Google 的时候就能进行这些采访。Huang Dang 的访谈特别值得一提。他带我参观了 Android 实验室，然后针对测试哲学和我争论起来，整个访谈都很紧张。我奋笔疾书地记录，从学校毕业以后我还从来没有那么快地写过字。那是我和他在一起度过的最有价值的一段时间。

我在 Google 经历了很多人和事，但直到我把它们写下来之前，我自己都没有意识到。我想这就是记者要做的事情，你必须要深入了解你的采访对象。

HGTS：如果你没有进入测试领域，你会做些什么？

James：在技术领域，我会做开发工具和开发技术传播的工作。我想让写软件变得更简单。不是所有人写代码都能像 Jeff Carollo 那么棒！我都不能相信我们竟然还在徒手开发应用。20 世纪 80 年代，我在大学里学到的开发技术到现在还在用。这太疯狂了。整个技术领域都没什么变化，我们还在用 C++ 写程序。

为什么软件开发一点儿也没变简单？为什么那些糟糕的、不安全的代码还比比皆是？开发优秀代码应该比开发烂代码更容易才对。我会为解决这个问题而努力。技术传播也很重要。我喜欢公开演讲，我喜欢同技术人员谈论技术话题。把与开发人员交流当做正式工作的想法，比测试还要来得令人兴奋。要是有这样的工作机会一定通知我哦。

HGTS：那如果不做技术领域了呢？

James：这个可比较难回答了，我还没考虑过其他的职业呢。我对技术领域还有用不完的热情。不过要是真有选择，我想去讲授管理学的课程。你们老是说我是个不错的管理者，最近我还认真考虑了一下为什么我做的还不赖。也许我的下一本书就叫《怎样才能不做差劲儿的老板》。我还想为保护环境做些工作。我喜欢我们的世界，它值得我们去爱惜和维护。

喔，我还爱啤酒。我太爱啤酒了。我都能想象自己像电视剧《干杯》里面的 Norm 那样：我走进酒吧，大家大喊，"James！"，然后坐在我的固定吧台那儿的人会自觉把座位让给我。这才是把事儿干好了的感觉。我想自己能像 Norm 那样赢得所有人的尊敬。

第 5 章　Google 软件测试改进

01100010110110110001 0100

Google 的测试流程可以非常简练地概括为：让每个工程师都注重质量。只要大家诚实认真地这么做，质量就会提高。代码质量从一开始就能更好，早期构建版本的质量会更高，集成也不再是必须的，系统测试可以关注于真正面向用户的问题。所有的工程师和项目都能从堆积如山的 bug 中解脱出来。

如果你所在的公司能对质量达到这种层次的关注，那就只剩下一个问题了——下一步是什么？

其实，Google 的下一步已经开始在进行了。当我们不断完善产品开发中测试角色的时候，我们其实也在流程中引入了几个明显的缺陷。本章就来讲讲这些缺陷，讨论一下为了解决这些问题，Google 的测试是如何进化的，抑或是如何退化的。测试的去中心化已经发生了，工程生产力部门（Engineering Productivity）已经被拆分融入到各个产品团队。我们认为这是达到一定的测试成熟度以后的一种自然结果。在 Google 继续区分开发与测试已经不是最好的选择了。

5.1 Google 流程中的致命缺陷

测试通常被看做是质量的代名词，如果你问一位开发人员做了哪些与质量相关的事，他的回答往往是"测试"。可是测试并不能保证质量。质量是内建的，而不是外加的。因此，保证质量是开发者的任务，这一点毋庸置疑。这就带来了第一个致命的缺陷：测试成了开发的拐杖。我们越不让开发考虑测试的问题，把测试变得越简单，开发就越来越不会去做测试。

在实际生活中有一个类似的例子：我们坐在舒适的沙发里看电视的时候，有人来为我们修剪草坪。而实际上，我们是可以自己修剪草坪的。更糟糕的情况是，当他们在为我们修剪草坪时，我们却坐在家里，什么事儿也没有！修剪草坪的服务让我们很轻松，是太轻松了，以至于想都不想就外包出去了。当测试也成为一种服务，能让开发想都不想的时候，那他们就会真的什么也不想了。测试应该需要一点痛苦，需要开发人员费点心思。某种程度上我们已经把测试变得太轻松，把开发养得太懒了。

测试在 Google 作为一个独立的部门，让这个问题更为严重。保证质量不但是别人的问题，它甚至还属于另一个部门。这就像我的草坪服务，责任方很容易确定，出问题的时候也很容易就把责任推卸给修前草坪的外包公司。

第二个致命缺陷，还是与开发和测试的组织结构分离有关。

测试人员更关注自己的角色，而不是他们的产品。如果产品不被关注，那它就好不了。毕竟，软件开发的最终目的不是编码，不是测试，不是文档，而是完成一个产品。每一个工程师的角色都是为总体产品服务的，而角色本身是次要的。健康的组织的一个标志是，人们会说"我在为 Chrome 工作"，而不是"我是测试"。

几年前，我在一次测试会议上看到一件 T 恤用希腊语和英语写着"我测试，故我在"。这件 T 恤的制作者一定觉它无比巧妙，但我认为这不过是一种好斗的口号，不利于整体产品——它过分强调了测试角色的作用。任何角色都不应被过分强调。团队的每个人都是在为产品工作，而不是为了开发过程中的某个部分。开发过程本身就是为产品服务的。除了做出更好的产品，流程的存在还有其他目的吗？用户爱上的是产品，而不是开发产品的流程。

在 Google，开发与测试的分离造成了基于角色的关联，阻碍了测试人员对产品的关注。

第三个致命的缺陷，是测试人员往往崇拜测试产物（test artifact）胜过软件本身。

测试的价值是在于测试的动作，而不是测试产物。

相对于被测代码来说，测试工程师生成的测试产物都是次要的：测试用例是次要的；测试计划是次要的；bug 报告是次要的。这些产物都需要通过测试活动才能体现价值。不幸的是，我们过分称赞这些产物（比如在年度评估时，统计测试工程师提交的 bug 数目），而忘记了被测的软件。所有测试产物的价值，在于它们对代码的影响，进而通过产品来体现。

独立的测试团队，倾向于把重点放在建设和维护测试产物上。如果把测试的目标定位在产品的源码上，整个产品都将受益。因此，测试人员必须把产品放在第一位。

最后一个致命缺陷也许是最深刻的。产品经过最严格的测试发布以后，用户有多大可能仍然发现测试中遗漏的问题？答案是：几乎必然发现。我们谁都没见过哪个产品能够避免漏测问题所带来的困扰（无论在 Google 还是其他地方）。创作本书时，我们三个作者都在为 Google+这个产品工作。事实上，许多 Google+中最好的 bug 的发现者是 Google 的内部试用者（dogfooder）——那些 Google+团队以外试用这个产品的 Googler。我们想象自己是用户，而内部试用者就是真实的用户！

是谁在做测试并不重要，关键是进行了测试。

内部试用者、可信赖的测试者、众包测试者，以及早期用户都可能比测试工程师更容易发现 bug。实际上，让 TE 做的测试越少，支持其他人做的测试越多，效果就越好。

有这么多问题，我们能做些什么呢？怎么找出 Google 测试中所有做的不错的地方，并使其更加专注于产品，更加以整个团队为导向呢？我们正进入一个未知的领域，我们唯一可以做的就是推测。但是我们认为，本书揭示的一些趋势，为推断测试在 Google 和其他公司的未来发展提供了基础。其实 SET 和 TE 的角色本身，已经向着未来的方向转变了。

在 Google，其实这两个角色正向着相反的方向发展。SET 的角色越来越像开发，而 TE 的角色向着相反的方向越来越像用户。这种转变就像成熟的软件开发组织的自然进化一样，正在有机地进行。一方面，这种趋势来自于技术革新，软件开发周期更加紧凑，开发、测试和用户可获得一致的持续构建版本，其他相关的非技术人员有机会参与到软件开发过程中。另一方面，也是由于质量保证的观点更加成熟，质量需要每一个人的贡献，而不专属于"测试"工程师。

5.2　SET 的未来

简单来说，我们认为 SET 没有未来。SET 就是开发。就这么简单。在 Google,SET 的薪资与开发一样，以开发的标准评估绩效，并且两个角色都被称作软件工程师。如此众多的相似点只能引向一个结论：他们其实就是一个角色。

这个角色正逐步淡化，但其工作本身并不会消失。SET 承担的工作在 Google 相当关键。SET 直接负责很多功能特性，如可测试性、可靠性、可调试性，等等。如果我们把这些功能特性与用户界面及其他功能模块一样对待，那么 SET 就是负责这些功能特性的开发工程师。这就是我们认为 SET 这个角色在 Google 和其他成熟软件公司在近期将要发生的演变。除了把测试开发与其他功能开发同等对待，还有什么更好的方法能让它成为"一等公民"呢？

这正是目前的开发流程里存在问题的部分。面向用户的功能都被产品经理（PM）管理，并由软件开发工程师编写。这些功能的代码，通过一套良好定义的自动化流程跟踪、管理和维护。然而，为什么测试代码却由 TE 管理，由 SET 编写？这是测试角色演变过程中遗留下来的。但是这种演变已经到头了，是时候让测试代码成为一等公民了——测试代码也由 PM 管理，由软件工程师编写。

哪些软件工程师能胜任测试开发工程师，负责质量方面的功能，并恪尽其职呢？像 Google 这样的公司已经有了软件测试开发工程师（SET）这个角色，只需要让他们转为开发工程师就可以了。但在我们的印象中，这不是最好的解决方案。开发工程师，可以通过负责质量方面的各种功能特性受益（注：Google 有一个服务可靠性工程师（SRE）计划，称为质控使命。工程师在完成为期六个月的 SRE 计划后，可以获得一笔可观的现金奖励和一个镶有"质控使命"Google 奖章的皮质夹克）。然而，强迫人们做这件事情是不现实的，也不是 Google 的方式。测试特性应该由团队的新成员负责，特别是那些资历尚浅的员工。

下面讲讲我们的理由。测试这个功能特性贯穿了整个产品。因此，负责编写测试功能特性的开发者，就必须学习产品从用户界面到 API 的方方面面。除此之外，还有什么更好的办法迅速学习产品的设计和架构并进行深入研究呢？对任何团队的任何一个开发者来说，全面负责产品的测试功能（无论是从头开发、修改、还是维护）都是一个非常理想的热身项目，或者说其实是最佳的热身项目。团队里来了一个新成员的时候，原有的测试功能开发者就转去负责其他的功能而让位给新成员。每个人都从不熟悉到融入，逐渐所有的开发者都非常理解测试，并真正认真地对待质量。

资历尚浅的开发人员，或是刚从学校毕业的学生，会发现测试开发绝对是最好的起步点。他们不仅能从中学习整个项目，而且由于测试代码不会最终发布，也就避免了产生影响到最终用户的 bug 带来的压力和尴尬（至少不会在职业发展初期发生）。

这种单一角色的机制与现在 Google 采用的机制的本质区别是，测试的技能被平均地分散到各个层级的开发工程师身上，而不是集中于测试开发工程师（SET）那里。这个不同非常重要，因为它消除了测试开发工程师这个瓶颈，从而能够带来更高的开发效率。不仅如此，工程师不再有名称上的差异，开发产品的功能点和进行测试开发就不再有相互之间的隔阂和歧视：共同的角色，共同的团队，为了共同的产品而努力。

5.3　TE 的未来

对优秀测试工程师的需求之大前所未有。然而，我们认为这种需求即将达到顶峰并会迅速下降。传统意义上测试工程师进行的测试用例的撰写、执行、回归等工作，它们实际上已经有了更为全面而且低成本的形式。

这种机会很大程度上源于软件交付领域技术上的进步。在过去，软件每周或每月构建一次并需要经历痛苦的集成过程，特别需要测试人员能够发现 bug，并尽可能地模仿最终用户的操作。产品交付以后有数百万的最终用户使用，问题很难被跟踪，产品也没办法及时更新，因此必须在产品交付之前发现 bug。可现在已经不是这样了。通过互联网交付软件，意味着我们有能力选择部分用户进行发布，响应这部分用户的反馈，并迅速进行更新。开发者和最终用户之间沟通合作的障碍不复存在。bug 的寿命从几个月变成了几分钟。我们非常快速地进行构建、交付（给内部试用者、可信赖的测试者、早期用户或真实用户）、修改、重新迭代交付，让很多用户根本来不及发现缺陷。这是一种更好的软件交付和用户反馈机制。那些专职的测试工程师团队在这个过程中的位置在哪儿？相比以前，最终用户感受到的痛苦大大降低了，我们需要重新合理地调整测试资源。

问题的关键就在这里。你更希望用哪种方式测试你的软件呢？是高薪聘请探索式测试专家在现场尽力预测用户实际使用软件的方式并期望能够发现重要的 bug，还是激励大量的真实用户发现并报告实际的 bug？允许真实用户更早地访问软件，激发他们报告问题的意愿，变得越来越容易。而且，通过每日更新或是小时级别的更新，带给这些用户的风险非常低。在这种新秩序下，测试工程师的角色需要彻底的革新。

我们相信，测试工程会转型成测试设计。少量的测试设计师快速地规划出测试范围、风险热图和应用程序的漫游路线（参见第 3 章）。然后，内部试用者、可信赖的测试者、早期用户或者众包测试者提交反馈，由测试设计师来评估覆盖率，计算风险影响，确保发现的问题不断减少，并相应地对测试活动进行调整。这些测试设计师还可以识别需要专业技能的地方，比如安全性、隐私、性能和探索式测试，并安排具有这些技能的人通过众包的形式完成工作。还会需要开发或购买工具来收集、分析这些提交上来的数据，但他们的工作中没有测试用例编写，没有测试执行，没有实际的测试行为。好吧，"没有"这个词在这里可能过于绝对，不过可以肯定，这方面的工作是最低限度的。这个工作需要的是规划、组织和管理近于免费的测试资源。

我们相信，测试工程师会转变成像安全工程师这样的专家型角色，或者他们会变成测试活动的管理者，而那些具体的测试活动则由其他人来完成。这是一个富于挑战的高级角色，需要非常丰富的专业技能。这个角色的薪资可能远高于现在的测试工程师职位，不过与以往相比，所需的人数也将大大减少。

5.4　测试总监和经理的未来

TE 和 SET 角色的这些变化，对测试总监、经理，甚至副总裁们意味着怎样的未来呢？

这意味着这些人的数量将会大幅减少。技术型的主管，将会更多地转向成为诸如杰出工程师这样的个人角色。他们将作为思想领袖，为维系松散的测试工程师和负责质量的软件工程师的关系而存在，但不会最终为某个特别项目的质量或管理负责。测试活动应该对人们具体工作的产品负责，而不是对一个游离于产品发布和其余开发流程之外、集中管理的部门负责。

5.5　未来的测试基础设施

Google 的测试基础设施仍然是基于客户端的，这多少有些令人意外。仍有大量 Java 或 Python 编写的 Selenium 和 WebDriver 的测试被加入源代码树、构建，并通过 Shell 脚本部署到大量的专用虚拟机上。在专用虚拟机上，通过注入浏览器中运行的方式，执行这些基于 Java 的测试逻辑代码。虽然这样可行，但是我们的测试基础设施需要一次革新，因为现有的方案需要在测试创建和执行上花费昂贵的人工和机器建设成本。测试基础设施会最终整体迁移到云端。测试用例库，测试代码的编辑、录制和执行都将在一个网站或通过浏览器插件完成。测试编写、执行和调试需要使用与被测的应用程序本身相同的语言和环境才最为高效。现在 Google 和许多其他的项目大都是 Web 应用。对于那些非 Web 应用，例如原生 Android 或 iOS 应用来说，测试将通过用于处理 Web 应用的测试框架从 Web 端驱动，再通过适配器进行适配。Native Driver 就是一个好的例子，它遵循了这种"Web 端优先—本地端从属"的策略。

在这种"快速试错"的环境下，软件项目和测试需要更快地出现和消失，那种内部的、定制的测试框架和专用的测试执行机器将会越来越少。测试开发人员需要更多地利用开源项目并为之贡献，快速组合、利用共享的云计算资源进行测试。Selenium 和 WebDriver 建立了这种由企业发起、社区维护的基础设施开发模式。将来会有更多这种项目出现，将开放式测试框架、bug 和问题跟踪系统、源代码控制系统更紧密的集成。

将所有东西保密和私有化只能获得想象中的优势，为了分享测试数据、测试用例和测试基础设施而放弃掉这些是值得的。保密和私有的测试基础设施只能意味着昂贵、迟缓，而且即使在公司内部的不同项目之间也不能复用。未来的测试人员将会尽可能多地共享代码、用例和 bug 数据，而来自社区的回报将是新的众包形式的测试和用例创建，以及友善的用户关系，这些比隐藏各种东西所获得的想象中的利益重要得多。

使用这种更加开放、基于云计算的方式进行测试会更省钱，测试基础设施开发者也能得到更大的认可。最重要的是，项目层面的测试开发人员可以专注于测试覆盖，而不必关心基础设施，从而获得更高的产品质量和更快的发布周期。

5.6 结论

　　我们熟知和喜爱的测试方式即将终结，这听起来难以接受。对于那些职业技能已经定型的人来说更难接受。但是，毋庸置疑，随着敏捷开发、持续构建、早期用户介入、众包测试、在线软件交付的不断兴起，软件开发的问题也已经彻底改变。继续死守已存在数十年之久的测试教条无异于刻舟求剑。

　　虽然并不是每个人都注意到了这一点，但这种转变在 Google 早已发生。集中测试部门中的工程师、经理和总监正逐渐分散到各个更加关注项目的团队和职责岗位上。这种转变迫使他们更加敏捷、更少关注测试流程、更多关注产品本身。作为 Googler，我们比其他许多公司更早地看到了这个变化。这可能很快就将成为每个测试人员都要面对的崭新现实。拥抱这些变化吧，并促其发生，做一个与时代同行、与时俱进的测试者。

附录 A   Chrome OS 测试计划

01100010110110110001 0100

A.1　测试主题概述

● **基于风险**：Chrome OS 需要测试的方面相当庞杂，涵盖了定制化浏览器、应用管理器的用户体验（UX）、固件、硬件、网络、用户数据同步、自动更新，以及来自 OEM 厂商的定制化的物理硬件。要想合理地处理这些测试问题，必须采用基于风险的测试策略，也就是说测试团队将优先关注系统中风险最高的区域，然后按风险次序依次处理。测试团队会严重依赖于开发团队全面的单元测试和代码质量，以此确保整个产品的质量基础。

● **自动化硬件测试组合**：由于存在各种不同的硬件环境和操作系统版本，因此需要在每次构建的版本和整个硬件环境组合中运行测试，快速发现回归问题并辅助定位问题存在的具体软件、硬件或环境配置维度。（例如，某个测试用例可能仅在 HP 硬件上的无线网络配置环境下版本 X 的网络浏览器上会失败）

● **支持快速迭代**：Chrome OS 的发布时间表非常紧张，因此尽早发现 bug 并定位问题重现条件非常重要。所有的测试都要能在开发人员的本地工作机上运行，以减少 bug 进入代码库的可能性，并通过大规模的自动化测试用例组合，来加速定位导致回归问题的原因。

● **开放测试用例和工具**：考虑到 ChromiumOS 的开放源码性质和 OEM 合作厂商的质量认证，测试团队将努力保证测试工具、用例、自动化代码等可被外界共享和执行。

● **Chrome OS 的主要浏览器平台**：Chrome 浏览器测试团队将把 Chrome OS 作为主要关注的平台。Chrome 浏览器在 Chrome OS 中的可测试性、自动化等与其他平台相比将被得到更多的关注。这也反映出 Chrome 浏览器在 Chrome OS 中至关重要的地位。它是 Chrome OS 中唯一的用户界面，整个系统和硬件环境都用来支持它的功能。Chrome OS 中 Chrome 浏览器的质量标准将会更高。

- **测试提供数据**：测试团队的目标不是、也不可能是保证质量。产品质量的高低取决于所有参与者，包括外部 OEM 厂商、开源项目等。测试团队的目标是降低风险，尽可能地发现问题和 bug，为大团队提供风险评估和度量指标。测试、开发、项目经理和其他第三方都对 Chrome OS 的质量有很大的发言权和影响力。

- **可测试性和乘数效应**：对 Google 应用团队、外部的第三方团队、甚至是内部团队来说，可测试性在过去一直是一个问题。测试团队将联合 Accessibility、Android 和 WebDriver 团队来增进可测试性，让 Chrome OS 中的 Chrome 浏览器能被正式支持。这将提高 Google 应用团队内部的自动化效率，也让 Chrome 成为测试其他第三方 Web 页面应用的理想平台。

A.2　风险分析

测试团队将推动功能性风险分析，以达成如下目标。

- 保证产品的质量风险被周知。

- 保证测试团队始终仅关注最高投资回报率（ROI）的任务。

- 保证存在一个质量和数据评估框架，能够随着产品的演进和新数据的引入，对新的质量和风险数据进行评估。

风险分析过程是将所有已知产品特性和能力简单罗列，然后测试团队根据每个方面的出现频次和失效可能性，以及失效产生后果（对用户和业务）的严重程度，评估每个方面的绝对内在风险。然后，把已经存在的能够降低这些风险的策略（如现有的测试用例、自动化测试、用户试用测试、OEM 测试等）从相应的已知风险中扣除。把所有组件根据剩余风险进行排序，然后通过开发测试用例、自动化和流程改进等措施来应对。

关键问题是要知道产品的风险集中在哪里，并总能善用手中的资源去降低这些风险。

A.3　每次构建版本的基线测试

对每次持续构建的版本在开发人员的单元测试以外，还将通过构建机器人（Buildbot）执行以下测试。

- 冒烟测试（P0 自动化）。

- 性能测试。

A.4 最新可测试版本（Last Known Good，LKG）的每日测试

每天都会对持续构建的最新可测试版本（LKG）执行以下测试。

- 一系列功能验收测试的手工执行（可以限定每天在一种类型的硬件环境中执行）。

- 功能回归测试自动执行。

- 在每日构建版本上，滚动式地持续执行 Web 应用程序的测试（包括自动和手工测试）。

- 滚动式执行压力测试、可靠性测试、稳定性测试等。在每日构建版本上反复执行这些测试，直到没有新问题出现，然后转为每周执行。

- 持续地进行手工探索式测试和漫游式测试。

A.5 发布版本测试

每个发布通道的"候选发布"版本。

- 站点兼容性：Chrome 浏览器测试团队负责对前 100 名站点（Top100）在 Chrome OS 上进行验证。

- 场景验证：对 Chrome OS 对外展示或者向合作伙伴发布的示例性场景（可能最多有两到三个示例）进行验证。

- P0 bug 验证：验证所有已被修正的优先级为 P0 的 bug。验证 80%的自上次发布版本以来记录的优先级为 P1 的 bug。

- 全面压力和稳定性测试：执行一次压力和稳定性测试。

- Chrome OS 手工测试用例：执行所有的 Chrome OS 手工测试用例（可以分派给不同的测试人员和不同的硬件环境）。

A.6 手工测试与自动化测试

手工测试非常重要，特别是在项目的早期用户界面和其他功能特性经常变化、可测试

性和自动化开发工作仍在进行的时候，手工测试有不可替代的作用。手工测试的重要性还体现在，由于 Chrome OS 的核心价值在于其简单性，用户界面和体验必须非常直观流畅。目前，机器还不能做这些方面的测试。

自动化测试是项目取得长期成功的关键，也是测试团队高效检验回归问题的关键。浏览器自动化已经实现，因此很多高优先级和高回报率的手工测试用例也被自动化了。

A.7　开发和测试的质量关注点

开发团队相对来说大一些，而且更了解组件内部机制和代码级别的实现细节。我们需要开发人员能够提供丰富的单元测试集和通过 Autotest 加入重要的系统测试用例。

测试团队会更多地关注端到端（end-to-end）的测试和集成测试场景，着重于暴露给最终用户的功能特性、跨组件的交互操作、稳定性和可扩展性测试以及测试报告。

A.8　发布通道

我们应该学习 Chrome 浏览器团队使用不同的发布"通道"的成功经验，根据对痛苦的容忍程度和进行反馈的意愿来区分用户群体。这些发布通道根据对质量逐步严格的保证级别来进行维护。这种机制模仿了在"google.com"的实验性属性，允许在大量部署前在真实环境中进行某种程度的试验，降低了整个产品的风险。

A.9　用户输入

用户输入对产品质量相当关键。你需要帮助用户更便捷地提供可操作的反馈意见，并能管理这些数据。

● **GoogleFeedback 扩展**：这个扩展程序允许用户在任意 URL 页面上通过鼠标点击提供反馈意见。它还提供了聚合这些反馈信息和分析的显示面板。测试团队将帮助支持 GoogleFeedback 工具集成到 Chrome OS，扩展它的报表部分并合并到 Chrome OS 的用户界面中。

● **已知 bug 扩展/平视显示器**：与项目相关的可信任用户，可以很方便地在 Chrome OS 中记录所发现的 bug，也可以在 Chrome 浏览器中直接看到已知 bug。今后将发展更为通用的"平视显示器（HUD）"来显示项目和质量数据。

努力支持对所有 Googler 开放使用，包括支持非标准化的硬件环境。

A.10　测试用例库

● 手工测试用例：所有的手工测试用例都被存储在 TestScribe 中。以后会在
"code.google.com"维护一套测试用例集。

● 自动化测试用例：所有的自动化测试用例都被存储在 Autotest 的树形结构中。所有
的用例都包含版本信息，可共享，而且与被测代码放在一起。

A.11　测试仪表盘

为了满足快速处理大量测试数据的需求，测试团队投入开发了一个专用的质量度量数
据仪表盘。这个仪表盘提供了宏观的质量评估数据（绿灯和红灯），聚合包括手工测试和
自动化测试在内的执行结果，而且允许对失败信息进行向下钻取。

A.12　虚拟化

支持 Chrome OS 的虚拟化镜像非常重要，尤其是在项目的初始阶段。这使我们降低了
对物理硬件的依赖，加速镜像的创建，支持在 Selenium 和 WebDriver 测试机群中完成回归
测试，并支持直接在工作站上进行 Chrome OS 的开发和测试。

A.13　性能

性能是 Chrome OS 的一个核心特性，因此完成性能需求是一个涉及到各个开发团队的
任务。测试团队的目标是辅助性能指标测量的执行、报告和趋势总结，而不是直接开发性
能测试。

A.14　压力、长时运行和稳定性测试

测试团队负责创建长时运行（long-running）测试用例，并在物理硬件的实验环境里执
行这些测试。通过底层平台进行故障注入。

A.15　测试执行框架（Autotest）

测试和开发团队已经达成一致，使用 Autotest 作为核心自动化测试框架。Autotest 是开源项目，并已在 Linux 社区和多个内部项目被验证。Autotest 还支持本地和分布式运行。Autotest 封装了其他功能测试工具（如 WebDriver 和其他第三方测试工具），因此测试执行、分发和报告的调用接口是统一的。

需要指出的是，核心测试工具团队已经为 Autotest 加入了对 Windows 和 Mac 的支持。

A.16　OEM 厂商

OEM 厂商在 Chrome OS 的构建中扮演了关键角色。测试和开发团队共同努力为 OEM 厂商发布相关的手册和自动化测试用例，OEM 厂商负责检测构建版本和硬件的质量。测试团队还会和顶级 OEM 厂商密切合作，在每日测试中囊括各种不同的硬件，更早发现特定 OEM 厂商相关的问题和功能回归问题。

A.17　硬件实验田

硬件实验田被构建来支持一系列广泛的网络笔记本电脑和一些具备通用服务组件的设备。这些通用服务组件包括电源、网络（有线和无线）、健康指示面板、电源管理，以及一些直接用于测试的特殊基础设施，如测试无线网络。这些实验田机器主要通过 HIVE 架构来管理。

A.18　端到端测试自动化集群

测试团队建立了一套由一系列网络笔记本电脑组成的集群，负责测试执行和报告，涵盖了大量硬件和软件的组合。这个集群分布在 MTV、KIR、HYD 等多个地理位置，为各地的实验室提供本地访问，并利用时差间隔实现不间断的测试执行和调试。

A.19　测试浏览器的应用管理器

Chrome OS 系统中的浏览器，是带有 Chrome OS 特殊界面和功能特性的 Linux 版本的

Chrome 浏览器。它与 Chrome 浏览器的核心版本相比，主要的展现引擎和功能特性都是一样的，但在某些方面还是有些明显的不同（如固定标签页、下载管理器、应用启动器、平台控制界面、无线网络等）。

- Chrome OS 是 Chrome 浏览器核心版本的主要测试平台（手工测试和自动测试）。

- Chrome 浏览器核心版本团队决定将浏览器的哪个版本集成到 Chrome OS 系统中（基于质量和 Chrome OS 的功能特性）。

- 对每个 Chrome OS 的候选发布版本，浏览器核心版本团队会在 Chrome OS 上执行常规的站点（应用）组合兼容性测试（包括 300 个常用站点，目前只有对在线站点的手工测试）。

- 站点（应用）的兼容性测试已经通过 WebDriver 部分自动化并集成进 buildbot 自动构建或者常规执行，可以对主要的 Chrome OS 特定回归问题发出"早期警告"信号。

- 一组针对 Chrome OS 浏览器的功能特性和应用管理器的手工测试，由一个测试外包团队开发和执行。

- 在 API 实现之后，外包团队负责自动化 Chrome OS 的手工测试集。

- Chrome OS Chromebot 应该拥有 Linux 和 Chrome OS 不同的版本，与 Chrome OS 的特定功能一起运行而不仅仅是 Web 应用。

- 手工探索式测试和漫游测试，应该在发现简洁性、功能性和易用性等面向最终用户的问题上体现价值。

A.20　浏览器的可测试性

浏览器为用户展现了很多 Chrome OS 的核心界面和功能。很多浏览器的界面是不可测试的，或者只能通过浏览器以外更底层的 IPC 自动代理接口进行测试。在 Chrome OS 中，我们致力于统一 Web 应用、Chrome 用户界面和功能特性的测试，并且能够触发底层系统测试。我们还想让 Chrome 成为对于 Web 应用来说最可测试的浏览器，鼓励外部 Web 开发团队首先在 Chrome 平台上进行测试。为此，我们构建了下面的测试设施。

- **将 Selenium 和 WebDriver 移植到 Chrome OS**：这是当前最核心的 Web 应用测试框架。Chrome OS 和 Chrome 浏览器测试团队，很有可能肩负起 WebDriver 的 Chrome OS 相关功能的实现，并进一步为应用团队和外部测试人员提供稳定、可测试的接口。

- 把 **Chrome OS** 的界面和功能通过 **JavaScript DOM** 暴露出来：这样就也可以通过 WebDriver 来驱动 Chrome OS 的界面和功能测试了。这部分功能通过与 ChromeView 里提供的 shutdown、sleep 等辅助功能一样的方法暴露出来。

- **高阶脚本**：与 WebDriver 开发人员合作，将基本的 WebDriver API 扩展成为纯 JavaScript，并最终成为更高阶的录制/回放和参数化的脚本（如"Google 搜索<关键词>"）。这加速了内部和外部的测试开发，因为如果用 WebDriver 开发将需要相当大量的时间，用于获取元素以及处理当界面快速变化时的维护问题。

A.21　硬件

Chrome OS 有一整套的硬件需求和来自众多 OEM 厂商的变化。在主要的 OEM 厂商平台上需要进行特定的测试，以保证物理硬件和 Chrome OS 系统的紧密集成。具体来说，这些测试包括以下这些。

- **电源管理**：外接电源和电池电源循环操作，电源失效，硬件组件的电源管理，等等。

- **硬件故障**：Chrome OS 如何检测硬件故障以及如何恢复？

A.22　时间线

2009 年 Q4

- 定义手工验收测试，并在持续构建版本上执行。

- 定义基础发布检验测试，并对每个主要发布版本执行。

- 建立基础硬件实验环境。

- 完成风险分析。

- 持续构建版本的端到端自动化测试，在网络笔记本电脑的物理实验环境中运行。

- 基于 Hive 的虚拟化和物理机镜像支持。

- 移植 WebDriver 和 Selenium 到 Chrome OS。

- 重要 Web 应用的部分自动化测试。

- 决定实现团队使用的测试框架。

- 推动 GoogleFeedback 与 Chrome OS 的集成。

- 构建核心测试团队、人员和流程。

- 自动化语音/视频测试。

- 完成基于风险的测试计划。

- 界面手工测试计划。

2010 年 Q1

- 质量计分板。

- 自动化更新测试。

- 在实验室环境支持自动性能测试。

- 在 HYD、KIR 和 MTV 都建立实验室环境并开始执行测试。

- Linux 和 Chrome OS 版本的 Chromebot。

- 主要 Chrome OS 功能和界面的可测试性支持。

- Chrome OS 功能回归自动化测试集。

- 将 Chrome OS 加入 Web 应用的 Selenium 测试机群。

- 支持浏览器和用户界面测试的录制回放的原型。

- ChromeSync 的端到端测试用例的自动化

- 稳定性和故障注入测试。

- 特定网络测试。

- 能令 James 满意的日常的探索式手工测试和漫游。

2010 年 Q2

- 通过测试和自动化降低风险。

2010 年 Q3

● 通过测试和自动化降低风险。

2010 年 Q4

● 所有风险得到缓解，所有可自动化的都完成自动化，没有新的问题发现，没有新的界面和功能变化。测试团队放松下来。

A.23 主要的测试驱动力

● Chrome OS 平台的测试技术负责人。

● Chrome OS 浏览器的测试技术负责人。

● 基础浏览器自动化测试技术负责人。

● 计分板和度量指标。

● 手工验收测试的定义和执行。

● 手工回归测试的定义和执行（包括相应的外包团队）。

● 浏览器应用兼容测试，基础用户界面和功能（手工）测试以及测试外包。

● 音频和视频。

● 稳定性/故障注入。

● 无障碍测试。

● 硬件实验环境：KIR、HYD 和 MTV。

● 自动化测试机群。

● 硬件验收测试。

● 总体指导和资金支持。

A.24 相关文档

● 风险分析。

- 硬件实验环境。

- 端到端自动化测试机群。

- 虚拟化和物理机管理基础设施。

- 平视显示器（HUD）。

- 手工验收测试。

- 测试结果显示板。

- OEM 硬件认证测试。

- 硬件使用状况和健康状况显示板。

- Chrome OS 手工/功能测试计划。

附录 B　Chrome 的漫游测试

01100101011011001 0100

Chrome 的漫游测试包括以下几项。

- 购物漫游。

- 学生漫游。

- 国际长途电话漫游。

- 地标漫游。

- 通宵漫游。

- 公务漫游。

- 危险地带漫游。

- 个性化漫游。

B.1　购物漫游

描述：购物是很多人喜欢的消遣方式，到一处新的旅游地点，如果能发现一些可以买的新奇商品也是一大乐事。对某些城市来说，奢华的购物几乎成为其最吸引人的地方。香港就拥有一些世界上最豪华的购物中心，其中有超过 800 多家店铺。

在软件领域，商业行为屡见不鲜。虽然不是所有软件应用都让人们掏钱，但还是有相当一部分应用会这么做。我们正进入一个充满了各种可供下载的时代，这种现象更是常态。购物漫游测试邀请用户使用被测软件，在各种可能的情况下进行消费，检验用户可以流畅地、有效地进行商业体验。

应用：Internet 上有近乎无尽的消费方式，而 Chrome 浏览器是 Internet 的入口。虽然不可能测试所有的商家，但是检验在 Google 商店里的大多数零售商可以被访问，还不成问题。以下是根据访问流量统计的一系列常用在线销售网站。

- eBay。

- Amazon。

- Sears。

- Staples。

- OfficeMax。

- Macy's。

- NewEgg。

- Best Buy。

B.2　学生漫游

描述：很多学生把握机会出国学习，在新地点生活的同时，他们会利用当地的各种资源增进他们的专业知识。这包括了对外来人员开放的所有资源，如图书馆、档案馆和博物馆。

类似的，在软件领域，很多人尝试使用新技术进行研究，增进他们对某个特定领域的理解。这个漫游测试就是鼓励用户做这样的事，充分利用和测试软件的各种功能来帮助达到获取和组织信息的目的。

应用：测试 Chrome 浏览器能多好地从各种不同的信息源收集和组织数据。例如，用户能从多家站点获取信息并把它们存储在云端的文档上吗？离线内容能被成功的上传和使用吗？

建议的测试方面

Chrome 的学生漫游测试包括以下几项。

- **复制粘贴**：各种不同类型的数据能通过剪贴板传递吗？

- **把离线数据移动到云端**：Web 页面、图像、文字等。

- **容量**：同时在不同窗口打开多份文档。

- **传输**：在标签页和窗口键移动数据，以及在不同类型的窗口间（正常的和匿名访问窗口）移动数据。

B.3 国际长途电话漫游

描述：旅行期间给家里打电话本身就是一种经历。与国际长途话务员打交道，处理货币、信用卡等问题的时候可能会遇到一些非常有趣的事情。

在软件世界，用户可能希望使用某些相同的功能（家里人），但是要从不同的平台上使用，或者有不同的权限，不同的设置。这个漫游测试关注于保证用户无论从哪里操作，都能够获得流畅可靠的体验。

应用：在不同的平台（Windows、Mac、Linux）上，使用操作系统中不同的网络连接设置，通过 Chrome 去浏览常用的站点，使用常用的功能。

建议的测试方面

Chrome 的国际长途电话漫游包括以下几项。

- 操作系统：Windows、Mac 和 Linux。

- 权限级别：高可信度和低可信度。

- 语言：复杂的语言和从右到左书写的语言。

- 网络选项：代理服务器、无线网络、有线局域网、防火墙。

B.4 地标漫游

描述：这个过程很简单。朝着你想去的方向，使用罗盘定位一个地标（一棵树、岩石、悬崖，等等），前进到那个地标，然后找到下一个地标，然后如此继续。只要这些地标都在一个方向上，你就能通过茂密的肯塔基森林。探索式测试人员的地标漫游测试是类似的，我们选取标志，然后顺着标志执行，我们就能穿过森林。

应用：在 Chrome 中，这个漫游测试要看看用户能不能从一个地标转移到另一个地标。验证用户可以到达各个地标，如不同的浏览器窗口、打开附件、设置等。

建议的测试方面

Chrome 的地标漫游包括以下几个方面。

- **浏览器窗口**：这是用于浏览 web 的浏览器主窗口。

- **隐身浏览窗口**：隐身窗口用于不被记录的浏览；窗口左上角标志性的间谍人形图标会提醒用户正处于隐身窗口。

- **紧凑浏览工具条**：这个浏览器窗口可以从菜单中获得；在窗口的标题栏中有一个搜索框。

- **下载管理器**：下载管理器列表显示用户下载的内容。

- **书签管理器**：书签管理器是一个完整的窗口，用于显示和启动用户的书签。

- **开发者工具**：这些工具包括任务管理器、JavaScript 控制台等。

- **设置**：这些设置在选择窗口右上角的菜单选项时触发。

- **主题页**：用户可以通过这个页面设置 Chrome OS 的个性化外观。

B.5　通宵漫游

描述：你能走多远？通宵漫游要求游客挑战自己的耐力，不间断地从一个景点转战另一个景点，中间没有或仅有极短暂的休息时间。这样的观光方式是对体格的考验。你能熬过整个通宵吗？

在软件领域，这种漫游测试检验被测产品在长时间连续使用的情况下能支持多久。这个过程的关键是让用户持续长时间的使用而不试图关闭任何东西。这种漫游测试可以发现那些只有在使用了很长一段时间以后才会出现的问题。

应用（Chrome）：打开很多标签页，安装扩展程序，变更主题，在同一个会话中不断浏览网页，持续尽可能长的时间。即使是不再使用了，也不要关闭任何标签页或浏览窗口；不断打开更多的内容。如果这个漫游测试持续几天，那就在夜间保持打开 Chrome，到第二天继续测试。

建议的测试方面

Chrome 的通宵漫游测试包括以下几项。

- **标签页和窗口**：开启大量的标签页和窗口。

- **扩展程序**：安装大量的浏览器扩展程序并让它们保持运行。

- **持续不断**：长时间保持所有的东西在打开状态。

B.6　公务漫游测试

描述：有些人旅行是为了愉悦，而有些人则是为了工作。这种游览考察旅行者，在新目的地是否能方便地完成所需工作。有没有本地供应商？有哪些当地风俗需要遵从？

在软件领域，这种漫游测试考察用户是否能方便地利用被测软件提供的工具进行开发。与当地供应商和当地风俗相对应，用户可以看看被测应用提供了多少工具，以及能够多方便地导入和导出内容。

应用：Chrome 提供了相当多的工具供 JavaScript 开发人员和 Web 开发人员使用，用以测试和运行他们的在线内容。使用这种漫游测试检验各种工具，生成示例脚本和测试在线内容。

Chrome 里的工具

Chrome 的公务漫游测试包括以下几项。

- **开发人员工具**：观察页面元素、资源、脚本，启用资源跟踪。

- **JavaScript 控制台**：JavaScript 控制台是否运行正常？

- **查看源代码**：通过代码彩色显示和其他帮助工具，是否便于阅读代码，是否便于找到相关代码的片段？

- **任务管理器**：进程是否被正确显示，是否能方便的看到网页占用了多少资源？

B.7　危险地带漫游

描述："每个城市都有一些危险地带，观光者都会谨慎地避开。软件中也存在危险地带——那些集中产生 bug 的代码。"

应用：Chrome 的重点是提供快速、简洁的 Web 浏览体验，但是在富内容上可能会有问题。当 Chrome 初次发布的时候，有报告说连 YouTube 上的视频都不能正确播放。虽然现在对这些问题的处理已经有了明显的改善，但在富内容方面仍然有不小的挑战。

Chrome OS 中的危险地带漫游测试

Chrome 的危险地带漫游测试包括以下几项。

- **在线视频**：Hulu、YouTube、ABC、NBC、全屏模式，以及高分辨率。

- **Flash 内容**：游戏、广告及演讲稿。

- **扩展程序**：富内容的扩展程序。

- **Java applet**：验证 Java applet 能成功运行。Yahoo！游戏就是一个 Java applet 还很流行的例子。

- **O3D**：验证用 Google 自己的 O3D 编写的内容。例如，Gmail 中的视频电话就使用 O3D。

- **多实例**：尝试在不同的标签页和浏览窗口中打开多个富内容实例。

B.8　个性化漫游

描述：个性化观光让游客在旅途中最大限度地获得独特的个人体验。这可能包括各个方面，从墨镜到租的车、雇的导游，甚至到光临的服装小店。软件领域里，这种漫游让用户探寻各种可能的方式来进行定制，把软件个性化，让用户体验到量身定做的感觉。

应用：尝试 Chrome 各种不同的定制方式，通过修改使用的主题、扩展程序、书签、设置、快捷键和用户概要等来获得特定的用户体验。

定制 Chrome 的方式

Chrome 中的个性化漫游测试包括以下几项。

- **主题**：使用主题定制 Chrome OS 的外观。

- **扩展程序**：下载并安装一些 Chrome 的扩展程序，来扩展功能和改变外观。

- **Chrome 设置**：通过改变 Chrome 的设置，来获得不同的用户体验。

- **用户概要隔离**：验证一个用户概要中定义的偏好选项对其他账号没有影响。

附录 C 有关工具和代码的博客文章

01100010110110110001 0100

这个附录收录了一些 Google 测试博客上发表过的文章。

C.1 使用 BITE 从 bug 和冗余的工作中解脱出来

2011 年 12 月 12 日星期三上午 9:21

作者：Joe Allan

在 Web 变得越来越精简的时代，为网站提交 bug 的过程却还停留在繁重的手工方式。发现问题，然后切换到缺陷管理系统窗口，填写问题描述，再切换回浏览器，截取屏幕快照，然后粘贴回缺陷报告，之后再输入一些描述信息。整个过程就是来回切换：从提交 bug 的工具到收集 bug 信息的工具，再到高亮显示问题区域的工具。这一切会把测试人员的注意力从正在测试的应用中转移走。

浏览器集成测试环境（BITE），是一个开源的 Chrome 扩展，目标是解决网页测试体验问题（见图 C.1）。这个扩展必须连接到一个服务器，这个服务器提供你的系统信息和 bug 信息。获得这些信息以后，BITE 有能力提交 bug 报告，选择相应的模板，并提供相关的网站信息。

提交 bug 的时候，BITE 自动抓取屏幕快照、链接和问题所在的用户界面元素，然后附加在 bug 报告里（见图 C.2）。这就为负责分析和（或）修复这个 bug 的开发人员提供了丰富的信息，可以帮助他们发现问题的根源和影响因素。

需要复现一个 bug 的时候，测试人员往往需要努力回忆并准确记录每一步操作。而使用 BITE，测试人员在页面上执行的每步操作都被自动记录成 JavaScript 并能在将来进行回放。

这样，工程师就能快速判定在特定的环境下复现问题的步骤，或者判断某个代码变更是否修复了特定的问题。

▲图 C.1　加入到 Chrome 浏览器的 BITE 扩展程序的菜单

▲图 C.2　BITE 扩展程序的 bug 提交界面

　　在 BITE 中还包含了一个录制/回放（RPF）控制台，它将用户的手工测试自动化。和 BITE 的录制功能类似，RPF 控制台会自动生成 JavaScript 代码，在将来可用于回放操作。

另外，BITE 的录制回放机制还是容错的。UI 自动化测试有时候可能失败，而这时候往往是测试代码的问题而非产品问题。这种情况下，当 BITE 回放失败的时候，测试人员可以立即修复这个问题，他只需要在页面上重复操作一遍就行了。这时候没有必要去改动代码或者提交一个失败报告。如果你的脚本找不到要点击的按钮，你只需要再点一下就行了，脚本会被自动修复。当你必须要修改代码的时候，我们使用 Ace 作为内联编辑器，你可以实时修改你的 JavaScript 代码。

来访问我们的 BITE 项目页面吧，在 code.google 网站上可以看到。欢迎提交反馈意见到 bite-feedback@google.com。本文由 Web 测试技术团队的 Joe Allan Muharsky 撰写。团队成员还有 Jason Stredwick、Julie Ralph、Po Hu 和 Richard Bustamante，是他们共同创建的这个产品。

C.2 发布 QualityBot

2011 年 10 月 6 日星期四下午 1:52

作者：Richard Bustamante

作为网站开发者，你想知道 Chrome 的更新在到达稳定的发布版本之前，它是否会导致你的网站不可用吗？你是否曾经期望有一种简单的办法，可以比较你的网站在 Chrome 各个不同的发布版本上的展现？现在可以了！

QualityBots 是 Google Web 测试团队为 Web 开发者编写的一款新的开源工具。它是利用像素级 DOM 分析，针对 Web 页面在 Chrome 不同发布版本间的比较工具。当一个新的 Chrome 版本发布的时候，QualityBot 可作为早期警告系统报告问题。除此之外，它还帮助开发人员快速轻松地了解他们的页面在不同的 Chrome 发布版本上会如何展现。

QualityBot 的前端构建于 Google AppEngine 之上，后端的网页抓取器构建于 Amazon 的 EC2 服务之上。使用 QualityBot 需要一个 Amazon EC2 的账号启动虚拟机，并在虚拟机上使用不同版本 Chrome 浏览器来抓取网页。这个工具提供了一个前端页面，让用户可以登录并提供需要抓取的 URL，图 C.3 显示了最新一次运行结果的显示面板，并向下钻取得到导致问题的页面元素的详细信息。

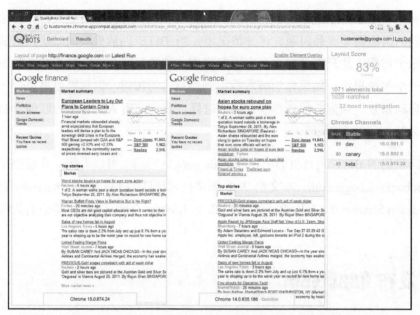

▲图 C.3　QualityBot 测试运行结果示例（网站在不同版本间的渲染差异被显示出来）

开发人员和测试人员，可以用这些结果定位到由于在不同 Chrome 版本间出现较多渲染差异而需要注意的站点，也可以找到那些在不同版本间渲染结果完全相同的站点，并快速忽略掉，如图 C.4 所示。对于没变化的站点，这样做不仅节约了时间，还节省了大量烦人的兼容性测试。

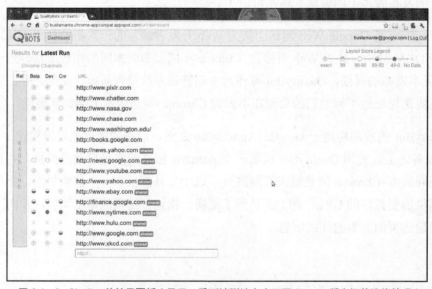

▲图 C.4　QualityBot 的结果面板（显示一系列被测站点在不同 Chrome 版本间的渲染情况）

我们希望对此感兴趣的网站开发人员可以详细研究甚至加入 Qualitybot 项目。项目页面地址是 code.google 网站可看到。非常欢迎提交反馈信息到 qualitybots-discuss@googlegroups.com。

本文由 Web 测试技术团队的 Ibrahim El Far 撰写，团队成员还有 Eriel Thomas、Jason Stredwick、Richard Bustamante 和 Tejas Shah，他们共同打造了这个产品。

C.3　RPF：Google 的录制回放框架

2011 年 11 月 17 日星期四上午 5:26

作者：Jason Arbon

在 GTAC 大会上，很多人问到录制/回放框架在浏览器集成测试环境（BITE）中运行的怎么样。我们开始对自己还有所怀疑，但最后还是决定试一试。下面就是一些我们在评估 RPF 效果的背景，以及在这个过程中发生的故事。

我们的想法就是让用户在浏览器中使用应用程序，记录他们的动作，保存成 JavaScript 代码，以后回放这些动作的执行，用作回归测试或重现问题。大部分测试工具，特别是代码生成工具，在大部分情况都能运行的不错，RPF 也不例外，在大部分时间里都运行得都挺好，但这还远远不够。Po Hu 完成了一个可用的实验性版本，然后决定在一个真实产品上试验一下。Po 是 RPF 的作者，他和 Chrome 网上商店团队想一起看看这个实验版本能帮他们做些什么。为什么选择 Chrome 网上商店呢？因为它含有大量数据驱动的用户交界面、身份认证、文件上传等功能，并且它不断地变化，已有的 Selenium 脚本经常失效：这可是 Web 测试上的一个大难题。

在把这个工具分享给 Chrome 网上商店团队的测试开发人员 Wensi Liu 之前，我们还花费了不少时间做了些我们自认为很高明的事：模糊匹配和联机修改测试脚本。Selenium 很有用，但很多团队后来都花费了大量的时间来维护他们最初建立的 Selenium 回归测试用例集，原因是要适应被测产品持续不断的变化。除了像现有的 Selenium 自动化测试那样，当某个元素找不到的时候直接失败以外，也除了手工 DOM 检测（更新 Java 代码然后重新部署、重新运行、重新修改测试代码）以外，能否让测试脚本一直保持运行，使得更新代码像移动和点击鼠标那样简单呢？我们将跟踪所有被记录元素的属性，当脚本执行的时候，我们会计算被记录的属性和取值与运行时找到的元素属性和取值的匹配程度。如果不是完全匹配，但是在一定的容错范围内（如只有它的父节点或类属性变化了），我们会记录一条警告日志信息，然后继续保持这个测试用例的执行。如果下一个测试步骤运行良好，那这个测试就会继续执行直到测试通过，只留下警告日志信息。处于调试模式时，这些测试会暂停并允许测试人员通过 BITE 的界面，使用一些鼠标移动和点击操作来快速更新匹配规则。我们认为这会降低测试失败的误报率，并让脚本的更新速度更快。

　　我们错了，但错得很值得！

　　我们让 Liu Wensi 独自使用 RPF 几天以后跟他进行了交流。他已经用 RPF 重新创建了他的大部分 Selenium 测试集，但这些测试已经开始因为产品变化而失败了（在 Google，测试人员要跟上开发人员改变代码的频率可真不容易）。但他看起来还很高兴，所以我们问他，我们新的模糊匹配模式工作的好不好。Wensi 当时说，"喔什么？那个呀。不知道。我真没怎么用到……"我们开始考虑是不是我们的更新界面不好用，或者不容易找到，或者有问题不能用了。可是 Wensi 告诉我们当测试用例失败时，重新录制一遍脚本要容易得多。他反正需要重新测试这个产品，那为什么不就在进行手工测试验证功能的时候把录制打开，除去原来的测试代码，然后把这个新录制的脚本存下来用于以后的回放呢？

　　使用 RPF 的第一个星期里，Wensi 发现了以下这些。

- 网上商店中 77%的功能通过 RPF 进行了测试。

- 通过这个 RPF 的实验版本生成回归测试脚本，比原来用 Selenium/WebDriver 编写测试脚本速度大约快了八倍。

- RPF 脚本发现了六个功能回归问题，以及其他很多间歇性的服务器端失败。

- 像登录这样的一些通用步骤，应该被保存成可复用的模块（我们后来开发了支持这项功能的版本）。

- RPF 能在 Chrome OS 上工作，这点是 Selenium 不能完成的，因为 Selenium 需要运行客户端二进制代码。

- 通过 BITE 提交的 bug 有一个简单的链接，通过这个链接开发人员可以在自己的机器上安装 BITE 并重新执行和复现问题。不再需要手工编写重现步骤，这很酷。

- Wensi 希望 RPF 能支持各种浏览器。它现在只支持 Chrome，但是人们也会偶尔通过其他浏览器访问这个网站。

我们觉得这很有意思，并且继续开发。但是在短期内，Chrome 网上商店的测试还是恢复使用 Selenium，因为剩下的 23% 的功能需要一些本地 Java 代码来处理文件上传和安全检出等场景。事后看来，在服务器端增加一些可测试性的工作，就可以通过一些客户端的 AJAX 调用来解决这些问题。

我们在一些大网站上检验了 RPF 的工作情况。测试结果可以在 BITE 项目的网页上找到。这个结果现在有些过时了，在那之后已经有了很多改动，但是你可以感觉一下哪些东西工作的不好。现在可以把它当做 Alpha 版本来看。在大多数网站上它工作的很好，但是还有一些严重的边缘情况处理的不够好。

Joe Allan Muharsky 在 BITE 的用户体验设计方面做了很多工作，把我们原来笨拙的以开发人员和功能为中心的用户体验转变成直观的设计。Joe 的重点是保持用户界面精简，直到必要的时候才显示出来，而且让各种东西都尽可能是自发现和易获取的。我们还没有进行正式的可用性研究，但我们做了多次实验，提供最精简的使用说明，让外部众包测试人员能使用这个工具，也包括让内部试用用户使用这个工具为 Google 地图产品报告缺陷，这些用户都没有对工具产生什么困惑。一些 RPF 的高级功能隐藏得有点儿深，可能有一些复活节彩蛋的感觉，但其基本的录制和回放模式对人们来说还是很直观的。

RPF 已经从中心测试团队的实验性项目正式发展成为 Chrome 团队的一部分，它被常规地用来进行回归测试的执行。他们也密切关注使用这个工具的非代码编写人群，那些使用 BITE / RPF 生成回归脚本的外包测试人员。

请加入我们并共同维护 BITE / RPF，请善待 Po Hu 和 Joel Hynoski，他们在 Google 负责把这个项目向前推进。

C.4 Google 测试分析系统（Google Test Analytics）——现在开源了

2011 年 10 月 19 日星期三下午 1:03

作者：Jim Reardon

测试计划已死！

希望如此。在上周的 STAR 会议上，James Wittaker 向一帮专业的测试人员问起测试计划。他的第一个问题是"这里有多少人在写测试计划"。瞬间有 80 个人举手，占了屋子里人的绝大多数。当他再问"那你们中有多少人写完一周以后还会用到这些测试计划"时只有三个人举手。

撰写那些冗长的、充满了那些所有人都知道的项目细节，而且很快会被废弃掉的文档，这可真是一项很大的时间消耗。

我们在 Google 的一些人在着手创建一种方法，可以取代测试计划。它应该是全面的、快速的、可操作的，而且对项目要持续有效。过去的几周时间里，James 已经发表了有关这一方法的几篇博客，我们称为 ACC，它是一个工具，把软件产品分解成逻辑相关的子模块。通过这种方法，我们创造了"10 分钟的测试计划"（它只需要 30 分钟）。

1. 全面

ACC 方法会创建一个矩阵，完整地描述你的项目；在 Google 内部的一些项目使用这个方法，发现了一些在传统测试计划中缺失的覆盖区域。

2. 快速

ACC 方法非常快；我们为复杂的项目创建 ACC 分解只需要不到半小时，这比写一个常规的测试计划快得多。

3. 可操作

作为 ACC 分解的一部分，你的应用程序功能的各种风险是被评估的。有了这些结果，你就得到了一份项目的热点图，显示了风险最高的区域，那就是应该多花一些时间仔细测试的地方。

4. 持续有效

我们已经建立了一些实验性的功能，通过引入进行中的数据，使你的 ACC 测试计划动态更新。我们加入诸如缺陷和测试覆盖度等数据信号，量化项目进行中的风险。

今天，我很高兴的宣布我们的测试分析系统开源了，它是 Google 开发的一个工具，简化了 ACC 的生成。

测试分析系统主要有两个部分：首先也是最重要的，它是一个分步骤地创建 ACC 矩阵（见图 C.5）的辅助工具，相比较以前我们在没有这个工具的时候用的电子表格，它更快、更简单（见图 C.6）。它还提供了对 ACC 矩阵和软件功能风险的可视化功能，这是使用简单的电子表格很难或不可能做到的，如图 C.7 所示。

▲图 C.5　在 Test Analytics 中定义一个项目的特质

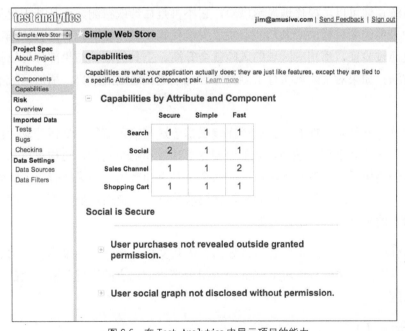

▲图 C.6　在 Test Analytics 中显示项目的能力

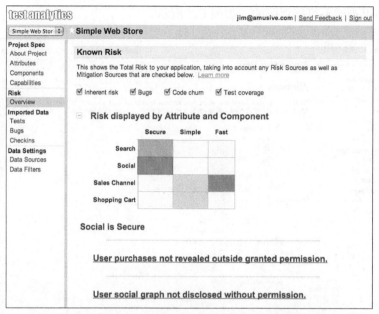

▲图 C.7　在 Test Analytics 中显示特质和组件矩阵中的风险

　　第二个部分使 ACC 计划的风险矩阵能够自动更新。要做到这一点，测试分析系统从你的项目中导入质量信号：bug、测试用例、测试结果，以及代码变化。通过导入这些数据，测试分析系统让你可以可视化地显示风险，它不再是估计或猜测，而是基于定量数据分析的结果。如果你的项目模块或者功能发生了大量代码变更，或者还有很多缺陷没有修复，抑或是还没通过验证，那相应区域的风险就会升高。工具的测试结果部分可以提供化解这些风险的方法；如果对某区域执行了测试并导入了测试通过的结果，那该区域的风险就会降低。

　　这一部分仍然是实验性的。我们还在调试基于这些输入信号，如何计算才能最准确地确定风险，如图 C.8 所示。然而，我们希望尽早地发布这个功能，这样可以从测试社区获得这个功能的使用反馈，然后不断迭代让这个工具更加有用。如果能有更多的输入信号也会更好，如代码复杂度、静态代码分析、代码覆盖度、外部用户反馈等，这些都是我们想到的可以加入的更高层次的动态数据。

　　你可以体验一下托管版本，查看或导出代码和文档。当然，如果你有任何意见，请让我们知晓。我们会在这个 Google Group 讨论组分享我们已有的测试分析系统的使用经验并积极解答问题。

　　测试计划永生！

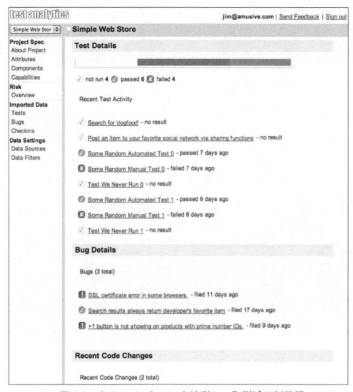

▲图 C.8　在 Test Analytics 中关联 bug 和测试用例数据

0110010110110001 0100

英　文	中　文
HGTS	How Google Test Software 的简写，代表本书作者，在每个章节的访谈部分出现
Bug	缺陷
SWE	软件开发工程师
SET	软件测试开发工程师
TE	测试工程师
TEM	测试工程经理
Test Engineering Director	测试总监
Tech Lead	技术负责人
Tech Lead Manager	技术主管
Test Engineering Manager	测试工程经理
Senior Test Director	资深测试总监
SVP	高级副总裁
Focus Areas，FA	专注领域
Small Test	小型测试
Medium Test	中型测试
Large Test	大型测试
Test Size	测试大小
End-to-End Test	端到端测试
Canary Channel	金丝雀版本
Dev Channel	开发版本
Test Channel	测试版本
Beta Channel or Release Channel Beta	版本或发布版本
Test Harnesses	测试框架

续表

英 文	中 文
Test Infrastructure	测试基础框架、体系
Test Artifact	测试产物
Mock Object	模拟对象
Fake Object	虚假对象
Google	谷歌
Googler	谷歌员工
Noogler	谷歌新员工
Test Certified	测试认证
Key Result (OKR)	绩效
TGIF	感谢上帝今天已是星期五（Thank God it's Friday），谷歌早期的周五公司例会
Dogfood	狗食，内部试用
Developer	开发人员、开发者、开发
Tester	测试人员、测试者、测试
Exploratory Testing	探索式测试
ACC	特质、组件、能力（一种把系统划分为逻辑相关子模块的方法）
Browser Integrated Test Environment	浏览器集成测试环境
HUD	平视显示器
Test Case/Test	测试用例
Bug Triage	三方 Bug 讨论（PM, DEV, Test）
Google Test Analytics	谷歌测试分析系统
Google Test Case Manager (GTCM)	谷歌测试用例管理系统
User-Developer	用户开发者
Free Testing Workflow	零成本测试流程
Pirate Leadership	海盗领导力
Maintenance Mode Testing	维护模式的测试
Shipping Early and Often, and Failing Fast	尽早交付、经常交付、尽快失败
Quality Bots	质量机器人